航空宇航科学与技术一流学科学术著作

弹性波超构表面设计及应用

曹礼云　徐艳龙　杨智春　著

西北工业大学出版社

西　安

【内容简介】 本书系统地介绍了弹性波超构表面的概念、研究背景、设计方法和基本原理，在汇集作者对弹性波超构表面的最新研究成果，以及国内外弹性波超构表面相关研究的代表性成果和最新进展的基础上，详细地阐述了用于调控SH体波和弯曲波的超构表面设计方法和工作机理，讨论了弹性波超构表面在能量单向传输、低频宽带耗散的具体应用前景，介绍了基于连续体束缚态的超构表面对弯曲波的高效和超常规的调控。

本书可供波动力学及相关工程应用研究领域的人员阅读、参考。

图书在版编目(CIP)数据

弹性波超构表面设计及应用 / 曹礼云，徐艳龙，杨智春著. — 西安 ：西北工业大学出版社，2023.10

ISBN 978-7-5612-8762-0

Ⅰ. ①弹… Ⅱ. ①曹… ②徐… ③杨… Ⅲ. ①弹性波-结构材料-研究 Ⅳ. ①O347.4

中国版本图书馆CIP数据核字(2023)第202051号

TANXINGBO CHAOGOU BIAOMIAN SHEJI JI YINGYONG

弹 性 波 超 构 表 面 设 计 及 应 用

曹礼云 徐艳龙 杨智春 著

责任编辑：王玉玲	**策划编辑**：杨 军
责任校对：胡莉巾	**装帧设计**：赵 烨
出版发行：西北工业大学出版社	
通信地址：西安市友谊西路127号	邮编：710072
电　　话：(029)88491757，88493844	
网　　址：www.nwpup.com	
印 刷 者：西安五星印刷有限公司	
开　　本：787 mm×1 092 mm	1/16
印　　张：11.25	**彩插**：14
字　　数：281千字	
版　　次：2023年10月第1版	2023年10月第1次印刷
书　　号：ISBN 978-7-5612-8762-0	
定　　价：69.00元	

序

波是自然界中广泛存在的一种物理现象。不管是经典波（如声波、水波、弹性波等）还是非经典波（如物质波、引力波等），对波的自由操控和利用一直是科学家和工程师追求的目标。在传统手段几乎尽其所能之时，超构材料的出现为我们提供了柳暗花明的惊喜。

超构材料是一类含有人工微结构的复合材料或结构，可通过其基元及排列方式（序构）的设计，突破某些表观自然规律的限制，从而获得超出自然界所固有的新奇性质。如光/声子晶体和超材料都属于超构材料。作为其二维类比（尽管也可视为超构材料的一种），超构表面具有亚波长甚至深亚波长的微结构，在几何厚度、损耗、制备、集成等方面更具优势。这类新概念材料大约在十一二年前最早在电磁波（光波）领域被提出，并很快推广到声波领域。超构表面可以通过对相位和/或幅值的调控实现多种功能，如异常反射/折射、聚焦、自加速波、声涡旋、散射扩散等，在全息成像、声学通信、隐身和伪装、噪声控制、能量收集、粒子操控等众多领域展现出诱人的应用前景。

与空气或水中的声波不同，固体中的弹性波更加复杂，是一种矢量波，有多种模式，且传播速度不同。除了相位和幅值外，还增加了极化矢量这一额外的调节自由度。这些从数学到物理的复杂性大大增加了对弹性波操控的难度，也因此使得弹性波超构表面的相关研究比声学超构表面明显滞后，直到近五六年前才开始陆续有成果报道。杨智春教授领导的团队是进入该研究领域最早的一批学者。杨智春教授与青年教师徐艳龙一起指导博士生曹礼云，共同在该领域辛勤耕耘五六年，取得了一批丰硕的成果，并汇集成关于弹性波超构表面研究的第一本专著。

该专著第1章简要介绍了弹性波超构表面的概念、基本特征、分类和研究现状；第2章详细阐述了弹性体波和板中弯曲波的基本知识，以及超构表面的设计原理——广义斯涅尔定律和衍射理论；第3章讨论了用于调控SH体波的超构表面设计，提出了双材料复合单胞，分别借助广义斯涅尔定律和衍射理论实现了异常折射，特别是深入分析了折射波向非定制方向泄漏的机理；在第4章关于板弯曲波超构表面的研究中，著者提出了新颖的柱状单胞结构，并分析了其相位调控机理，比较了单胞耦合和非耦合对波调控的效率，最后证实了由无序排列立柱构建的单胞依然可实现高效的弹性板波调控；第 5 章讨论了弹性波超构表面的若干应用，包括非互易传输、低频宽带耗散等。在结束全书内容之前，著者介绍了他们最新的关于连续体束缚态弹性波超构表面的工作，实现了完美的波模式转换，并利用微弱的材料阻尼实现了完美的弯曲波耗散。

该专著的一个鲜明特征是，除了基本的理论介绍和有限元数值计算，著者还发展了严谨的数学解析分析方法，并开展了全面的实验研究。这些对我们理解波动调控的动力学机理具有极其重要的作用。弹性波超构表面是一个方兴未艾的研究方向，期待许多挑战性问题的解决。该专著的出版正像一场及时雨，无疑将大大促进该领域的研究。著者严谨的数学推演、深入浅出的机理分析和细致的实验研究对该领域的研究人员，包括研究生、工程师等，都大有帮助。实际上，我自己有幸提早拜读，并已经深受裨益。

天津大学/北京交通大学

2022 年 10 月

自　　序

弹性波是工程结构中存在的一种典型质点运动形式，以大型航天/航空器、水下航行器、高速列车、精密机床等为代表的重大装备的机械振动，实质上是其结构件内部弹性波的叠加效应。自20世纪70年代以来，对弹性波的传播机理研究一直是力学领域重要的研究课题。随着研究的深入和工程应用的需要，对弹性波调控的研究成为目前的关注重点。研究弹性波的调控，能够从波动力学的本质上理解复杂的结构振动形式，突破工程中解决结构振动控制与利用的技术难题时的思维惯性，从新的角度提出解决方案。近年来出现的基于弹性波超材料的波动调控，已经推进了壁板结构减振、振动能量收集和结构损伤检测等相关技术的发展。弹性波超构表面是一种新型的超材料，在波传播方向上具有小于波长的厚度（即亚波长厚度），能够代替甚至超越传统超材料来对弹性波进行定制的调控。

对弹性波超构表面的研究属于国际前沿热点，至今国内外均没有出版相关专著对其进行系统的论述。本书主要核心内容均基于笔者团队近六年的研究成果。书中系统地介绍了超构表面的概念、研究背景、设计方法及基本原理，重点描述了板类结构中弹性波超构表面的设计范式，同时紧密联系工程实际，揭示了对工程中常见弯曲波调控的物理本质，展示了相应的弹性波调控的实验平台和具体测试方法。此外，书中以波动力学理论为基础，介绍了如何将连续体束缚态物理概念拓展到弹性波超构表面体系，进而实现对弯曲波的高效和新奇调控，如弯曲波与纵波间的完美模式转换、基于微弱材料损耗的弯曲波完全耗散等。

本书能够帮助读者了解弹性波相关基础理论，并掌握设计超构表面调控弹性波的技术，从而应用于波动的工程问题，使实际器件实现性能的提升或功能的改进，例如通过对弯曲波的衰减调控，实现板类精密器件或结构的减振降噪等。同时，本书也为在波动力学理论框架下探索新物理的读者，提供了一些可行方案和启发案例。

著　者

2022年10月

前　言

21世纪初，在电磁波领域首先出现了“超材料”的概念，它是指一类具有突破天然材料常规物理属性的人工材料。随后通过类比，超材料的概念被拓展到了弹性波领域。弹性波超材料使得人们能够大范围地调节材料的力学性能，甚至可以得到异常的力学特性参数，如负等效刚度、负等效质量等，并能够超常地调控弹性波的传播，如负折射等。尽管这些超常的功能已明显推动了弹性波领域研究的发展，然而三维块体结构的超材料加工工艺较为复杂，同时，其单胞尺寸为亚波长，由该单胞周期排列构成的整体结构仍然比波长大得多，这些因素使得超材料在低频弹性波调控的实际应用中（如低频减振等）进展缓慢。后来，电磁波领域的学者提出了一种新型的超薄型超材料——超构表面，研究表明它可以代替甚至超越传统超材料对电磁波进行高效的调控，能够避免上述传统块体超材料的不足。在电磁波超构表面基础上发展起来的声学超构表面，更是得到了广泛的关注和研究，使得人们能够用更紧凑的小尺寸结构对大波长的声波进行调控，特别是它推进了低频声波调控技术的发展。

2015年，笔者所在团队开始思考：超构表面的概念能否推广应用到弹性波研究领域呢？我们知道，电磁波和声波在远场都是标量波，而固体中的弹性波是矢量波，拥有幅值、相位和极化方向三个自由度，具有丰富的波型以及更复杂的波动控制方程，并且在特定条件下弹性波的波型会发生模式转换。因此，上面问题的答案是不能简单地将超构表面的概念拓展到弹性波研究领域。这也正是该领域的研究滞后于电磁波和声波超构表面研究的原因。相对于电磁波和声波超构表面设计，弹性波超构表面无论是在设计方法还是在物理机制方面，均更具有挑战性。对于标量的声波，能够利用卷曲结构改变其波程，很容易地实现对其相位的调控，而对于矢量的弹性波，需要思考如何处理幅值、相位和极化方向三个自由度的耦合，才能够设计单胞结构，进而独立调控其相位自由度。另外，还需要考虑不同结构间弹性波阻抗的较大差异导致的弹性波强散射或者模式转换对幅值和极化方向调控性能的严重影响。基于这些思考，初期我们重点研究了超构表面对无限大弹性体中SH体波的调控，因为这种体波与其他体波模式是解耦的，即与声波的形式比较接近，能够大大简化设计难度。该初期研究成果可以为我们进一步考虑极化方向相互耦合的体波研究提供理论基础。

2016年,我们以弹性波无损检测为研究背景,成功设计了能够调控高频SH体波的弹性波超构表面,并深入分析了高阶衍射波泄漏的机理。但遗憾的是,我们无法像电磁波和声波超构表面的研究一样,通过实验技术来验证这些理论,而只能通过仿真结果来验证。实验上的难度在于,没有技术手段能在块体结构内部加工一些层状的复合结构,同时也不易处理块体结构的边界反射,并且很难测试块体结构内部的波场分布。该领域的学者一直在努力探索并期待新的实验技术来突破这些障碍。尽管这些实验技术问题至今仍然未得到解决,但如今越来越先进的3D打印加工技术和波场重构测试技术的出现,为这些问题的解决带来了希望。

航空壁板结构的减振降噪是笔者所在团队的重点研究方向之一,而调控弹性波,特别是工程中常见的弯曲波,能够从波动力学的本质上理解复杂的结构振动形式,有可能从新的角度去解决结构振动控制与振动利用技术的传统难题。因此,2016年末,我们将研究的重点调整为探索壁板结构中弹性波超构表面的设计以及对弯曲波的调控,这也成为了本书第一著者的博士论文选题。我们特别关心实验上如何实现弹性波调控的可视化,以弥补当下弹性波调控领域中实验研究手段的欠缺。通过不断的摸索,基于多普勒激光测振仪,我们建立了一套完善的弹性波调控实验平台和相应的测试技术,能够精确地测试并显示弹性波的动态波场;结合实验验证研究,系统地发展和拓宽了用弹性波超构表面调控板波的理论。我们发现这些理论和相应的实验技术对其他弹性波的调控研究,均具有普遍性的指导意义,能够在一定程度上推动波动力学的发展。于是,我们有了为该领域贡献专著的目标,而不仅仅只是为了完成博士论文的工作。为了这个目标,我们更追求研究内容的系统性、完整性和严谨性,对几乎所有提出的理论均设计了相应的实验验证方案并成功验证。2020年,我们取得了一些阶段性的成果,相关成果发表于多个国际权威期刊,涵盖力学期刊(如*Journal of the Mechanics and Physics of Solids*等)、机械期刊(如*Mechanical Systems and Signal Processing*等)、物理期刊(如*Applied Physics Letters*等),本书第一著者也顺利完成了博士论文撰写。同年,本书第一著者在法国国家科学院(CNRS)Jean Lamour研究所开始了博士后的工作,借此契机,静心梳理了博士阶段对板波调控的研究工作,同时也对研究初期体波调控的理论工作做了更深入和全面的研究。本书以调控体波和调控板波这两大核心内容为主体,加入了相关的弹性波基础知识和超构表面设计的基本原理,并纳入了近两年内著者所在团队在弹性波连续体束缚态超构表面方面的最新研究进展。通过历时两年的不断修改和完善,我们完成了这本学术专著。最后需要指出的是，专著中的相关研究尚未完全达到工程应用的程度，因此，专著标题中提到的“应用”指的是基于弹性波超构表面在实现非对称和耗散等功能方面取得的进展。未来，我们仍需继续努力，以推动这些成果在工程领域得到广泛应用。

特别感谢我国波动力学领域著名学者汪越胜教授对我们书稿的仔细审阅并作序，感谢法国国家科学院(CNRS)、洛林大学 Bareddine Assouar 教授对第一著者的博士联合培养阶段给予的研究指导，感谢朱一凡博士、樊世旺博士、陈兆林博士和同济大学声学研究所李勇教授在研究过程中有价值的讨论。

感谢西北工业大学出版社对本专著出版的帮助。感谢西北工业大学研究生院一如既往的支持。本书得到了国家自然科学基金面上项目(11972296)、国家自然科学基金青年科学基金项目(11602194)、高等学校学科创新引智计划(BP0719007)、国家留学基金委留学基金(CSC201806290176)和西北工业大学博士论文创新基金(CX201936)的资助，在此一并感谢。

由于水平所限，书中不足之处在所难免，恳请读者批评指正。

著　者

2022 年 9 月

目　　录

第1章 概 述

1.1 超构表面的基本特征

在21世纪初,类比电磁波领域提出的“超材料”概念,在弹性波和声波领域提出并开展了对“声学超材料”的研究。这里为了区分调控固体中弹性波和空气中声波的两大类超材料,将前者统称为弹性波超材料(elastic wave metamaterial)。弹性波超材料是指一类具有天然材料所不具备的超力学属性的人工材料,其在宏观上由周期性的亚波长单胞结构组成,可以具有负等效刚度[1-3]、负等效质量[4-6]等属性。研究发现,弹性波超材料,如用橡胶包裹铅块的局域共振超材料[7]和蜂窝结构超材料梁[8],在亚波长单胞结构共振频率附近的频带内具有弹性波禁带[7-10],可以以小尺寸结构来控制大波长弹性波(即低频振动)。通过调节弹性波超材料的亚波长单胞结构,宏观上可以使其中传播的波具有负群速度[11],来异常地调控弹性波的传输方向,如产生负折射[12-14]等。更多关于弹性波超材料的关键性技术和研究进展可见这方面的综述文献[15-18]。

尽管弹性波超材料研究已明显推动了弹性波研究领域的进展,但由于三维块体结构的超材料的加工工艺较复杂,同时,只是其单胞尺寸为亚波长,周期单胞构成的整体结构仍然比波长大得多,所以超材料在低频(相应于较大波长)减振等实际应用中进展缓慢[19]。

2011年,哈佛大学的Capasso教授课题组在*Science*期刊上发文提出一种在波传播方向上具有整体厚度小于波长(亚波长厚度)的超薄型超材料[20],并称这种新概念超材料为超构表面(metasurface)。他们基于周期离散单胞的相位调节,在传统斯涅尔定律中引入了与相位相关的新自由度,提出了广义斯涅尔定律,并利用超构表面对电磁波实现了任意角度折射或反射(包括负折射和负反射)。超构表面的概念一经提出,迅速成为国内外电磁波[21-22]领域的研究热点。随后,超构表面对电磁波的调控功能又被不断拓展,以至在很多方面,如能量聚焦、完美吸收、全息成像、非互易传输等[23-25],可以代替甚至超越传统超材料。更重要的是,这种亚波长厚度的超构表面避免了上述传统块体超材料的不足,使设计的结构在空间上更紧凑。2013年超构表面的概念首次被拓展到了声波研究领域。具有亚波长厚度的声学超构表面,使得人们能够用更紧凑的小尺寸结构对大波长的声波进行调控[26-36],特别是为低频声波的吸收技术[37-43]开辟了新的途径。更多关于声学超构表面的研究进展可见这方面的综述文献[44-53]。

随着电磁波超构表面和声学超构表面研究的发展,弹性波超构表面(elastic wave

metasurface)也得到了研究者的广泛关注和研究。近年,弹性波超构表面越来越多地展现出了其在调控弹性波方面的优势,如结构尺寸的紧凑性、设计的简易性,也为解决板类结构的减振降噪难题提供了新的思路。由于固体中的弹性波具有丰富的波型以及更复杂的波动控制方程,而且在特定条件下弹性波会发生模式转换,因此,相对于电磁波超构表面和声学超构表面,弹性波超构表面的研究具有丰富的物理内涵[54-58],同时也更具挑战性。

1.2 弹性波超构表面的分类

在不同的介质结构中,弹性波的传播形式有很大的不同。为了便于更好地理解弹性波超构表面的概念,我们可以根据弹性波传播介质结构对其进行分类。常见的弹性波传播介质结构一般可分为五类,如图 1-1 所示。它们对应的弹性波分别为无限大空间结构中传播的体波、沿半空间结构表层传播的表面波、板类结构中传播的兰姆波(低频的零阶反对称模式又称为弯曲波)、沿半空间层状结构传播的勒夫(Love)波、沿两半空间结构的界面传播的界面波。与声学超构表面相比,弹性波模式的多样性大大丰富了调节弹性波的超构表面的结构形式。根据这些弹性波的不同模式,现有的弹性波超构表面主要分为体波超构表面[50-60]和板波超构表面[61-62]两大类[分别对应于图 1-1(a)和图 1-1(c)中的介质结构]。需要指出的是,表面波超构表面[61-62][对应于图 1-1(b)中的介质结构]也被设计用于调控沿结构表面传播的表面波。表面波的调控常见于传感器设计和地震波探测,其超构表面研究具有重要的工程应用价值,但是目前相关研究非常少,仍处于初步探索阶段。另外,与勒夫波和界面波[对应于图 1-1(d)和图 1-1(e)中的介质结构]相关的超构表面的研究尚未见报道,这也是弹性波超构表面今后发展的方向之一。

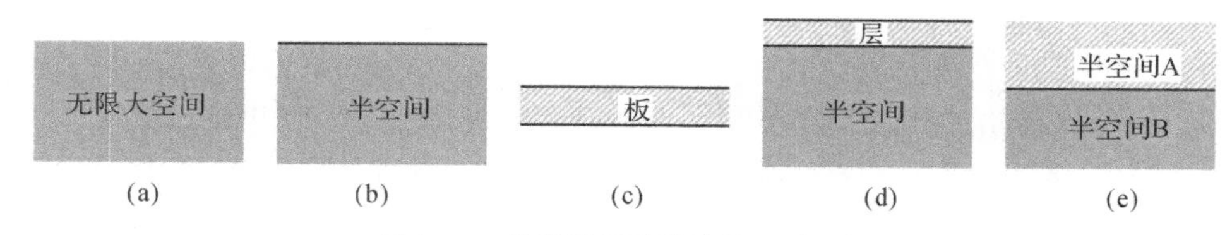

图 1-1　几类常见弹性波的介质结构

弹性波一般有幅值、相位和极化方向三个自由度。除了可如图 1-1 中将弹性波超构表面按其介质结构分类,还可以按侧重调控弹性波幅值、相位和极化方向其中一个自由度来分类。侧重调控幅值的超构表面一般用于实现对弹性波的完美耗散(吸收)[63],调控相位而保持幅值恒定的超构表面一般用于实现对弹性波波阵面的偏折[64]、反射[65-67]或聚焦[68-70],调控极化方向的超构表面一般用于实现对弹性波的完美模式转换[71-73]。另外,也有文献报道沿表面周期或梯度分布的结构来调控表面波的传播,这类结构也被称为超构表面[74-76]。目前,超构表面的概念延伸到越来越多的领域,并越来越广义化:利用普通材料设计的人工结构实现了经典弹性波的非常规调控,且在一个方向维度上是超薄的(亚波长),一般该人工结构均可称为超构表面。本书主要对图 1-1 描述的无限大空间介质结构中的体波超构表面和板结构中的板波超构表面进行研究。

1.2.1　体波超构表面

体波超构表面是调控体波的弹性波超构表面的简称，通常是嵌于块体材料中的一个薄层，通过设计薄层（体波超构表面）的力学属性，来调节透过该薄层（或被该薄层反射）的体波的相位和幅值。被调控的体波与薄层及其表面边界相互作用后，仍然是体波。

体波是在无限大空间介质中传播的弹性波。根据在弹性波传播的介质中质点振动方向与波传播方向的不同，体波可以分为纵波（L 波）与横波（S 波）：质点振动方向与波传播方向相同的波称为 L 波；质点振动方向与波传播方向垂直的波则称为 S 波。S 波又可以细分为 SV 波和 SH 波。质点振动发生在与波传播方向相垂直的面内的波为 SV 波，质点振动发生在与波传播方向相平行的面内的波为 SH 波。根据经典的波动理论[77-78]可知，在无限大空间的界面处，L 波和 SV 波是耦合的，而 SH 波是与之解耦的。解耦的 SH 波是标量波，它与同为标量波的声波在控制方程和波动解的形式上有很大的相似性。因此，可以很容易将声学超构表面的概念直接拓展到 SH 波，如本书第 3 章的内容。

1.2.2　板波超构表面

板波超构表面是调控板波的弹性波超构表面的简称，对它进行定义需要我们理解板波的特性。板类结构中，纵波与横波在其中传播，因被上、下两平行表面反射，会叠加组合形成对称型（最低阶模式为 S0 波）和反对称型（最低阶模式为 A0 波）的兰姆波（板波）。A0 兰姆波或 S0 兰姆波遇到界面不连续时，会发生模式转换。图 1－2 展示了1 mm 厚的铝板中 S0 兰姆波、A0 兰姆波、面内纵波、弯曲波（由低频假设的弯曲波方程求得）和瑞利波的频散曲线[78]（频散的概念在第 2 章中介绍）。如图 1－2 所示，在低频段，弯曲波和 A0 兰姆波的波速是一致的，面内纵波和 S0 兰姆波的波速也是一致的，随着频率增大，相应波速之间的区别逐渐增大。这表明，在低频段，弯曲波近似于 A0 兰姆波，而面内纵波近似于 S0 兰姆波。在高频段，表面波的波速与 S0 兰姆波和 A0 兰姆波的波速一致。

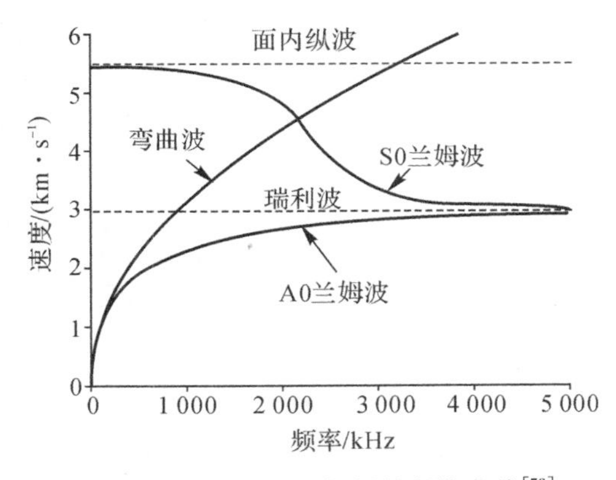

图 1－2　板厚为 1 mm 铝板的频散曲线[78]

弯曲波是薄板在横向动态载荷作用下的弯曲振动所产生的，它是工程中最常见的一类波型，具有广泛的工程应用背景，如板类结构减振、振动能量收集和结构健康监测等。这使得调控弯曲波的超构表面设计成为弹性波超构表面研究领域的一大热点，目前该研究领域中大部分的研究工作都集中于此。值得注意的是，在板中也可以激发出面内纵波、面内 SV 波和面内 SH 波，它们一般用于结构健康监测。另外，对于无限大体中纵波和 SV 波的波动问题，可以通过板中面内纵波和面内 SV 波来代替进行研究，从而简化调控纵波和 SV 波的相关试验模型。板类结构中对面内纵波和 SV 波的调控也需要考虑它们之间的模式耦合。

1.3 弹性波超构表面的研究现状

2016 年美国普渡大学 Semperlotti 教授课题组[50]首次将声学超构表面的概念拓展到了弹性波超构表面，在板中设计了锥形柱单胞，提出了模式转换超构表面。当 A0 兰姆波入射到板中时，遭遇到设计的锥形柱结构，会发生弱的局域共振，导致部分 A0 兰姆波模式转换为 S0 兰姆波。利用改变柱结构等效质量的方法，使透射 S0 兰姆波的相位具有空间梯度分布，来调控透射 S0 波的波阵面，并通过实验验证了在板中 S0 兰姆波的异常折射。但由于透射 S0 波由模式转换而来，较低的转换效率导致了小于 25％的透射率[51]，从而限制了所设计的超构表面的性能。随后，Liu 等[51]提出了在薄板上开缝的弯曲波超构表面，他们分析指出弯曲波的倏逝模式会在一定程度上补偿 zigzag 型单胞结构的失配阻抗，从而提高单胞的透射率，并且他们设计了特定的单胞结构来获得透射相位的空间分布，通过实验验证了弯曲波的振源幻象。zigzag 型结构从本质上增大了弯曲波在单胞结构中传播的波程，从而可以改变透射波的相位。尽管利用弯曲波倏逝模式能补偿部分的失配阻抗，然而大量的开缝会导致单胞结构的等效刚度和质量同时减小，很难使所有单胞具有均一的高透射率。另外，超低的结构刚度，也限制了其在承载类板结构中的应用。为了获得高透射率的弹性波超构表面，韩国首尔大学 Kim 教授课题组[52]通过在板中设计开缝单胞结构，将局域共振体的等效质量和等效刚度完全解耦，提出了全透射的薄板面内纵波超构表面，并通过实验验证了其对面内纵波的偏折和聚焦。但该设计只能保证纵波垂直入射且同时也垂直透射单胞结构时，近似达到全透射。一旦单胞组合为超构表面，被偏折的透射波的垂直波矢发生改变，超构表面的界面阻抗不再匹配，会导致在该界面处产生模式转换，诱导出 SV 波，从而降低透射波的透射率。另外，对于斜入射的纵波，也会在超构表面的入射界面处产生模式转换，无法产生全透射的调控效果，因此，该设计只能保证纵波垂直入射单个单胞结构时达到近似全透射，而对于由单胞整合而成的超构表面，却很难实现单模式波的全透射调控。针对上述的不足，笔者[53]提出了一种简单的柱状超构表面，首次实现了弯曲波的近似全透射调控，通过实验验证了所设计的超构表面对垂直和斜入射弯曲波的高效调控能力(包括负折射)，相关详细内容见本书 4.1 节。基于类似的原理，Zhang 等[79]通过串联多个 3D 打印的 U 型单元来构成单胞，同样实现了对弯曲波的高性能调控。最近，汪越胜教授课题组[80-81]，利用遗传算法对单胞结构的几何参数进行优化，实现了单胞性能的显著提高。

除了上述板波超构表面，体波超构表面[46]也得到了广泛关注。笔者通过复合两种传统材料构成单胞，设计了阻抗匹配的体波 SH 波超构表面，相关详细内容见本书第 3 章。

对于垂直入射的 L 波或 SV 波的调控，由于在单胞中不存在模式转换，其广义斯涅尔定律的形式几乎和 SH 波的一致，仅需要考虑透射场中的模式转换，同样可以采用本书第 3 章中用两种不同材料复合构成波导单胞的思想来设计超构表面[82]；而针对垂直入射的 SV 波，可以设计由单相材料构成的变宽度波导单胞[44]，当 SV 波垂直入射到波导单胞后，两波导边界会使 SV 波转换为波导中的弯曲波模式，这样可以通过改变波导的宽度去调节弯曲波的相速度，从而调节透射波导中SV波的相位跳变。同时，因为该结构对于垂直入射的L波，界面阻抗几乎是匹配的，L波能够直接全透射，不受结构的影响，而SV波透射通过该超构表面时会发生偏折，这样就可以在透射场中实现SV波和L波的空间分离。需要注意的是，以一定透射角传输的透射波，会在超构表面外的边界处发生模式转换，由模式转换得到的波的透射角可以根据公式 $\sin\theta_t^P/\sin\theta_t^S=c_P/c_S$ 求得。另外，研究者也提出了通过拓扑优化来设计体波超构表面[83-85]的思想，这是提高超构表面性能的有效途径之一。Rong等[84]基于拓扑优化的设计方法，实现了对体波的频率编码多功能操控。

上述超构表面均为被动设计，其单胞设计方法可以归纳为三类：改变单胞中波的波程[51-61]；改变单胞中波的平均相速度[57,70,86-89]；改变单胞的等效参数[50,52-53,90]。这些设计中的几何或材料参数都是根据弹性波的目标频率来确定的，尽管超构表面的相位梯度可以用几个离散的单胞相位来近似实现，从而导致具有一定的带宽[58]，但是这个带宽仍是极有限的。因此，研究者提出了一些具有可调节能力的超构表面，如带压电分流电路的可调超构表面[54,91-92]、可编程超构表面[55]和"鱼骨"状可调超构表面[93-94]等，来拓宽工作频率带宽，同时这些可调节的超构表面，不需重新加工结构即能实现不同调控功能转换，以增强设备功能的灵活性。

随后，研究者也探索了一些引入新物理概念的弹性波超构表面[64,95-96]。例如，笔者提出了一种单胞耦合弹性波超构表面[64]，可以在不破坏原基板结构的前提下，有效地操控基板中的弹性波，拓宽了单胞间耦合干涉在弹性波超材料或超构表面中的应用，详细内容见本书4.2节。笔者[95]还提出了无序单胞超构表面的概念(见本书4.3节)，并揭示了无序效应的物理机制，为设计弹性波可重构超构表面提供了新的思路。此外，笔者将连续体束缚态的概念也引入弹性波超构表面设计中。

起源于光学的非局部超构表面概念，也被研究者[97]拓展到了弹性波超构表面设计中，通过非局部机制来拓宽弹性波超构表面的带宽。通过设计的柔性元件连接相邻的单胞，单胞间会产生非局部耦合而使相位梯度曲线成为入射波波数的函数。通过对板中弹性波的全反射设计，对非局域超表面概念进行了数值仿真和实验测试。实验结果验证了非局域设计概念的可行性及其拓宽弹性波超构表面带宽的能力。

随着研究工作的深入，研究者也开始探索弹性波超构表面在工程中的应用。例如，长期以来，人们认为L波和S波之间的模式转换只能在一定的入射角下产生。Kim等[56]通过在板结构边界上设计平均长度约为L波波长一半的梯度波导谐振体，构成亚波长反射型超构表面，实现了板结构中入射L波在19°～90°的大入射角范围内全部转换为SV波模式，为结构健康监测的信号处理技术提供了新的思路。北京大学李法新教授课题组[89]用变宽度梁构成的超构表面，来调节板中的SH0导波，并通过实验验证了对SH0波束的偏折和聚焦。其单胞调控相位的机理是，入射到梁波导中的SH0波，由于梁的边界影响，会转化为弯曲波模式，而改变梁波导的宽度，可以改变梁波导中弯曲波的相速度，从而改变透射SH0波的相位。在结构损伤检测领域，板中SH0导波由于其非频散特性能够稳定自身波型，从而能大大降低工程中结构损伤检测的复杂性，目前基于该导波的结构损伤检测技术已成为最具前景的结构损伤检测方法之一。利用超薄超构表面对波的全反射实现可以向任意方向传输弯曲波能量的紧凑波导最近也被报道[98]。

笔者[58]也成功地将亚波长的弹性波超构表面应用于弯曲波能量的非对称传输，并结合实验得出，通过超构表面设计，可以使得正方向入射能量传输率可高达 90%，而反方向入射能量则被完全阻挡，相关的详细内容见本书 5.1 节。随后，Li 等[99]基于正反传播方向上高阶衍射波在单胞中的耦合差异实现了类似的功能。除了在结构损伤检测和能量传输方面的应用，弹性波超构表面另一个极具潜力的应用是减振。美国普渡大学 Semperlotti 教授课题组[59,100]通过调节亚波长局域共振超构表面的相位梯度，使所有角度入射的波都超过透射临界角（发生波的全反射），从而实现振动隔离。他们用圆柱空腔结构表面上的亚波长超构表面结构，隔离了圆柱腔壁结构的振动，从而在工作频率为 5 738 Hz 时，有效地实现了腔壁结构中心处连杆的减振，该超构表面的厚度仅为波长的 1/5。进一步，他们又基于超构表面的非局部效应拓宽了减振的频带[97]，通过实验验证了其在 3 550～4 550 Hz 范围内都具有减振效果。笔者所在课题组也进行了一些类似的相关研究[101]。

笔者通过粘贴外部约束阻尼层，将阻尼损耗系统引入超构表面设计中，系统地研究了弯曲波的耗散问题，首次提出了损耗型弹性波超构表面的概念[67]，通过实验验证了损耗型弹性波超构表面的宽带低频耗散性能，相关详细内容见本书 5.2 节。未来这个研究方向的重点将是减小弹性波超构表面的厚度，以获得更低频率、更大带宽的弹性波完美耗散。

更多弹性波超构表面相关研究进展的描述可见汪越胜教授课题组的英文综述[102]以及笔者所在课题组的中文综述[103]。

第2章　弹性波超构表面理论基础

本章以体波和弯曲波作为弹性波的典型代表，介绍弹性波的一些基本概念，包括相速度、频散、群速度等；详细描述体波和弯曲波的基本方程，为弹性波超构表面设计奠定理论基础。此外，本章详细推导超构表面的核心定律——广义斯涅尔定律，并进一步通过对衍射理论的阐述，来加深对广义斯涅尔定律的理解，同时对不适用于广义斯涅尔定律的高阶衍射波的调控也进行讨论。

2.1　弹性波的基本概念

一般地，把物理介质中任何一个物理量的改变称为扰动，这样，在介质中传播的扰动即为波动，亦称波在介质中的传播。在弹性动力学中，所研究的整个弹性体恰似一个多自由度的振动系统，当某一点处受扰动(可以是位移、速度、应力的改变量等)时，该点将发生振动并引起该处微元体产生变形，由于变形弹性体的拉压力和剪切力的存在，又会引起周围介质跟着一起振动。弹性波就是在弹性介质中传播的扰动。例如用手拨动两端固定的琴弦，在琴弦被拨动处将产生一个速度或位移的扰动，这个扰动沿琴弦传播开来就形成了弹性波。

弹性波在介质中传播时，实际上就是波动能量由此处传递到彼处，而介质的质点并不随波动的传播而迁移。为了形象地描述弹性波在空间的传播，常把某一时刻振动相位相同的点相连所形成的面称为波阵面，把走在最前面的那个波阵面称为波前。根据弹性波波前的形状，通常将弹性波分为平面波、球面波和柱面波。

2.1.1　体波

1. 运动控制方程

对于各向同性弹性固体介质，波动方程的推导[Kolsky (1963)，Pollard (1977)]是许多弹性力学教科书的经典内容。其拉梅(Lame)运动方程为

$$(\lambda+\mu)u_{j,ij}+\mu u_{i,jj}+\rho f_i=\rho\ddot{u}_i \quad (i,j=1,2,3) \tag{2.1}$$

式中：λ 和 μ 为拉梅常数；ρ 为密度；u 和 f 分别为位移和体力。

将式(2.1)写成笛卡儿坐标的分量形式：

$$\left.\begin{aligned}(\lambda+\mu)\frac{\partial}{\partial x_1}\left(\frac{\partial u_1}{\partial x_1}+\frac{\partial u_2}{\partial x_2}+\frac{\partial u_3}{\partial x_3}\right)+\mu\nabla^2 u_1+\rho f_x=\rho\frac{\partial^2 u_1}{\partial t^2}\\(\lambda+\mu)\frac{\partial}{\partial x_2}\left(\frac{\partial u_1}{\partial x_1}+\frac{\partial u_2}{\partial x_2}+\frac{\partial u_3}{\partial x_3}\right)+\mu\nabla^2 u_2+\rho f_y=\rho\frac{\partial^2 u_2}{\partial t^2}\\(\lambda+\mu)\frac{\partial}{\partial x_3}\left(\frac{\partial u_1}{\partial x_1}+\frac{\partial u_2}{\partial x_2}+\frac{\partial u_3}{\partial x_3}\right)+\mu\nabla^2 u_3+\rho f_z=\rho\frac{\partial^2 u_3}{\partial t^2}\end{aligned}\right\}\tag{2.2}$$

式中

$$\nabla^2=\frac{\partial^2}{\partial x_1{}^2}+\frac{\partial^2}{\partial x_2{}^2}+\frac{\partial^2}{\partial x_3{}^2}\tag{2.3}$$

引入如下算子和位移矢量：

$$\left.\begin{aligned}\nabla=\frac{\partial}{\partial x_1}\boldsymbol{i}_1+\frac{\partial}{\partial x_2}\boldsymbol{i}_2+\frac{\partial}{\partial x_3}\boldsymbol{i}_3\\\boldsymbol{u}=u_1\boldsymbol{i}_1+u_2\boldsymbol{i}_2+u_3\boldsymbol{i}_3\end{aligned}\right\}\tag{2.4}$$

不考虑体力，系统的运动方程可以表示为如下矢量形式：

$$(\lambda+\mu)\nabla\nabla\cdot\boldsymbol{u}+\mu\nabla^2\boldsymbol{u}=\rho\frac{\partial^2\boldsymbol{u}}{\partial t^2}\tag{2.5}$$

对于考虑体力的系统方程的讨论，可见 Graff(1991)发表的相关文献。使用矢量恒等式：

$$\nabla^2\boldsymbol{u}=\nabla\nabla\cdot\boldsymbol{u}-\nabla\times\nabla\times\boldsymbol{u}\tag{2.6}$$

式中

$$\nabla\times\boldsymbol{u}=\begin{vmatrix}\boldsymbol{i}_1&\boldsymbol{i}_2&\boldsymbol{i}_3\\\frac{\partial}{\partial x_1}&\frac{\partial}{\partial x_2}&\frac{\partial}{\partial x_3}\\u_1&u_2&u_3\end{vmatrix}\tag{2.7}$$

将式(2.6)代入式(2.5)，则运动方程可以表示为

$$(\lambda+2\mu)\nabla\nabla\cdot\boldsymbol{u}-\mu\nabla\times\nabla\times\boldsymbol{u}=\rho\frac{\partial^2\boldsymbol{u}}{\partial t^2}\tag{2.8}$$

运动方程可以进一步简化，首先将位移矢量通过 Helmholtz 方程分解为标量的梯度和零散度矢量的旋度(Morse 和 Feshbach，1953)，即

$$\boldsymbol{u}=\nabla\Phi+\nabla\times\boldsymbol{H},\quad \nabla\cdot\boldsymbol{H}=0\tag{2.9}$$

式中：Φ 为标量势；$\boldsymbol{H}$ 为矢量势。

将式(2.9)代入运动方程式(2.8)，得

$$\left[(\lambda+2\mu)\nabla\nabla\cdot(\nabla\Phi)-\rho\nabla\frac{\partial^2\Phi}{\partial t^2}\right]-\mu\nabla\times\nabla\times\nabla\Phi+\\(\lambda+\mu)\nabla\nabla\cdot\nabla\times\boldsymbol{H}+\left(\mu\nabla^2\nabla\times\boldsymbol{H}-\nabla\times\frac{\partial^2\boldsymbol{H}}{\partial t^2}\right)=0\tag{2.10}$$

采用下面的恒等式：

$$\left.\begin{aligned}\nabla\cdot\nabla\Phi=\nabla^2\Phi\\\nabla\times\nabla\times\nabla\Phi=0\\\nabla\cdot\nabla\times\boldsymbol{H}=0\end{aligned}\right\}\tag{2.11}$$

将式(2.10)变形，得

$$\nabla\left[(\lambda+2\mu)\nabla^2\Phi-\rho\frac{\partial^2\Phi}{\partial t^2}\right]+\nabla\times\left[\mu\nabla^2\boldsymbol{H}-\rho\frac{\partial^2\boldsymbol{H}}{\partial t^2}\right]=0 \tag{2.12}$$

若式(2.12)成立，须使其等号左边两项均为零，从而得

$$\nabla^2\Phi=\frac{1}{c_{\mathrm{L}}{}^2}\frac{\partial^2\Phi}{\partial t^2} \tag{2.13}$$

$$\nabla^2\boldsymbol{H}=\frac{1}{c_{\mathrm{T}}{}^2}\frac{\partial^2\boldsymbol{H}}{\partial t^2} \tag{2.14}$$

式中

$$\left.\begin{aligned}c_{\mathrm{L}}{}^2&=\frac{\lambda+2\mu}{\rho}\\c_{\mathrm{T}}{}^2&=\frac{\mu}{\rho}\end{aligned}\right\} \tag{2.15}$$

这样，将波动方程分解为两个简单的波动方程式(2.13)和式(2.14)。如果式(2.9)中旋度$\nabla\times\boldsymbol{H}$为零，则

$$\boldsymbol{u}=\nabla\Phi \tag{2.16}$$

在这种情况下，由式(2.13)和式(2.16)得

$$\nabla^2\boldsymbol{u}=\frac{1}{c_{\mathrm{L}}{}^2}\frac{\partial^2\boldsymbol{u}}{\partial t^2} \tag{2.17}$$

这意味着纵波以速度 c_{L} 传播。类似地，如果式(2.9)只有旋度部分，则

$$\left.\begin{aligned}\boldsymbol{u}&=\nabla\times\boldsymbol{H}\\\nabla\cdot\boldsymbol{H}&=0\end{aligned}\right\} \tag{2.18}$$

在这种情况下，由式式(2.14)和式(2.18)得

$$\nabla^2\boldsymbol{u}=\frac{1}{c_{\mathrm{T}}{}^2}\frac{\partial^2\boldsymbol{u}}{\partial t^2} \tag{2.19}$$

式(2.19)表明横波以速度 c_{T} 传播。式(2.17)和式(2.19)两者之间是相互独立的，说明纵波和横波在介质中传播时互不影响。然而，在半无限大弹性体边界上，为了满足边界条件，纵波和横波会发生耦合。

对于平面波，设波的传播方向为 x 轴正方向，位移矢量为 $\boldsymbol{u}=u\boldsymbol{i}_1+v\boldsymbol{i}_2+w\boldsymbol{i}_3$，分量 u、v、w 只与 x 坐标有关，与 y、z 无关。于是，式(2.17)和式(2.19)分别简化为

$$\frac{\partial^2\boldsymbol{u}}{\partial x^2}=\frac{1}{c_{\mathrm{L}}{}^2}\frac{\partial^2\boldsymbol{u}}{\partial t^2} \tag{2.20}$$

$$\frac{\partial^2\boldsymbol{u}}{\partial x^2}=\frac{1}{c_{\mathrm{T}}{}^2}\frac{\partial^2\boldsymbol{u}}{\partial t^2} \tag{2.21}$$

式(2.20)和式(2.21)又称为一维波动方程。式(2.20)描述的是平面纵波，波的传播方向与质点的振动方向一致。式(2.21)描述的是平面横波，波的传播方向与质点的振动方向垂直。

对于平面纵波，有

$$\left.\begin{aligned}&u=u(x,t)\\&v=w=0\\&c_{\mathrm{L}}=\sqrt{\frac{\lambda+2\mu}{\rho}}\end{aligned}\right\} \tag{2.22}$$

对于平面横波，可分为两类：

SV 波

$$\left.\begin{aligned} &u=v=0\\ &w=w(x,t)\\ &c_{\mathrm{T}}=\sqrt{\frac{\mu}{\rho}} \end{aligned}\right\} \tag{2.23}$$

SH 波

$$\left.\begin{aligned} &u=w=0\\ &v=v(x,t)\\ &c_{\mathrm{T}}=\sqrt{\frac{\mu}{\rho}} \end{aligned}\right\} \tag{2.24}$$

2. 求解位移的分离变量法

下面以纵波为例求解其位移。令 $u(x,t)=X(x)T(t)$，并代入式(2.20)中，得

$$X''T=\frac{1}{c_{\mathrm{L}}{}^{2}}XT'' \tag{2.25}$$

由于 $X=X(x)$，$T=T(t)$，故式(2.25)可以写成如下形式：

$$\frac{X''}{X}=\frac{T''}{c_{\mathrm{L}}^{2}T}=\text{常数}=-k^{2} \tag{2.26}$$

需要注意的是，为了保证方程有波动解，式(2.26)中常数必须等于$-k^2$。由式(2.26)变形可得

$$\begin{aligned} &X''+k^{2}X=0\\ &T''+k^{2}c_{\mathrm{L}}{}^{2}T=0 \end{aligned} \tag{2.27}$$

这是常见的简谐波运动方程，相应的通解为

$$\left.\begin{aligned} &X(x)=A\sin kx+B\cos kx\\ &T(t)=C\sin\omega t+D\cos\omega t \end{aligned}\right\} \tag{2.28}$$

式中，常数 k 和 ω 具有明确的物理意义，分别称为波数和圆频率，波数 k 表示 2π 相位中完整波的个数，圆频率 ω 表示单位时间变化的相位。它们之间的关系如下：

$$\omega=k\cdot c_{\mathrm{L}} \tag{2.29}$$

圆频率 ω、波数 k 和波速 c_{L} 又可以通过频率 f 和波长 λ 分别表示为

$$\left.\begin{aligned} &\omega=2\pi f\\ &k=\frac{2\pi}{\lambda}\\ &c_{\mathrm{L}}=f\lambda \end{aligned}\right\} \tag{2.30}$$

式(2.30)中，波速 c_{L} 也叫波的相速度，表示质点振动的相位变化。上面的方程同样适用于

横波。

根据 $u(x,t)=X(x)T(t)$ 和式(2.28),可得

$$u(x,t)=(A\sin kx+B\cos kx)(C\sin\omega t+D\cos\omega t) \tag{2.31}$$

将式(2.31)展开,化简得

$$\begin{aligned}u(x,t)=&AD\sin kx\cos\omega t+BC\cos kx\sin\omega t+\\&BD\cos kx\cos\omega t+AC\sin kx\sin\omega t=\\&\widetilde{A}\sin kx\cos\omega t+\widetilde{B}\cos kx\sin\omega t+\\&\widetilde{C}\cos kx\cos\omega t+\widetilde{D}\sin kx\sin\omega t\end{aligned} \tag{2.32}$$

3. 驻波和行波

任取式(2.32)中一项,$u(x,t)=\widetilde{D}\sin kx\cdot\sin\omega t$,如图 2-1 所示,在 $x=n\pi/k(n\in\mathbf{N}^*)$ 处,质点位移 u 随时间 t 的变化恒为零,其他位置的质点随时间往复运动。因此,波形在空间上没有移动,即产生了驻波。位移恒为 0 的质点即为节点,位移能够达到最大的质点称为腹点。

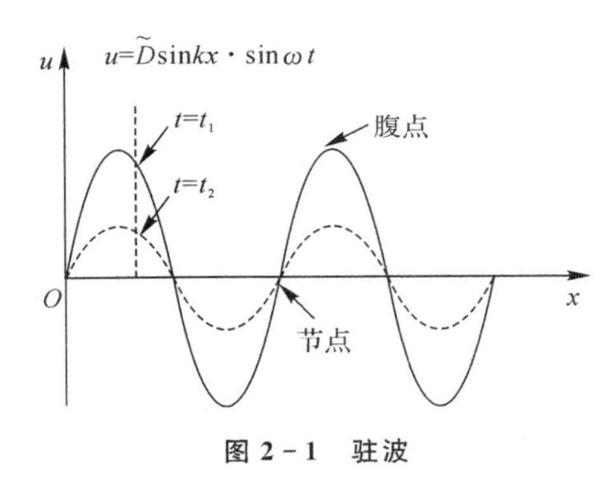

图 2-1　驻波

利用三角恒等式 $\sin(\alpha+\beta)=\sin\alpha\cos\beta+\cos\alpha\sin\beta$,式(2.32)可以变形为

$$\begin{aligned}u(x,t)=&A_1\sin(kx+\omega t)+B_1\sin(kx-\omega t)+\\&C_1\cos(kx+\omega t)+D_1\cos(kx-\omega t)\end{aligned} \tag{2.33}$$

根据式(2.29),式(2.33)中的一个典型项 $\widetilde{u}(x,t)=B_1\sin(kx-\omega t)$ 可以变形为

$$\widetilde{u}(x,t)=B_1\sin k(x-c_{\mathrm{L}}t) \tag{2.34}$$

该项表示沿 x 正方向传播的行波。

图 2-2 所示为不同时刻 t_1 和 t_2 的 $u(x)$ 曲线。$\phi=k(x-c_{\mathrm{L}}t)$ 是正弦函数的相位角。相位角随时间 t 的变化量为 $\Delta\phi=kc_{\mathrm{L}}t$,因此 c_{L} 又称为相速度,通常记为 c_{P}。注意,当时间增加 $\Delta t=t_2-t_1$ 时,相当于 x 增加了 $c_{\mathrm{P}}\Delta t$。由于 $\Delta x=c_{\mathrm{P}}\Delta t$,则 $u(x-\Delta x)=u(x-c_{\mathrm{P}}\Delta t)$ 是沿 x 正方向传播的右行波,$u(x+\Delta x)=u(x+c_{\mathrm{P}}\Delta t)$ 是沿 x 负方向传播的左行波。

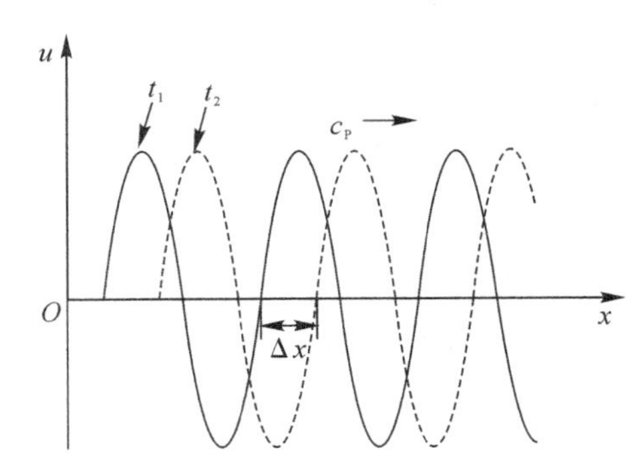

图 2-2 以固定相速度传播的行波

4. 波函数的指数形式

将式(2.33)进行变形，可得

$$u(x,t)=-\sqrt{A_1^2+C_1^2}\frac{-A_1}{\sqrt{A_1^2+C_1^2}}\sin(kx+\omega t)-\sqrt{B_1^2+D_1^2}\frac{-B_1}{\sqrt{B_1^2+D_1^2}}\sin(kx-\omega t)+$$
$$\sqrt{A_1^2+C_1^2}\frac{C_1}{\sqrt{A_1^2+C_1^2}}\cos(kx+\omega t)+\sqrt{B_1^2+D_1^2}\frac{D_1}{\sqrt{B_1^2+D_1^2}}\cos(kx-\omega t) \tag{2.35}$$

将式(2.35)进行三角函数变换，得

$$u(x,t)=\sqrt{A_1^2+C_1^2}\cos(kx+\omega t+\theta_1)+\sqrt{B_1^2+D_1^2}\cos(kx-\omega t+\theta_2) \tag{2.36}$$

式中：θ_1 为初相位，$\theta_1=\arctan(-A_1/C_1)$；$\theta_2$ 为初相位，$\theta_2=\arctan(-B_1/D_1)$。

因此，通过引入初始相位 θ_1、θ_2，将式(2.33)中的4项简化为式(2.36)中的2项。式(2.36)等价于指数形式：

$$\begin{aligned}u(x,t)&=\mathrm{Re}[(C_1-\mathrm{i}A_1)\mathrm{e}^{\mathrm{i}(kx+\omega t)}+(D_1-\mathrm{i}B_1)\mathrm{e}^{\mathrm{i}(kx-\omega t)}]\\&=\mathrm{Re}[A\mathrm{e}^{\mathrm{i}(kx+\omega t)}+B\mathrm{e}^{\mathrm{i}(kx-\omega t)}]\end{aligned} \tag{2.37}$$

通过将式(2.37)化简变形可以得到式(2.33)，式(2.36)中的初相位由式(2.37)中复幅值的虚部体现。式(2.37)一般简化为

$$u(x,t)=(A\mathrm{e}^{\mathrm{i}kx}+B\mathrm{e}^{-\mathrm{i}kx})\mathrm{e}^{\mathrm{i}\omega t} \tag{2.38}$$

式中：$A\mathrm{e}^{\mathrm{i}kx}$ 代表沿 x 负方向传播的左行波；$B\mathrm{e}^{-\mathrm{i}kx}$ 代表沿 x 正方向传播的右行波。

2.1.2 弯曲波

薄板是工程结构中的常用构件，其几何特征是厚度远小于其内部传播的弯曲波的波长。弯曲波是薄板中质点沿板面外振动的最常见弹性波之一。研究弯曲波的波动问题，一般设薄板为无限大结构，不考虑多个边界的反射场叠加。薄板中的弯曲波属于弹性力学问题，由于数学求解的复杂性，需要首先建立薄板中应力和变形分布的基本假设。

如果外载荷为垂直于板的中面的周期横向载荷，则薄板表现为动态的弯曲振动变形，薄

板中的弹性波即被称为弯曲波。

1. 薄板基本概念和基本假设

薄板的上、下两个平行面称为板面，如图 2-3(a)所示。这两个平行面之间的距离称为板厚，用 h 表示。平分板厚度的平面称为板的中面。在薄板弯曲时中面变形成为曲面，沿中面垂直方向，即横向的位移称为薄板的挠度。如果薄板的挠度小于其厚度的 1/5，则属于小挠度问题[104]；如果挠度超过这个限制，则属于大变形问题，超出了本书所讨论的范畴。

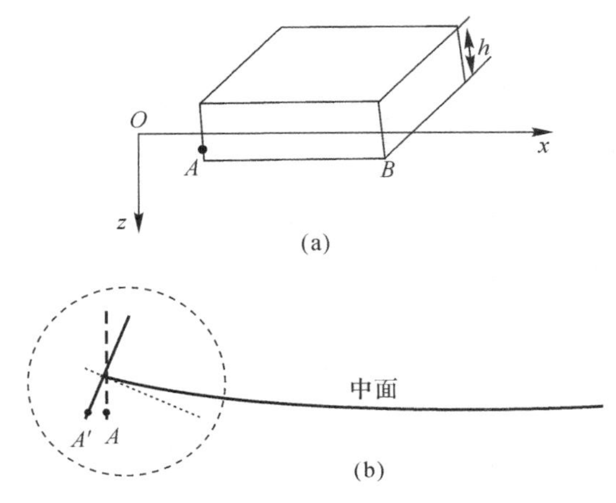

图 2-3　薄板和变形薄板的截面

如果薄板厚度远小于弯曲波波长，当受到横向的动态外载荷作用时，可以引出以下的运动学假设，来建立薄板中弯曲波的动力学模型。这些假设由基尔霍夫(Kirchhoff)首先提出，因此被称为基尔霍夫假设。基于基尔霍夫假设建立的薄板弹性理论是弹性力学的经典理论之一，长期以来广泛应用于工程问题的分析，并得到了实践的验证。基尔霍夫假设如下：

(1)变形前垂直于中面的直线在变形后仍然保持直线，且长度不变。这类似于梁的弯曲变形假设，如图 2-3(b)所示。设中面为 xOy 为平面，根据该假设，得

$$\varepsilon_z=\gamma_{zx}=\gamma_{zy}=0 \tag{2.39}$$

(2)垂直于中面方向的应力分量 σ_z、τ_{zx}、τ_{zy} 远小于其他应力分量，其引起的变形可以不计，但是这些应力仍然是维持平衡所必要的。

(3)薄板弯曲时，中面上各点只有垂直于中面的位移 w，没有平行于中面的位移，即

$$u_{z=0}=0,\ v_{z=0}=0,\ w=w(x,\ y) \tag{2.40}$$

根据这一假设，板受到横向动态外载荷作用时，中面不会发生变形。沿板的厚度方向，位移函数 $w(x,\ y)$独立于 z 变量。

2. 薄板弯曲振动的基本方程

根据第一个假设式[式(2.39)]，有几何方程：

$$\varepsilon_x=\frac{\partial u}{\partial x},\quad \varepsilon_y=\frac{\partial v}{\partial y},\quad \varepsilon_z=\frac{\partial w}{\partial z}=0 \tag{2.41}$$

$$\gamma_{xy}=\frac{\partial v}{\partial x}+\frac{\partial u}{\partial y},\quad \gamma_{yz}=\frac{\partial w}{\partial y}+\frac{\partial v}{\partial z}=0,\quad \gamma_{zx}=\frac{\partial u}{\partial z}+\frac{\partial w}{\partial x}=0 \tag{2.42}$$

根据式(2.41)，$\frac{\partial w}{\partial z}=0$，从而有 $w=w(x,y)$。由于沿薄板厚度方向位移分量 $w=w(x,y)$ 相同，因此可以通过板中面处位移来表示 w。根据式(2.42)，得

$$\frac{\partial u}{\partial z}=-\frac{\partial w}{\partial x},\quad \frac{\partial v}{\partial z}=-\frac{\partial w}{\partial y} \tag{2.43}$$

对 z 坐标积分，可得

$$u=-\frac{\partial w}{\partial x}z+f(x,y),\quad v=-\frac{\partial w}{\partial y}z+g(x,y) \tag{2.44}$$

注意到第三个假设，$u_{z=0}=0$，$v_{z=0}=0$，有 $f(x,y)=g(x,y)=0$，所以

$$u=-\frac{\partial w}{\partial x}z,\quad v=-\frac{\partial w}{\partial y}z \tag{2.45}$$

式(2.45)将位移分量 $u(x,y)$、$v(x,y)$ 通过位移分量 w 表示。根据几何方程，应变分量可以表示为

$$\left.\begin{aligned}\varepsilon_x&=\frac{\partial u}{\partial x}=-\frac{\partial^2 w}{\partial x^2}z\\ \varepsilon_y&=\frac{\partial v}{\partial y}=-\frac{\partial^2 w}{\partial y^2}z\\ \gamma_{xy}&=\frac{\partial u}{\partial y}+\frac{\partial v}{\partial x}=-2\frac{\partial^2 w}{\partial x\partial y}z\end{aligned}\right\} \tag{2.46}$$

式(2.46)表明，薄板的弯曲应变是沿厚度线性分布的，在板中面处为零，在上、下板面处达到最大值。

根据基尔霍夫假设，薄板的本构方程表示为

$$\left.\begin{aligned}\sigma_x&=\frac{E}{1-\nu^2}(\varepsilon_x+\nu\varepsilon_y)\\ \sigma_y&=\frac{E}{1-\nu^2}(\varepsilon_y+\nu\varepsilon_x)\\ \tau_{xy}&=G\gamma_{xy}\end{aligned}\right\} \tag{2.47}$$

式中：G 为剪切模量，$G=E/2(1+\nu)$；E 为弹性模量；ν 为泊松比。将应变表达式(2.46)代入式(2.47)，得

$$\left.\begin{aligned}\sigma_x&=\frac{-Ez}{1-\nu^2}\left(\frac{\partial^2 w}{\partial x^2}+\nu\frac{\partial^2 w}{\partial y^2}\right)\\ \sigma_y&=\frac{-Ez}{1-\nu^2}\left(\frac{\partial^2 w}{\partial y^2}+\nu\frac{\partial^2 w}{\partial x^2}\right)\\ \tau_{xy}&=-2Gz\frac{\partial^2 w}{\partial x\partial y}\end{aligned}\right\} \tag{2.48}$$

式(2.48)表明，正应力和剪切应力沿厚度也是线性分布的。

对于矩形薄板，选取一个微元体 $\delta\mathrm{d}x\mathrm{d}y$，微元体在 xOy 平面的投影为矩形 $abcd$，微元体上表面有横向载荷 $q\mathrm{d}x\mathrm{d}y$ 的作用，底面为自由表面，如图 2-4 所示。图中外法线与 x 轴平行的侧面有应力分量 σ_x、τ_{xz}、τ_{xy}，由式(2.48)可知，应力分量 σ_x 和 z_{xy} 均以中面为对称面而反对称分布。这些应力分量分别合成弯矩 M_x 和扭矩 M_{xy}。根据基本假设，$\varepsilon_z=\gamma_{zx}=$

$\gamma_{zy}=0$，与厚度方向相关的应变分量近似为零，即其对应的应力分量产生的变形可以忽略。但应该注意的是，由该微元体的平衡分析可知，尽管这些应力分量很小，但分析中必须予以考虑，即 $\sigma_z=-\nu(\sigma_x+\sigma_y)\neq 0$，$\tau_{zx}\neq 0$，$\tau_{zy}\neq 0$。

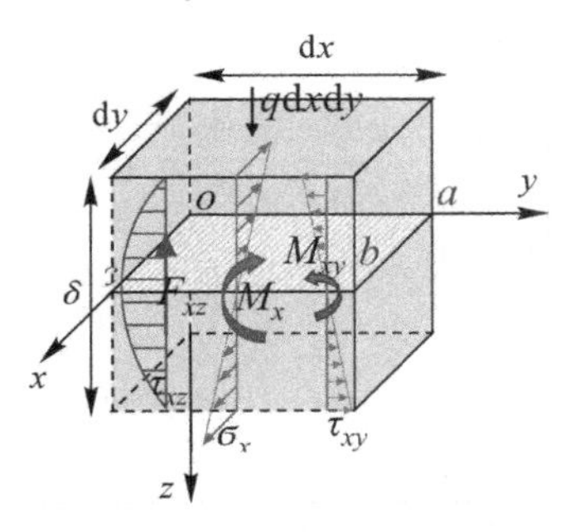

图 2-4　矩形薄板中选取的一个微元体 δdxdy

如果用 M_x、M_{xy} 和 F_{xz} 分别表示单位长度的弯矩、扭矩和横向剪力，则有

$$\left.\begin{aligned}M_x&=\int_{-\frac{h}{2}}^{\frac{h}{2}}z\sigma_x\,\mathrm{d}z\\M_{xy}&=\int_{-\frac{h}{2}}^{\frac{h}{2}}z\tau_{xy}\,\mathrm{d}z\\F_{xz}&=\int_{-\frac{h}{2}}^{\frac{h}{2}}\tau_{xz}\,\mathrm{d}z\end{aligned}\right\}\tag{2.49}$$

同理，考察外法线与 y 轴平行的截面，有

$$\left.\begin{aligned}M_y&=\int_{-\frac{h}{2}}^{\frac{h}{2}}z\sigma_y\,\mathrm{d}z\\M_{yx}&=\int_{-\frac{h}{2}}^{\frac{h}{2}}z\tau_{yx}\,\mathrm{d}z\\F_{yz}&=\int_{-\frac{h}{2}}^{\frac{h}{2}}\tau_{yz}\,\mathrm{d}z\end{aligned}\right\}\tag{2.50}$$

下面将上述内力用函数 $w(x,y)$ 表示。将应力表达式(2.48)代入上述内力分量表达式，有

$$\left.\begin{aligned}M_x&=-\frac{E}{1-\nu^2}\int_{-\frac{h}{2}}^{\frac{h}{2}}z^2\left(\frac{\partial^2 w}{\partial x^2}+\nu\frac{\partial^2 w}{\partial y^2}\right)\mathrm{d}z=-D\left(\frac{\partial^2 w}{\partial x^2}+\nu\frac{\partial^2 w}{\partial y^2}\right)\\M_y&=-D\left(\frac{\partial^2 w}{\partial y^2}+\nu\frac{\partial^2 w}{\partial x^2}\right)\\M_{xy}&=M_{yx}=-D(1-\nu)\frac{\partial^2 w}{\partial x\partial y}\end{aligned}\right\}\tag{2.51}$$

$$\left.\begin{aligned}F_{xz}&=\int_{-\frac{h}{2}}^{\frac{h}{2}}\tau_{xz}\,\mathrm{d}z\\F_{yz}&=\int_{-\frac{h}{2}}^{\frac{h}{2}}\tau_{yz}\,\mathrm{d}z\end{aligned}\right\}\tag{2.52}$$

式中:D 为板的弯曲刚度,$D=\dfrac{Eh^3}{12(1-\nu^2)}$。注意,剪力无法根据式(2.52)直接求出,可以通过力矩平衡求出剪力。根据微元体绕 y 轴的力矩之和为零,即 $\sum M_x=0$,得

$$\left(M_x+\frac{\partial M_x}{\partial x}\mathrm{d}x-M_x\right)\mathrm{d}y+\left(M_{xy}+\frac{\partial M_{xy}}{\partial y}\mathrm{d}y-M_{xy}\right)\mathrm{d}x-\left(F_{xz}+\frac{\partial F_{xz}}{\partial x}\mathrm{d}x\right)\mathrm{d}x\,\mathrm{d}y+q\,\mathrm{d}x\,\mathrm{d}y\,\frac{\mathrm{d}x}{2}=0 \tag{2.53}$$

整理并略去高阶小量,得

$$F_{xz}=\frac{\partial M_x}{\partial x}+\frac{\partial M_{xy}}{\partial y} \tag{2.54}$$

同理,根据微元体绕 x 轴的力矩之和为零,即 $\sum M_y=0$,得

$$F_{yz}=\frac{\partial M_y}{\partial y}+\frac{\partial M_{xy}}{\partial x} \tag{2.55}$$

将式(2.51)代入式(2.54)和式(2.55),得

$$\left.\begin{aligned}F_{xz}&=-D\left(\frac{\partial^3 w}{\partial x^3}+\frac{\partial^3 w}{\partial x\partial y^2}\right)\\F_{yz}&=-D\left(\frac{\partial^3 w}{\partial y^3}+\frac{\partial^3 w}{\partial x^2\partial y}\right)\end{aligned}\right\} \tag{2.56}$$

由该微元体在 z 方向的力平衡关系,即 $\sum F_z=0$,得

$$\left(F_{xz}+\frac{\partial F_{xz}}{\partial x}\mathrm{d}x-F_{xz}\right)\mathrm{d}y+\left(F_{yz}+\frac{\partial F_{yz}}{\partial y}\mathrm{d}x-F_{yz}\right)\mathrm{d}y+q\,\mathrm{d}x\,\mathrm{d}y=\rho\,\mathrm{d}x\,\mathrm{d}y\,\frac{\partial^2 w}{\partial t^2} \tag{2.57}$$

化简并约去高阶小量,得

$$\frac{\partial F_{xz}}{\partial x}+\frac{\partial F_{yz}}{\partial y}+q=\rho\,\frac{\partial^2 w}{\partial t^2} \tag{2.58}$$

将式(2.56)代入式(2.58),得弯曲波的运动控制方程:

$$-D\left(\frac{\partial^4 w}{\partial x^4}+2\,\frac{\partial^4 w}{\partial x^2\partial y^2}+\frac{\partial^4 w}{\partial y^4}\right)+q=\rho h\,\frac{\partial^2 w}{\partial t^2} \tag{2.59}$$

式(2.59)圆括号内的三项,可以用拉普拉斯算子表示,即

$$\frac{\partial^4 w}{\partial x^4}+2\,\frac{\partial^4 w}{\partial x^2\partial y^2}+\frac{\partial^4 w}{\partial y^4}=\left(\frac{\partial^2}{\partial x^2}+\frac{\partial^2}{\partial y^2}\right)\left(\frac{\partial^2 w}{\partial x^2}+\frac{\partial^2 w}{\partial y^2}\right)=\nabla^2\nabla^2 w=\nabla^4 w \tag{2.60}$$

由式(2.60),薄板中弯曲波的运动控制方程式(2.59)可简化为

$$-D\,\nabla^4 w+q=\rho h\,\frac{\partial^2 w}{\partial t^2} \tag{2.61}$$

当外力 $q=0$ 时,式(2.61)为弯曲波的运动控制方程,即

$$D\,\nabla^4 w+\rho h\,\frac{\partial^2 w}{\partial t^2}=0 \tag{2.62}$$

3. 弯曲波的解

基于弯曲波的运动控制方程式[式(2.62)],可以通过弯曲波的简谐平面波形式来研究

其在薄板中的传播。平面波在 z 方向的位移可以表示为

$$w=W(x,y)\mathrm{e}^{\mathrm{i}\omega t} \tag{2.63}$$

将式(2.63)代入式(2.62)，得到幅值函数 $W(x,y)$ 的微分方程为

$$\nabla^4 W-k^4 W=0 \tag{2.64}$$

式中，k 为薄板的弯曲波波数，且有

$$k=\left(\frac{\rho h\omega^2}{D}\right)^{\frac{1}{4}} \tag{2.65}$$

设式(2.64)的通解为

$$W=A\mathrm{e}^{\mathrm{i}k_x x}\mathrm{e}^{\mathrm{i}k_y y} \tag{2.66}$$

式中：k_x 和 k_y 分别为弯曲波沿 x 和 y 方向传播的波数。

将式(2.66)代入式(2.64)得

$$k_x^2 k_y^2+k_x^4+k_x^2 k_y^2+k_y^4=k^4 \tag{2.67}$$

式(2.67)化简得

$$(k_x^2+k_y^2)^2=k^4 \tag{2.68}$$

由式(2.68)可求得

$$k_x^2+k_y^2=\pm k^2 \tag{2.69}$$

情况一：当 $k_x^2+k_y^2=k^2$ 时，k_x 和 k_y 均有两个实数解，分别表示为 $\pm\tilde{k}_x$ 和 $\pm\tilde{k}_y$。因此，式(2.66)中幅值函数为

$$W(x,y)=A_1\mathrm{e}^{-\mathrm{i}\tilde{k}_x x-\mathrm{i}\tilde{k}_y y}+A_2\mathrm{e}^{-\mathrm{i}\tilde{k}_x x+\mathrm{i}\tilde{k}_y y}+A_3\mathrm{e}^{\mathrm{i}\tilde{k}_x x-\mathrm{i}\tilde{k}_y y}+A_4\mathrm{e}^{\mathrm{i}\tilde{k}_x x+\mathrm{i}\tilde{k}_y y} \tag{2.70}$$

将式(2.70)代入式(2.63)，得弯曲波的位移解为

$$w(x,y,t)=(A_1\mathrm{e}^{-\mathrm{i}\tilde{k}_x x-\mathrm{i}\tilde{k}_y y}+A_2\mathrm{e}^{-\mathrm{i}\tilde{k}_x x+\mathrm{i}\tilde{k}_y y}+A_3\mathrm{e}^{\mathrm{i}\tilde{k}_x x-\mathrm{i}\tilde{k}_y y}+A_4\mathrm{e}^{\mathrm{i}\tilde{k}_x x+\mathrm{i}\tilde{k}_y y})\mathrm{e}^{\mathrm{i}\omega t} \tag{2.71}$$

式中，等号右侧括号内 4 项分别为沿 4 个方向传播的行波。以第一项 $w_1=A_1\mathrm{e}^{-\mathrm{i}\tilde{k}_x x-\mathrm{i}\tilde{k}_y y}$ 为例，定义波矢 $\tilde{\boldsymbol{k}}_1=\tilde{k}_x\boldsymbol{i}_1+\tilde{k}_y\boldsymbol{i}_2$，则 w_1 为沿 $\tilde{\boldsymbol{k}}_1$ 方向传播的平面行波。同理，后三项分别为沿波矢 $\tilde{\boldsymbol{k}}_2=\tilde{k}_x\boldsymbol{i}_1-\tilde{k}_y\boldsymbol{i}_2$，$\tilde{\boldsymbol{k}}_3=-\tilde{k}_x\boldsymbol{i}_1+\tilde{k}_y\boldsymbol{i}_2$，$\tilde{\boldsymbol{k}}_4=-\tilde{k}_x\boldsymbol{i}_1-\tilde{k}_y\boldsymbol{i}_2$ 传播的行波。

情况二：当 ${k_x}^2+{k_y}^2=-k^2$ 时，如果 k_x 和 k_y 均为实数，则无解。因此，k_x 和 k_y 至少有一个为虚数，假定 $k_y=\pm\tilde{k}_y$ 为实数，则 k_x 一定为虚数，即 $k_x=\pm\tilde{k}_x^{\mathrm{Im}}=\pm\sqrt{-k^2-{\tilde{k}_y}^2}$。弯曲波的位移解为

$$w(x,y,t)=(A_1\mathrm{e}^{-\mathrm{i}\tilde{k}_x^{\mathrm{Im}}x-\mathrm{i}\tilde{k}_y y}+A_2\mathrm{e}^{\mathrm{i}\tilde{k}_x^{\mathrm{Im}}x-\mathrm{i}\tilde{k}_y y}+A_3\mathrm{e}^{-\mathrm{i}\tilde{k}_x^{\mathrm{Im}}x+\mathrm{i}\tilde{k}_y y}+A_4\mathrm{e}^{\mathrm{i}\tilde{k}_x^{\mathrm{Im}}x+\mathrm{i}\tilde{k}_y y})\mathrm{e}^{\mathrm{i}\omega t} \tag{2.72}$$

式中，各项随着传播过程迅速衰减，一般弯曲波传播一个波长后即近似衰减为零，因此，这些模式称为倏逝模式。这种倏逝模式的存在是由弯曲波的四阶运动方程决定的。对于弯曲波的倏逝模式，需要在所有不连续界面处考虑将其与传播模式耦合。因此，弯曲波的位移解同时包括传播模式和倏逝模式，即合并式(2.71)和式(2.72)。

4. 频散曲线和群速度

由式(2.29)和式(2.65)得，弯曲波的波速(相速度)为

$$c_{\mathrm{P}}=\frac{\omega}{k}=\left(\frac{\omega^2 D}{\rho h}\right)^{\frac{1}{4}} \tag{2.73}$$

从式(2.73)可知，弯曲波的波速与频率 ω 相关，不同频率对应不同的波速，波速随频率变化的 $c_P-\omega$ 曲线，称为频散曲线。频散的概念源于光学，指不同频率的自然光对应于不同的颜色(具有不同的波长)，因此，频散曲线也被称为色散曲线。波速随频率变化的波定义为频散波(色散波)，如弯曲波、兰姆波；波速不随频率变化的波定义为非频散(非色散)波，如体波、表面波等。

群速度是关于一簇频率相近的频散波组合为波包的传播速度。Lord Rayleigh 曾记录“当一簇波到达一个静止水面时，波群的速度比它所包含的每一个子波的速度都要小，这些子波仿佛通过波群前进”。这正是群速度概念的起源。

下面通过振幅相同、频率 ω_1 和 ω_2 相近的两个频散平面波的传播这一最简单的例子来解释群速度。这两个平面波的叠加波场为

$$u=A\cos(k_1x-\omega_1t)+A\cos(k_2x-\omega_2t) \tag{2.74}$$

式中，两个波由于频散而具有不同的相速度 c_1 和 c_2，对应的波数分别为 $k_1=\omega_1/c_1$ 和 $k_2=\omega_2/c_2$。利用三角恒等式

$$A(\cos\alpha+\cos\beta)=2A\left[\cos\left(\frac{\alpha-\beta}{2}\right)\cos\left(\frac{\alpha+\beta}{2}\right)\right]$$

将式(2.74)改写为

$$u=2A\cos\left[\frac{(k_2-k_1)x}{2}-\frac{(\omega_2-\omega_1)t}{2}\right]\cdot\cos\left[\frac{(k_2+k_1)x}{2}-\frac{(\omega_2+\omega_1)t}{2}\right] \tag{2.75}$$

进一步，将式(2.75)简化为

$$u=2A\cos\left(\frac{1}{2}\Delta k\cdot x-\frac{1}{2}\Delta\omega\cdot t\right)\cdot\cos(\bar{k}\cdot x-\bar{\omega}\cdot t) \tag{2.76}$$

式中，$\Delta k=k_2-k_1$，$\Delta\omega=\omega_2-\omega_1$，$\bar{k}=(k_2+k_1)/2$，$\bar{\omega}=(\omega_2+\omega_1)/2$。

注意式(2.76)中第一个余弦函数是低频项；第二个余弦函数是高频项。由这两项分别得到

$$c_g=\frac{\Delta\omega}{\Delta k} \tag{2.77}$$

$$\bar{c}=\frac{\bar{\omega}}{\bar{k}} \tag{2.78}$$

当两个波的频率 ω_1 和 ω_2 无限接近时，由式(2.77)和式(2.78)分别得到

$$c_g=\frac{\mathrm{d}\omega}{\mathrm{d}k} \tag{2.79}$$

$$\bar{c}=c_P \tag{2.80}$$

即分别为群速度 c_g 和相速度 c_P。

实际上，我们遇到的往往是许多子波叠加的波群，而不仅仅是前面提到的两个波叠加。下面可以用另外一种经典方式来定义群速度。对于 n 个频率相近的子波叠加构成的波群 $u_g=\sum_{j=1}^{n}A_j\cos(k_jx-\omega_jt)$，不同的子波以不同的相速度 c_P 传播，但叠加后的波群以波包形

式向前传播，其群速度为 c_g。对一个时间增量 $dt=t-t_0$，第 j 个子波 $A_j\cos(k_jx-\omega_jt)$ 的相位变化表示为如下形式：

$$d\phi_j=[k_j(x_0+dx)-\omega_j(t_0+dt)]-(k_jx_0-\omega_jt_0)=k_jdx-\omega_jdt \tag{2.81}$$

为了保持波群传递的稳定性，任意两个相邻子波的相位改变量应该相同，即

$$d\phi_j=d\phi_i \tag{2.82}$$

由式(2.81)和式(2.82)得

$$(k_j-k_i)dx-(\omega_j-\omega_i)dt=0 \tag{2.83}$$

由于相邻子波的波数无限接近，即 $k_j-k_i=dk$，$\omega_j-\omega_i=d\omega$，因此由式(2.83)得

$$\frac{dx}{dt}=\frac{d\omega}{dk}=c_g \tag{2.84}$$

这就是群速度的经典定义。需要指出的是，群速度也是能量传播的速度。

5. 板的边界条件

尽管当前的分析是针对无限大板，但是也可将其用于常遇到的关于半无限大板的振动问题。通过与梁类比，有三类半无限大板的边界条件：简支边界、固支边界、自由边界。它们在边界 $x=x_0$ 处，位移 w、弯矩 M_x 和剪力 V_x 的数学表达如下。

(1)边界 $x=x_0$ 处，简支：

$$\left.\begin{aligned} &w=0\\ &M_x=\frac{\partial^2 w}{\partial x^2}+\nu\frac{\partial^2 w}{\partial y^2}=0\end{aligned}\right\} \tag{2.85}$$

(2)边界 $x=x_0$ 处，固支：

$$\left.\begin{aligned} &w=0\\ &\frac{\partial w}{\partial x}=0\end{aligned}\right\} \tag{2.86}$$

(3)边界 $x=x_0$ 处，自由：

$$\left.\begin{aligned} &M_x=\frac{\partial^2 w}{\partial x^2}+\nu\frac{\partial^2 w}{\partial y^2}=0\\ &V_x=\frac{\partial^3 w}{\partial x^3}+(2-\nu)\frac{\partial^3 w}{\partial x\partial y^2}=0\end{aligned}\right\} \tag{2.87}$$

2.2　弹性波的广义斯涅尔定律

本节介绍弹性波超构表面的核心定律之一——广义斯涅尔定律。广义斯涅尔定律的概念首先是在电磁波研究中被提出的。研究者通过在两种介质的交界面处设计周期的人工结构，在传统的斯涅尔定律上增加了相位梯度这一新的自由度，该拓广的定律即所谓的广义斯涅尔定律[20]。基于该定律，传统的电磁波调控方式被打破，可实现对入射波和反射波任意方向的调控。随后，该定律被拓展到声波和弹性波。与电磁波和声波不同，弹性波具有更多的极化自由度，即不同的运动模式，且这些模式之间可以相互转换。例如，在无限大固体介

质中存在不同极化方向的 L 波、SV 波和 SH 波模式，其中 L 波和 SV 波会在界面处相互耦合，发生模式转换，而 SH 波是与它们解耦的。解耦的 SH 波是标量波，它与同为标量波的声波的控制方程和波动解的形式有很大的相似性。因此，可以将电磁波和声波中的一些物理概念直接拓展到 SH 波。下面从适用于简单 SH 波的广义斯涅尔定律开始介绍。

对于 SH 波，从经典的波动力学可知，入射到两种不同固体介质的界面时，其反射波和折射波会遵循斯涅尔定律。由于切向动量的连续性，斯涅尔定律预测了入射角和反射角相等($\theta_i=\theta_r^{(c)}$)以及入射角与折射角之间的关系($n_1\sin\theta_i=n_2\sin\theta_t^{(c)}$)。这种角度关系取决于两种固体介质的折射率 n_1、n_2。

如图 2-5 所示，在介质 1 和介质 2(垂直于纸面方向无限大)的交界面处设计了一种特殊的人工结构，其厚度一般小于波长(也称为亚波长厚度)，当 SH 波(质点运动方向垂直于纸面)入射到该人工结构时，反射波或透射波在其表面产生相位跳变，并且这个相位跳变随 x 轴坐标变化而变化。利用在该人工结构的表面引入相位自由度，实现对波场的超常规调控，因此该表面被称为超构表面。图 2-5 中，超构表面位于 $y=0$ 的平面，透射波透过表面后(或入射波经表面反射后)附加一个随 x 轴变化的相位。通过附加随坐标(x,z)变化的相位，该二维模型也可以拓展到三维模型。根据费马原理[20]，可以导出二维情况的透射角(或反射角)与入射角之间的关系。设 A 点和 D 点的坐标分别为(x_A,y_A)和(x_D,y_D)，波从 A 点发出后入射(入射角为 θ_i)到界面 O 点$(x,0)$，然后以透射角 θ_t 到达 D 点，总相位变化为

$$\Phi(x)=\phi(x)+k_1\sqrt{(x-x_A)^2+{y_A}^2}+k_2\sqrt{(x-x_D)^2+{y_D}^2} \tag{2.88}$$

式中：$\phi(x)$是波阵面在超构表面的相位跳变；k_1 和 k_2 分别是介质 1 和介质 2 中波的波数。由式(2.88)可知，不同的 O 点位置，会导致从 A 点到 D 点不同的波程，从而有不同的总相位。从 A 点到 D 点有很多条路径，根据费马原理，波从 A 点经人工结构传播到 D 点的真实路径为使得传播时间最小的一个，这是由于频率一定时，波在介质中的传播速度一定，即真实路径为波程最小的一个。从波动的角度，波程的变化对应于相位的变化，因此，可以理解为从 A 点透射到 D 点的真实路径为使其总相位 $\Phi(x)$ 取极值的一个，即满足

$$\frac{\mathrm{d}\Phi(x)}{\mathrm{d}x}=0 \tag{2.89}$$

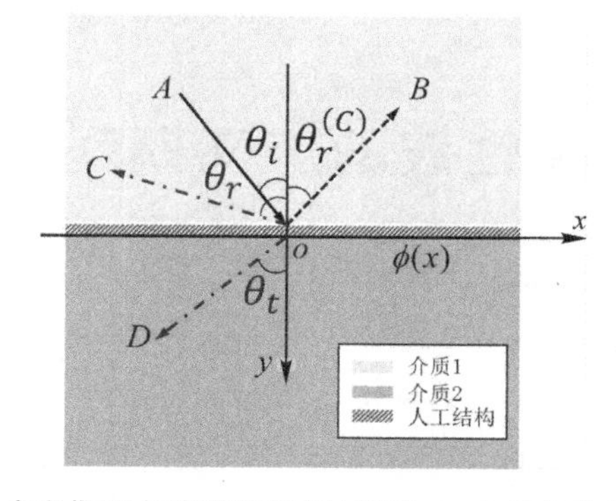

图 2-5　广义斯涅尔定律原理图(界面 $y=0$ 处存在相位跳变)

将式(2.88)代入式(2.89),可以得到

$$k_2\sin\theta_t - k_1\sin\theta_i = \frac{d\phi(x)}{dx} \tag{2.90}$$

式(2.90)即为所谓的 SH 波广义斯涅尔定律。根据式(2.90),调节所设计的相位分布 $\phi(x)$,来任意调控透射角。如果相位分布不存在,即 $d\phi(x)/dx=0$,式(2.90)就退化为传统的斯涅尔定律:$k_2\sin\theta_t=k_1\sin\theta_i$。需注意的是,入射角和相位梯度均有正负之分,一般设相位梯度增大的方向为 x 轴正方向。同理,可以推导调控反射场的广义斯涅尔定律,如式(2.90)中的 k_2 和 θ_t 分别改为 k_1 和 θ_r。

上述的广义斯涅尔定律,是对解耦的 SH 波利用费马原理推导所得的,与声波的广义斯涅尔定律一致。而当纵波(L 波)或横波(SV 波)单独入射到超构表面时,透射波(或反射波)会产生模式转换,即部分能量从一种波型转移到另一种波型,导致透射场同时存在 L 波和 SV 波。式(2.90)的广义斯涅尔定律可以被改写为

$$k_1^{(L)}\sin\theta_i = k_2^{(L)}\sin\theta_t^{(L)} - \frac{d\phi(x)}{dx} = k_2^{(SV)}\sin\theta_t^{(SV)} - \frac{d\phi'(x)}{dx} \tag{2.91}$$

式中的 $k_2^{(SV)}\sin\theta_t^{(SV)} - d\phi'(x)/dx$ 为模式转换项,其中 $\phi'(x)$ 为模式转换的 SV 波随 x 轴坐标的相位跳变。

若图 2-5 中介质 1 和介质 2 均为固体板结构,将适用于体波的广义斯涅尔定律[式(2.90)]中的波数改为板波的波数 k_0,修正后的式(2.90)将适用于板波。板波超构表面的设计关键在于,如何构造人工结构来调节板波的透射相位,并保持其具有高的透射率。相关内容见第 4 章。

2.3　衍射理论

应用广义斯涅尔定律[式(2.90)],需要对弹性波超构表面调控波场的相位分布设计一个单调递增或递减的梯度 $d\phi(x)/dx$。直接设计该相位分布会面临困难,因为相位变化范围太大。但是,通过波函数的周期性可以采取一种等效的设计方法,具体来说,任意相位跳变 $\phi(x)+m\cdot 2\pi$ 与 $\phi(x)$ 有相同的作用,其中 m 为整数。因此,可以设计一个超胞,使透射波相位 $\phi(x)$ 在 $0\sim 2\pi$ 范围内线性变化,然后将这个超胞周期排列,从而可等效实现线性变化的相位分布。事实上,具有等效相位轮廓的超构表面与光学中衍射光栅的相位轮廓是一致的。因此,像光栅一样,弹性波超构表面调控的波场中往往会存在一些高阶衍射波,如入射角超过所谓的临界角而仍存在的透射波[105-106]和一些偏离设计方向的杂波[46]。对于弹性波的高阶衍射,广义斯涅尔定律不再适用,衍射模式的方向和强度需要通过更具一般性的衍射理论去预测。下面通过光学中具有普适性的衍射理论来进一步理解和补充弹性波的广义斯涅尔定律[即式(2.90)]。

衍射图样(diffraction pattern)是远场中衍射波的透射(反射)波场的傅里叶变换,下面

以透射波场为例来进行解释。对于一个有无限个超胞的超构表面，衍射图样是狄拉克梳型函数(Dirac Comb)与波函数的傅里叶变换的乘积。衍射峰值的位置由如下衍射方程[107]决定：

$$k_t\sin\theta_t - k_i\sin\theta_i = m\,\frac{2\pi}{d} \tag{2.92}$$

式中：k_t 和 k_i 分别是透射和入射区域波的波数；d 是超构表面的超胞长度；整数 m 代表衍射模式的阶数。根据式(2.92)，狄拉克梳型函数可表示为

$$\sum_{m=-\infty}^{\infty}\delta(\alpha d - m) \tag{2.93}$$

式中：$\delta(\cdot)$是狄拉克函数；衍射常数 α 为

$$\alpha = \frac{k_t\sin\theta_t - k_i\sin\theta_i}{2\pi} \tag{2.94}$$

当一个长度为 d 的超胞的相位轮廓 $\phi(x)$ 在 $0\sim2\pi$ 内线性变化，则相位梯度为 $\mathrm{d}\phi(x)/\mathrm{d}x = 2\pi/d$，广义斯涅尔定律[式(2.90)]预测的透射角与式(2.92)预测的第一阶($m=1$)衍射波的透射角一致。该波函数为相位线性变化函数与矩形函数的乘积：

$$t_1(x) = \mathrm{rect}\left(\frac{x}{d}\right)\cdot \mathrm{e}^{2\pi\mathrm{i}\left(\frac{x}{d}-\frac{1}{2}\right)} \tag{2.95}$$

通过傅里叶变换，相应的衍射图样为

$$F[t_1(x)] = d\,\mathrm{sinc}(\alpha d - 1) \tag{2.96}$$

根据式(2.95)，求得波函数的相位和幅值，如图 2-6(a)所示。基于式(2.96)，图 2-6(b)展示了无量纲衍射图样幅值的二次方值。应该指出，除了第一阶衍射(整数 m 等于 1)，其他所有整数阶次 $m=\alpha d$ 衍射的衍射图样幅值均为 0。因此，无限个该超胞的超构表面的衍射图样为狄拉克梳型函数[式(2.93)]和式(2.96)的乘积，即所有 $m=\alpha d$(包含整数和非整数阶次)的衍射图样幅值均为 0，除了单点 $\alpha d=1$ 的情况。这正是广义斯涅尔定律精确预测的值。

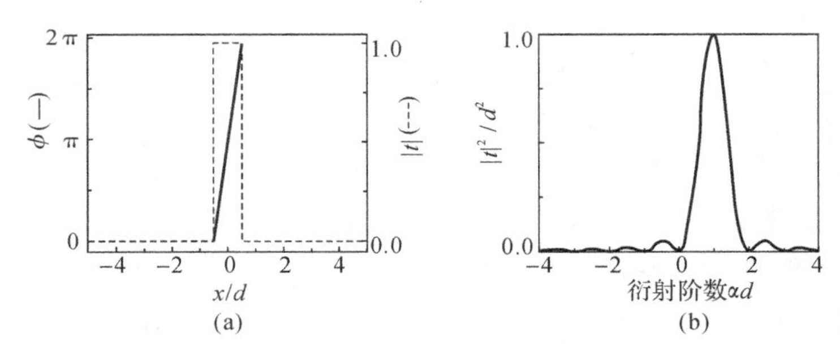

图 2-6　含一个超胞的超构表面所调控衍射波的透射幅值 $|t|$ 和相位 ϕ 及相应的衍射图样幅值的二次方的无量纲值 $|t|^2/d^2$

(a) $|t|$ 和 ϕ；(b) $|t|^2/d^2$

如果超构表面由有限个（n 个）超胞构成，则衍射图样幅值的峰值有一个有限的带宽，相应的衍射图样变为

$$F[t_1(x)]=n\cdot d\,\mathrm{sinc}[n\cdot(\alpha d-1)] \tag{2.97}$$

图 2-7(a)为 8 个超胞构成的超构表面的透射系数和相位轮廓图。根据式(2.97)，图 2-7(b)展示了相应的衍射图样幅值。应该指出，与图 2-6 中一个超胞情况相比，图 2-7 中超胞数变多，衍射峰的宽度变窄。当超胞个数 n 接近无限时，衍射峰的带宽近似为 0，即相应于狄拉克梳型函数的衍射图样。

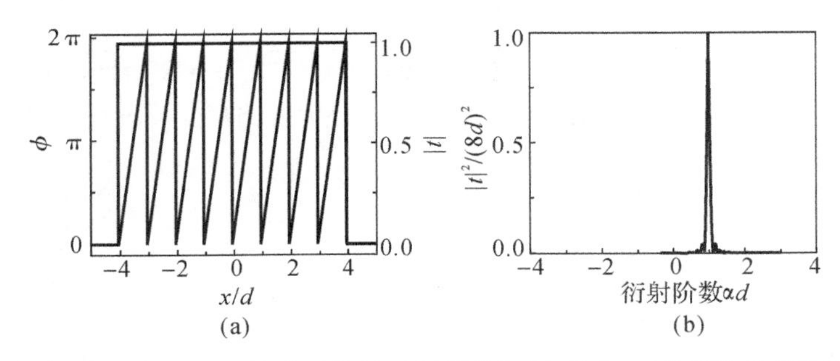

图 2-7　含 8 个超胞的超构表面中衍射波函数的透射幅值 $|t|$ 和相位 ϕ（其超胞的相位变化范围是 $0\sim2\pi$）及相应的衍射图样幅值的二次方的无量纲值 $|t|^2/(8d)^2$

(a)ϕ 和 $|t|$；(b)$|t|^2/(8d)^2$

根据式(2.92)，基于 k_t、k_i 和 θ_i，可以求得不同阶衍射的衍射角（折射角）。图 2-8 展示了各阶衍射中相应折射角与入射角之间的关系。第一阶衍射（$m=1$）的折射角与广义斯涅尔定律所求值一致。在某些特定条件下，入射和折射角的正负不同，这种现象称为负折射，如图 2-8 中阴影区域所示。

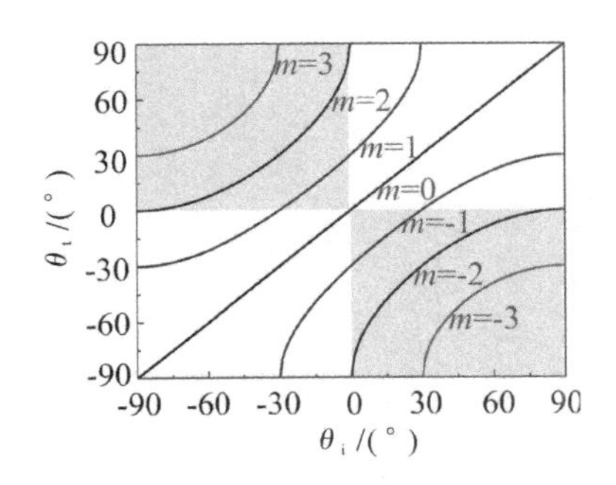

图 2-8　各阶衍射的折射角与入射角之间的关系

应该指出的是，当超胞由若干个离散的单胞构成时，超胞的相位分辨率过低、超胞间相位不连续（即一个超胞内相位没有达到完整的 2π 范围）和超胞内部相位不连续（即超胞内相位没有线性变化）以及它们的一些组合情况，广义斯涅尔定律均不再完全适用，因为波的能量会渗透到其他阶次的衍射模式中。例如，图 2-9 中超胞的相位变化范围只有 $0\sim3\pi/2$。通过傅里叶变换，得到相应的衍射图样幅值，展示了一部分能量渗透到 0 阶和 2 阶衍射波的

峰值，而第一阶目标衍射峰的位置不变。

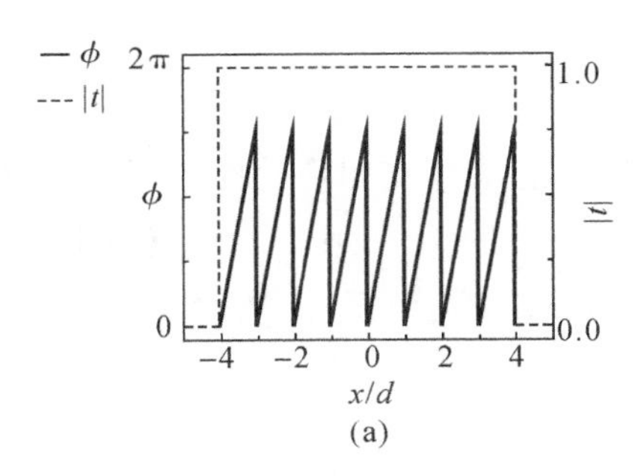

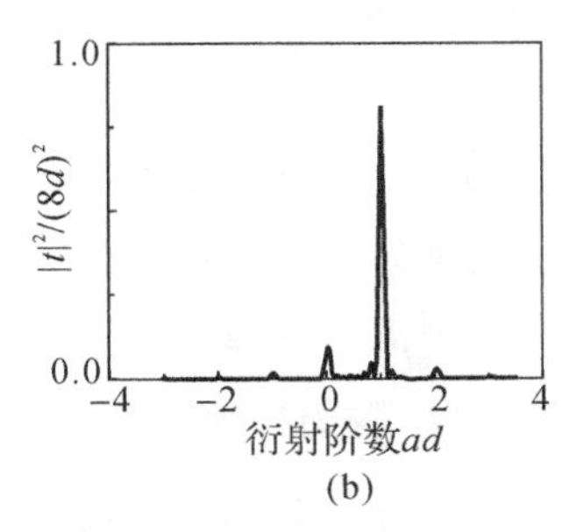

图 2-9　含 8 个超胞的超构表面所调控衍射波的透射幅值 $|t|$ 和相位 ϕ（其超胞的相位变化范围只有 $0 \sim 3\pi/2$）及相应的衍射图样幅值的平方的无量纲值 $|t|^2/(8d)^2$

(a) $|t|$ 和 ϕ；(b) $|t|^2/(8d)^2$

第 3 章　体波超构表面

由第 2 章介绍的弹性波基本理论可知，体波一般分为可相互耦合的 L 波和 SV 波，以及与之解耦的 SH 波，其中体波 SH 波的传播速度不随频率变化而变化，类似于声波，均是非频散的标量波。此外，从 SH 波的波动控制方程和波动解的形式可以看出，SH 波的应力和位移分别类比于声波的质点速度和声压。因此，可以将声学超构表面的概念直接拓展到体波 SH 波。体波超构表面(Body Wave Metasurface, BWMS)通常是设计于块体材料中的一个薄层，通过设计该薄层(体波超构表面)的结构或材料属性，来调节透过该薄层(或通过该薄层反射)的体波的相位和透射系数。虽然与薄层及其表面边界相互作用后，这些体波会被调控，但它们仍然保持体波。下面以最简单的 SH 波超构表面作为体波超构表面的一个典型例子，来介绍其基本概念、相关理论和设计方法。

3.1　体波超构表面设计

设计的 BWMS 是一个厚度小于波长的薄层，类似薄板结构，用于调控从激发装置传输到主结构的 SH 波传播路径，如图 3-1(a)所示，它嵌于主结构和激发装置之间。入射 SH 波的偏振方向垂直于笛卡儿坐标系的 xOy 平面，其传播方向沿 x 轴。该研究关注结构健康监测领域，主要集中在兆赫级的高频波段，相应的波长一般远小于主结构和激发装置的尺寸，因此，可以将有限尺寸的主结构和激发装置的模型视为半无限大结构。在激发装置(入射区域)和主结构(透射区域)中传播的 SH 波属于无频散的体波模式。

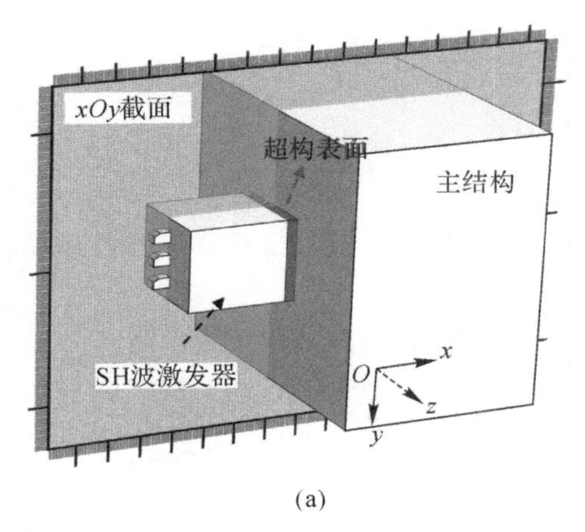

(a)

图 3-1　位于主结构和激发装置交界面处的 BWMS 示意图以及在 xOy 平面中的模型的局部放大图

(a)BWMS 示意

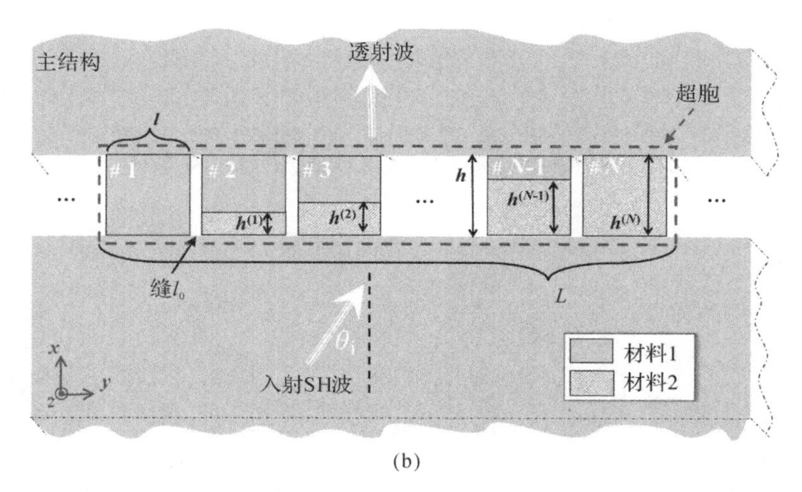

(b)

续图 3-1　位于主结构和激发装置交界面处的 BWMS 示意图以及在 xOy 平面中的模型的局部放大图

(b)局部放大

为了直观展示，图 3-1(a)中设计的超构表面在 xOy 平面的局部放大图，如图 3-1(b)所示。其中，每个单胞的宽度为 l。这些单胞沿 y 轴以间隔 w_0($w_0=l/6$)而排列。编号 #1 和 #N 的单胞分别由条状结构 1(材料 1)和条状结构 2(材料 2)独立构成，其余单胞均由条状结构 1 和 2 复合构成。这 N 个单胞组成一个超胞[如图 3-1(b)中红虚线框所示]，然后超胞沿 y 轴周期排列，从而构成了所谓的 BWMS。超胞的宽度和超构表面的厚度分别为 L 和 h。

需要指出的是，SH 波在超构表面的单胞中传播时，单胞在 y 方向上有两个界面，导致 SH 波是波导模式，它支持频散(即波相速度的大小与激励频率相关)的高阶波。但在本章所有模型中施加激励的频率均小于 SH 波导模式的 1 阶截止频率，单胞中只存在非频散的 0 阶 SH 波导模式(其相速度等于 SH 体波模式的相速度，见 3.3 节图 3-20)。除了 3.4 节明确指出，本章未作特别说明时，均不考虑 SH 波的高阶模式。

3.1.1　单胞结构

1. 结构设计

由第 2 章中介绍的广义斯涅尔定律可知，超构表面对波的调控主要是基于其单胞对波的相位和透射系数的调节。

当 SH 波通过长度为 h 的条状结构时，其相位跳变为

$$\phi=k\cdot h \tag{3.1}$$

其中，波数 k 与频率和相速度有如下关系：

$$k=\omega/c_{\mathrm{T}} \tag{3.2}$$

式中：ω 为圆频率，$\omega=2\pi f$；c_{T} 为非频散的 SH 波体波模式的相速度，只与材料参数相关，且有

$$c_{\mathrm{T}}=\sqrt{G/\rho} \tag{3.3}$$

式中：G 为剪切模量，$G=E/[2(1+\nu)]$，其中 E 为弹性模量，ν 为泊松比；ρ 为密度。

由条状结构 1 和条状结构 2 复合构成的单胞的总长度 h 为固定的，通过改变其中条状结构 2 长度的占比，可以改变单胞中 SH 波的平均相速度，从而对透过单胞的 SH 波相位进行调节。

以超胞中第 1 个单胞的相位跳变为参考，根据式(3.1)，第 j 个单胞的相位跳变可以表示为

$$\Delta\phi=(k_2-k_1)h^{(j-1)} \quad (j=2,\ 3,\cdots,N) \tag{3.4}$$

式中：$h^{(j-1)}$ 为第 j 个单胞中条状结构 2 的长度；k_1 和 k_2 分别为单胞中条状结构 1 和条状结构 2 中 SH 波的波数。

为了使透射波的波前在空间中保持连续，图 3-1(b)中单胞的相位跳变 $\Delta\phi$ 需沿 y 轴线性分布，如图 3-2(a)所示。图 3-2(b)中单胞的相位跳变沿 y 轴从 0 线性变化到 2π，再以超胞长度 L 为周期在空间中分布。由于波的周期性，图 3-2(b)中不连续的相位分布可以等效于图 3-2(a)中线性相位分布。因此，可以通过使超胞中相位跳变满足线性分布的方式来简化设计。一个超胞中 $0\sim2\pi$ 连续的相位跳变分布可以通过 N 个单胞的相位跳变($\Delta\phi$)来离散化，相邻单胞的相位跳变差为 $2\pi/N$。例如，$N=4$ 时，可以通过 4 个单胞的 $\Delta\phi$ 来实现超胞内的线性相位分布，$\Delta\phi$ 依次为 0、$2\pi/4$、$4\pi/4$ 和 $6\pi/4$，如图 3-2(b)中小黑点所示。因此，对于第 j 个单胞，相位跳变 $\Delta\phi$ 为 $2\pi\cdot(j-1)/N$。因此，将 $2\pi\cdot(j-1)/N$ 代替式(3.4)中的 $\Delta\phi$，再通过变形可以得到

$$h^{(j-1)}=\frac{j-1}{N}\cdot\left|\frac{2\pi}{k_2-k_1}\right| \quad (j=2,\ 3,\cdots,N) \tag{3.5}$$

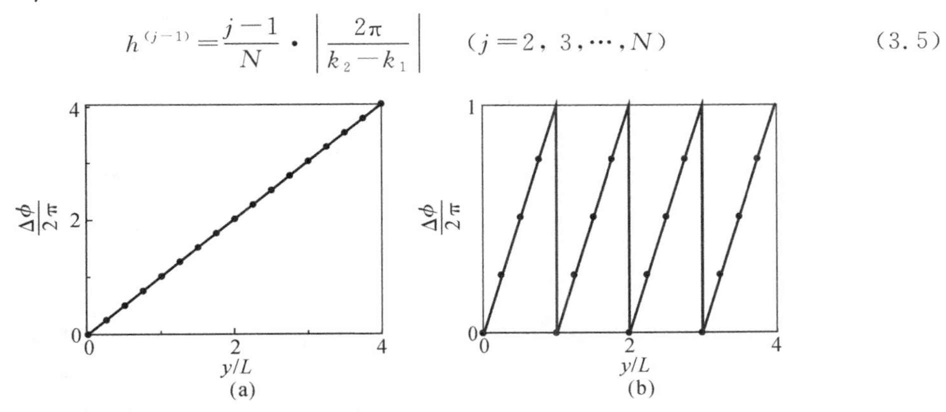

图 3-2　沿 y 轴线性分布的相位跳变 $\Delta\phi$ 以及从 0 到 2π 线性变化的相位跳变 $\Delta\phi$ 以超胞长度 L 在空间进行周期分布

(a)线性分布；(b)周期分布

图 3-1(b)中，第 1 个和第 N 个单胞仅由一种材料构成，其长度等于 BWMS 的厚度 h，即 $h^{(1)}=h^{(N-1)}=h$。设计的 BWMS 满足亚波长特性，即结构厚度 h 比波长小，有

$$h<\lambda=\frac{2\pi}{k_1} \tag{3.6}$$

由式(3.5)和式(3.6)得，在单胞的两个条状结构中，SH 波的波数应满足如下关系：

$$\frac{k_2}{k_1}>2-\frac{1}{N} \quad 或 \quad 0<\frac{k_2}{k_1}<\frac{1}{N} \tag{3.7}$$

根据式(3.2)和式(3.7)可知,在单胞的两个条状结构中,波速的关系为

$$\frac{c_T^{(1)}}{c_T^{(2)}}>2-\frac{1}{N} \quad 或 \quad 0<\frac{c_T^{(1)}}{c_T^{(2)}}<\frac{1}{N} \tag{3.8}$$

对于透射型超构表面,除了使其单胞中透射相位满足特定的空间分布,还需使单胞中的透射波保持均一的高透射率。这样才能保证超构表面可以高效率地调控透射波场,同时又不会使其扭曲和变形。单胞中 SH 波透射率高低的决定因素,是其不同材料界面的阻抗匹配度,因此材料的选择成为决定该类超构表面性能的关键因素。综上所述,为了设计高性能的 BWMS,其单胞中的两种材料必须满足两个条件:①使两种介质材料界面间的阻抗昼尽量接近;②能够通过改变亚波长单胞中两种材料的占比,实现单胞相位跳变在 $0\sim2\pi$ 范围变化。

SH 波垂直入射到两种不同介质材料的交界面时,透射系数为

$$\hat{t}=1-\frac{|W_2-W_1|}{W_1+W_2} \tag{3.9}$$

式中:W_1 和 W_2 分别为两种介质材料界面处 SH 波的阻抗,其值等于 SH 波的相速度和介质密度的乘积。两种介质材料的阻抗越接近,透射波的透射系数越大。

为了使两种介质材料的阻抗接近,我们可以选择铝合金和铅锑合金作为单胞中条状结构 1 和条状结构 2 的材料。这两种材料均是工程中常见的材料,它们的材料参数分别为 $\rho_{\text{alu}}=2\ 700\ \text{kg/m}^3$、$E_{\text{alu}}=70\ \text{GPa}$、$\nu_{\text{alu}}=0.33$ 和 $\rho_{\text{lea}}=9\ 600\ \text{kg/m}^3$、$E_{\text{lea}}=29.4\ \text{GPa}$、$\nu_{\text{lea}}=0.3$。设透射区域和入射区域的材料与条状结构 1 的相同,均为铝合金。根据式(3.3),体波 SH 波在铝合金和铅锑合金中的相速度 c_T 分别为 3 121.95m/s 和 1 085.30 m/s。两个相速度的比值为 2.88,满足式(3.8)亚波长特性的条件。根据式(3.9),可以近似计算出相应的透射系数约为 0.9。高的透射系数表明所设计的 BWMS 具有高的能量传输性能。

根据式(3.2)和式(3.5),由铝合金和铅锑合金复合构成的 BWMS 厚度 h 与入射波的波长 λ 的比为

$$\frac{h}{\lambda}\approx0.53\times\frac{N-1}{N}<0.53 \tag{3.10}$$

式(3.10)中的比值独立于频率,这表明对于任意激发频率,设计的 BWMS 厚度均小于波长的 0.5 倍,即具有亚波长的特性。需要指出的是,本章为了更简易地展示超构表面的设计原理,仅采用了不同材料的条状结构 1 和条状结构 2 来复合构成单胞的设计方案。除此之外,还可以采用单一材料,通过对波导结构的拓扑优化[83]来设计条状结构 1 和条状结构 2,从而构成能产生特定相位跳变的单胞结构。

2. 单胞的解析模型

本小节通过建立单胞的解析模型,来解析求解单胞中透射波的相位跳变和透射系数。第 j 个单胞的模型如图 3-3(a)所示,灰色和斜杠区域分别代表介质材料 1 和介质材料 2。将主结构和单胞分为区域(1)、区域(2)、区域(3)和区域(4)。SH 波沿 x 轴正方向传播,质点位移沿 z 轴,位移为 $\boldsymbol{u}=\boldsymbol{v}=\boldsymbol{0}$,$w=w(x,t)$。本构方程可以表示为

$$\sigma_{xz}=G\frac{\partial w}{\partial x} \tag{3.11}$$

式中，σ_{xz} 为应力分量。

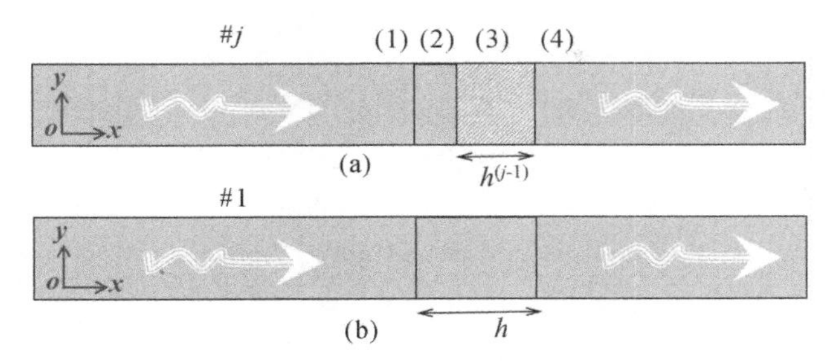

图 3-3　由介质材料 1(灰色)和介质材料 2(斜杠区域)复合构成的超胞中第 j 个单胞[主结构和单胞分为区域(1)、区域(2)、区域(3)和区域(4)]以及超胞中由介质材料 1 独立构成的第 1 个单胞

(a)第 j 个单胞；(b)第 1 个单胞

对于各向同性的主结构，质点的位移场 $w(x,t)$ 必须满足位移运动方程

$$\frac{\partial \sigma_{xz}}{\partial x}=G\frac{\partial^2 w}{\partial x^2}=\rho\frac{\partial^2 w}{\partial t^2} \tag{3.12}$$

单胞中仅存在 0 阶的 SH 波导模式，其相速度等于体波模式的相速度 c_{T}。SH 波位移运动方程的一般解为

$$w(x,t)=(A\mathrm{e}^{-\mathrm{i}kx}+B\mathrm{e}^{\mathrm{i}kx})\mathrm{e}^{\mathrm{i}\omega t} \tag{3.13}$$

式中：$A\mathrm{e}^{-\mathrm{i}kx}$ 为沿 x 轴正方向传播的 SH 波；$B\mathrm{e}^{\mathrm{i}kx}$ 为沿 x 轴负方向传播的 SH 波；A 和 B 为待定复系数。

由式(3.4)可知，以第 1 个单胞作为参考，第 j 个单胞发生的相位跳变值主要由单胞中介质材料 2 的占比决定，即由其中条状结构 2 的长度 $h^{(j-1)}$ 决定，如图 3-3(a)所示。此外，透射系数是由不同介质材料界面间的阻抗匹配度决定的。因此，对于解析模型，主要关注区域(3)的左边界到右边界部分，来研究波在单胞中的相位跳变和透射系数。

将每个区域的复系数 $A^{(j)}$ 和 $B^{(j)}$ 写成系数向量

$$\boldsymbol{k}^{(j)}=[A^{(j)}\quad B^{(j)}]^{\mathrm{T}} \tag{3.14}$$

式中，上标(j)代表图 3-3(a)中第 j 个区域。

在不同介质材料的界面处，SH 波满足位移连续和应力平衡条件。例如，在区域(2)和区域(3)的界面处，满足以下位移和应力边界条件：

$$w_{\mathrm{R}}^{(2)}=w_{\mathrm{L}}^{(3)} \tag{3.15}$$

$$\sigma_{xz\,\mathrm{R}}^{(2)}=\sigma_{xz\,\mathrm{L}}^{(3)} \tag{3.16}$$

式中，下标 L 和 R 分别代表区域的左边界和右边界。

将式(3.11)和式(3.13)代入边界条件式(3.15)和式(3.16)，可得区域(2)和区域(3)交界面处的传递方程为

$$\boldsymbol{k}_{\mathrm{L}}^{(3)}=\begin{bmatrix}1 & 1\\ -\mathrm{i}k_2G_2 & \mathrm{i}k_2G_2\end{bmatrix}^{-1}\begin{bmatrix}1 & 1\\ -\mathrm{i}k_1G_1 & \mathrm{i}k_1G_1\end{bmatrix}\boldsymbol{k}_{\mathrm{R}}^{(2)}=\boldsymbol{M}_1\cdot\boldsymbol{k}_{R}^{(2)} \tag{3.17}$$

式中，$\boldsymbol{M}_1$ 为传递矩阵。

同理，区域(3)和区域(4)界面处的传递方程为

$$\boldsymbol{k}_{\mathrm{L}}^{(4)}=\boldsymbol{M}_1^{-1}\cdot\boldsymbol{k}_{\mathrm{R}}^{(3)} \tag{3.18}$$

对于第 j 个单胞中长度为 $h^{(j-1)}$ 的区域(3)，SH 波从其左界面到右界面的传递方程为

$$\boldsymbol{k}_{\mathrm{R}}^{(3)}=\boldsymbol{N}_1\boldsymbol{k}_{\mathrm{L}}^{(3)} \tag{3.19}$$

式中，$\boldsymbol{N}_1$ 为传递矩阵，$\boldsymbol{N}_1=\begin{bmatrix}\mathrm{e}^{-\mathrm{i}k_2h^{(j-1)}} & 0\\ 0 & \mathrm{e}^{\mathrm{i}k_2h^{(j-1)}}\end{bmatrix}$。

根据式(3.17)～式(3.19)，SH 波从区域(2)右界面传播到区域(4)左界面的传递方程为

$$\boldsymbol{k}_{\mathrm{L}}^{(4)}=\boldsymbol{M}_1^{-1}\boldsymbol{N}_1\boldsymbol{M}_1\boldsymbol{k}_{\mathrm{R}}^{(2)} \tag{3.20}$$

在区域(2)和区域(4)中，SH 波的波场可以表示为

$$\left.\begin{aligned}w^{(2)}(x)&=\mathrm{e}^{-\mathrm{i}k_1x}+r\mathrm{e}^{\mathrm{i}k_1x}\\ w^{(4)}(x)&=t\mathrm{e}^{-\mathrm{i}k_1x}\end{aligned}\right\} \tag{3.21}$$

式中：$\mathrm{e}^{-\mathrm{i}k_1x}$ 为入射场中幅值为 1 的入射 SH 波；r 为反射波的复系数；t 为透射波的复系数。

根据式(3.14)和式(3.21)，式(3.20)可改写为

$$\boldsymbol{k}_{\mathrm{out}}=\boldsymbol{M}_1^{-1}\boldsymbol{N}_1\boldsymbol{M}_1\boldsymbol{k}_{\mathrm{in}}, \tag{3.22}$$

式中：$\boldsymbol{k}_{\mathrm{in}}$ 为图 3-3(a)中区域(2)的系数向量，$\boldsymbol{k}_{\mathrm{in}}=[1\quad r]^{\mathrm{T}}$；$\boldsymbol{k}_{\mathrm{out}}$ 为图 3-3(a)中区域(4)的系数向量，$\boldsymbol{k}_{\mathrm{out}}=[t\quad 0]^{\mathrm{T}}$。

根据式(3.22)，可以求解得第 j 个单胞中 SH 波的透射复系数为

$$t=\frac{4\mathrm{e}^{\mathrm{i}k_2h^{(j-1)}}}{2-Z-Z^{-1}+(2+Z+Z^{-1})\mathrm{e}^{2\mathrm{i}k_2h^{(j-1)}}} \tag{3.23}$$

式中：Z 为两介质材料交界面的阻抗比，$Z=Z_1/Z_2$。其中，Z_1 为介质材料 1 的界面阻抗，$Z_1=\sqrt{G_1\rho_1}$；Z_2 为介质材料 2 的界面阻抗，$Z_2=\sqrt{G_2\rho_2}$。

复系数 t 的相位可以通过下式计算：

$$\phi_j=\begin{cases}\pi+\arctan\left[\dfrac{\mathrm{Im}(t)}{\mathrm{Re}(t)}\right], \mathrm{Re}(t)<0\\ \arctan\left[\dfrac{\mathrm{Im}(t)}{\mathrm{Re}(t)}\right],\ \mathrm{Re}(t)>0\end{cases} \tag{3.24}$$

进一步，根据式(3.24)，以第 1 个单胞为参考，第 j 个单胞的相位跳变为

$$\Delta\phi=\phi_j-\phi_1 \tag{3.25}$$

式中，ϕ_1 为第 1 个单胞中 SH 波透过长度为 $h^{(j-1)}$ 的波程时所产生的相位跳变，$\phi_1=k_1h^{(j-1)}$。

根据式(3.23)和式(3.25)，求得透射系数$|t|$和相位跳变 $\Delta\phi$ 的解析结果分别如图 3-4 中虚线和实线所示。同时用有限元软件进行了相应的数值仿真，仿真结果在图 3-4 中用小圆圈表示。从图 3-4 可以看到，解析解和仿真结果精确地吻合。此外，还通过式(3.4)对相位跳变 $\Delta\phi$ 的简化求解。相应结果用五角星标注在图 3-4 中。同样，得到的结果与上面解析解和仿真结果精确吻合。需要指出，精确求解单胞中 SH 波透射系数必须基于式(3.23)，

这也体现了研究解析模型的重要性。

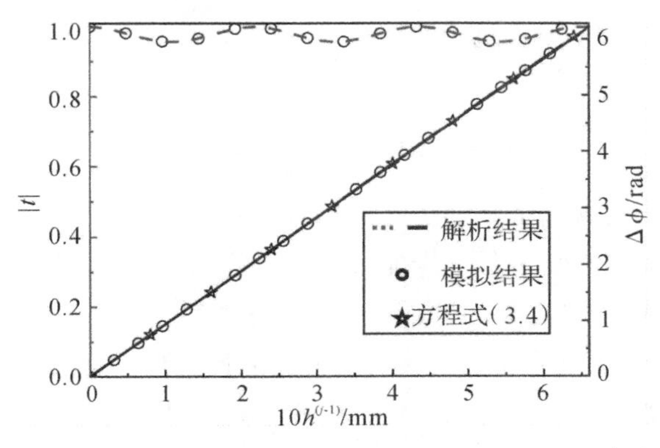

图 3-4　含长度 $h^{\langle j-1\rangle}$ 的第 j 个单胞中 SH 波透射系数 $|t|$(虚线)和相位跳变 $\Delta\phi$(实线)的解析解

3.1.2　体波超构表面对 SH 波的偏折调控

如图 3-2(b)所示，超构表面中单胞的透射波的相位跳变沿 y 轴以 0 至 2π 范围周期性地线性分布，由于波的周期性，其能够等效为图 3-2(a)中线性的相位跳变分布。因此，相位跳变梯度可以表示为

$$\frac{\mathrm{d}\Delta\phi}{\mathrm{d}y}=\pm\frac{2\pi}{L} \tag{3.26}$$

式中：L 为超胞的宽度；“+”和“−”分别表示相位跳变沿 y 轴正方向递增和递减。它们可以通过交换单胞中两种介质材料的位置来实现转换。本章中考虑的相位跳变均认为沿 y 轴正方向递增，除非有专门的说明。

基于广义斯涅尔定律，可以得到

$$k(\sin\theta_{\mathrm{t}}-\sin\theta_{\mathrm{i}})=\frac{\mathrm{d}\Delta\phi}{\mathrm{d}y} \tag{3.27}$$

式中：θ 为波传播角度；下标 t 和 i 为分别指透射和入射的 SH 波；k 为主结构中 SH 波的波数，$k=2\pi/\lambda$。

需要指出，如果将透射角 θ_{t} 变为反射角 θ_{r}，将 $\Delta\phi$ 变为反射波的相位跳变，则式(3.27)可适用于反射波场的调控。其与透射波场的调控没有本质的区别，这里不展开讨论。

将式(3.26)代入式(3.27)，计算透射波的折射角 θ_{t} 为

$$\theta_{\mathrm{t}}=\arcsin\left(\sin\theta_{\mathrm{i}}\pm\frac{\lambda}{L}\right) \tag{3.28}$$

根据式(3.28)，可以通过调节超胞的宽度 L 去设计透射波的折射角 θ_{t}。当超胞的宽度小于临界值

$$L_{\mathrm{c}}=\left|\frac{\lambda}{1-\sin\theta_{\mathrm{i}}}\right| \tag{3.29}$$

时，透射角 θ_t 将从实数变为复数，此时不存在折射角，即入射波发生全反射。对于垂直入射的 SH 波，式(3.28)简化为

$$\theta_t = \arcsin\left(\pm\frac{\lambda}{L}\right) \tag{3.30}$$

根据式(3.30)，通过选择相位跳变沿 y 轴增大或减小，决定取"+"和"−"号，可以分别得到关于法线对称的正和负的透射角 θ_t。特别地，对于斜入射 SH 波，入射角固定，当设计的超构表面中单胞的相位跳变分布沿传统斯涅尔定律所确定的正方向增大时，入射波透过超构表面，透射波的折射角将变大。然而，根据式(3.28)，当相位跳变沿 y 轴减小时，式中符号取减号"−"，折射角随着 L 变小而减小，直到减小为负值，此时透射波为负折射。

基于式(3.28)～式(3.30)，对于不同的超胞宽度 L，有不同的折射角。因此，可以通过调节超胞中单胞个数或者单胞宽度，来设计不同的 L，以实现 BWMS 以不同角度偏折 SH 波的调控效果。下面将对由 4 个单胞和 2 个单胞分别构成的 BWMS 进行介绍。

1. 典型的四单胞 BWMS

由 3 个或 3 个以上单胞构成的 BWMS 调控 SH 波的透射场中一般仅存在一个透射波，这里选择四单胞 BWMS 作为典型例子。根据式(3.10)，四单胞 BWMS 厚度与入射波波长之比独立于激发频率，比值恒为 0.4。设入射波的激发频率为一个无损检测常用频率，即 2.5 MHz。根据图 3-4 或式(3.5)，将单胞中条状结构 2 的长度设为 $h^{(1)}:h^{(2)}:h^{(3)}=1:2:3$，$h^{(3)}=0.5$ mm。然后，单胞中条状结构 1 的长度依次通过简单的几何关系决定。设定几何尺寸后，超构表面的离散相位跳变 $\Delta\phi$ 将沿 y 轴均匀增大，根据式(3.28)，可通过调节超胞宽度 L 来设计透射波的折射角。

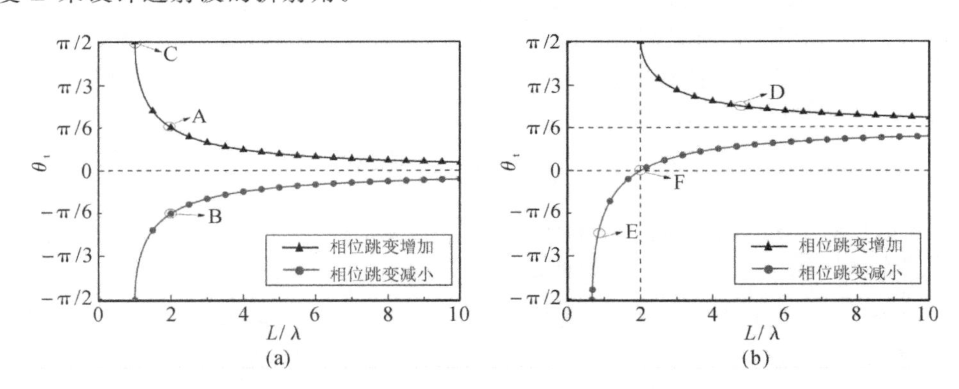

图 3-5　入射波垂直和以 30°角入射四单胞 BWMS，透射波折射角随超胞宽度 L 变化的曲线

(a)垂直入射；(b)以 30°角入射

首先，考虑 SH 波垂直入射时沿 y 轴相位跳变 $\Delta\phi$ 增大和减小的两类 BWMS。根据式(3.30)，在图 3-5(a)中绘制透射波折射角随超胞宽度 L 变化的曲线，分别用带三角符号的线和带圆圈符号的线表示。从图中可以观察到，当超胞宽度小于式(3.29)中的临界值 $L_c|_{\theta_i=0}=\lambda$，透射波的折射角不存在，这表示入射波不能透射而是发生全反射。

其次，考虑 SH 波以 30°入射角斜入射时，沿 y 轴相位跳变增大和减小的两类 BWMS。根据式(3.28)，在图 3-5(b)中绘制透射波折射角随超胞宽度 L 变化的曲线，分别用带三角符号的线和带圆圈符号的线表示。特别地，从曲线图观察到，对于沿 y 轴方向相位跳变减小的 BWMS，当 $L<\lambda/\sin\theta_i=2\lambda$ 时，透射波的折射角为负值，其与正的入射角组合形成所谓的负折射。

根据图 3-5(a)(b)，理论上所设计的 BWMS 可以使垂直或斜入射的 SH 波以任意的折射角透射。为了验证上述分析，选取了六种典型的超胞宽度来设计四单胞 BWMS。这些超胞宽度分别为 $L=2\cdot\lambda$、$L=2\cdot\lambda$、$L=0.85\cdot\lambda$、$L=2\cdot(\sqrt{2}+1)\cdot\lambda$、$L=2\cdot(\sqrt{2}-1)\cdot\lambda$ 和 $L=2\cdot\lambda$，对应于图 3-5 中 A、B、C、D、E 和 F 点。这些点的纵坐标相应于解析的折射角。图 3-6 展示了有限元仿真的不同超胞宽度 L 的 BWMS 对垂直或斜入射 SH 波的调控波场。可以看到，透射波的折射角能够被 BWMS 灵活地调控。为了对比分析，将理论的折射角叠加在透射波场上[见图 3-6(a)～(f)中的黑色箭头]。对比黑色箭头和透射波波前的传播方向，可以看出仿真结果与理论结果吻合良好，证实了设计方法的有效性。特别地，如图 3-6(d)所示，透射区域除了期望的目标波束之外，出现了另外两个微小振幅的附属波束。这两个波束属于定向传输中泄漏的波能量，其相关详细讨论见 3.2 节。

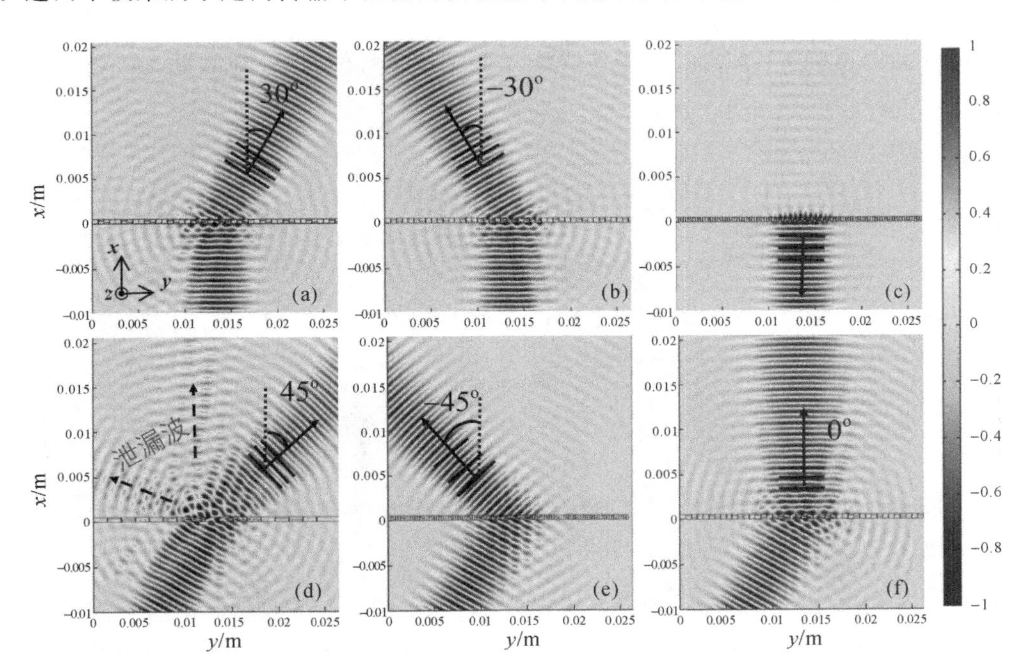

图 3-6　不同超胞宽度 L 的 BWMS 调控 SH 波的全波场

[(a)～(f)中 BWMS 的超胞宽度分别相应于图 3-5 中 A～F 点的横坐标，A～F 点的纵坐标是相应的解析折射角，其在全波场中用黑色箭头标注]

2. 两单胞 BWMS

设计的 BWMS 仅由两个具有相同长度的单胞构成。超胞的第一个和第二个单胞分别由条状结构 1 和条状结构 2 构成。根据图 3 - 1(b)，对于这种两单胞 BWMS，第一个和第二个单胞的长度均等于第二个单胞中条状结构 2 的长度。根据式(3.10)，BWMS 厚度与入射波波长之比独立于激发频率，约恒等于 0.27。下面的算例中，激发频率设为 2.5 MHz。根据式(3.5)，计算得到条状结构 2 的长度 $h^{(2)}$ 为 0.33 mm。

由式(3.26)可知，在所设计的 BWMS 中，相邻超胞间的相位变化是 2π。对于两单胞 BWMS，第一个和第二个单胞的离散相位跳变分别为 0 和 π，这使得沿 y 轴方向增加相位跳变。由于简谐波的周期性，第一个和第二个单胞的相位跳变也可以是 0 和 $-\pi$，这使得相位跳变沿 y 轴方向减小。因此，设计的 BWMS 中单胞的相位跳变可以同时沿 y 轴递增和递减，形成正的和负的相位梯度。基于这两种共存的相位梯度，根据式(3.30)，BWMS 将垂直入射波偏折为具有正折射角和负折射角的两束透射波，即将入射波分裂成两个关于法线对称传播的波束。

根据式(3.28)，这两个对称波束的折射角也可以通过调节超胞宽度 L 来设计。在图 3 - 7(a)中绘制了透射波折射角随超胞宽度 L 变化的曲线。比较图 3 - 7(a)和图 3 - 5(a)，可以发现这两个图的曲线具有相同的趋势，但它们的区别在于，图 3 - 7(a)中，对于不同超胞宽度，两个不同相位梯度调控的透射 SH 波同时存在，即有两个互为相反数的折射角。这表明所设计的两单胞 BWMS 可以将入射波分裂成两个对称波束，并能够灵活地调控其折射角。

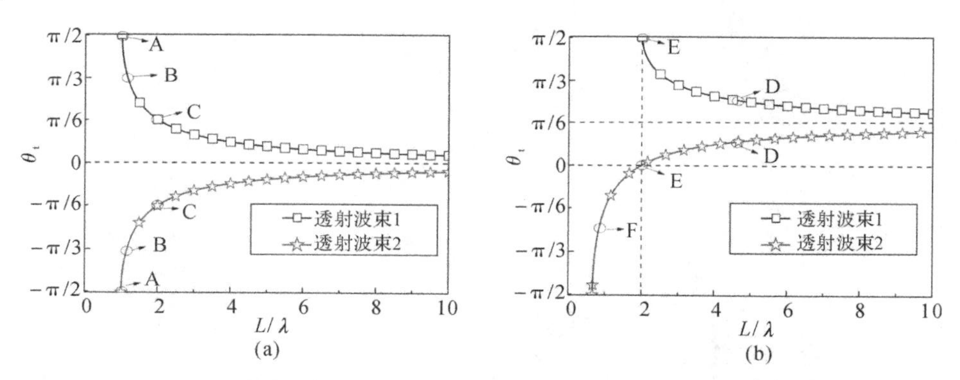

图 3 - 7　入射波垂直和以 30°角入射两单胞 BWMS，透射角随超胞宽度 L 变化的曲线

(a)垂直入射；(b)以 30°角入射

对于斜入射波(以入射角 30°为例)，根据式(3.28)，图 3 - 7(b)绘制了透射波折射角随 L 变化的曲线。当超胞宽度大于 2λ 时，产生两个非对称的透射波。当超胞宽度小于临界宽度 $L_c|_{\theta_i=30^\circ}=2\lambda$ 时，发现两个非对称传输波束中，一个变成负折射，另一个波束消失。因此，可以通过调节临界宽度，来设计能够实现分裂和负折射透射波这两个功能之间转换的 BWMS。

为了验证上述分析，选取了六种典型的超胞宽度来设计两单胞 BWMS。所选的超胞宽

度分别为 $L=2\sqrt{3}\cdot\lambda/3$、$L=\sqrt{2}\cdot\lambda$、$L=2\cdot\lambda$、$L=2\cdot(\sqrt{2}+1)\cdot\lambda$、$L=2\cdot\lambda$ 和 $L=2\cdot(\sqrt{2}-1)\cdot\lambda$，对应于图 3-7 中 A、B、C、D、E 和 F 点。这些点的纵坐标相应于解析的折射角。图 3-8 展示了不同超胞宽度的两单胞 BWMS 调控垂直或斜入射 SH 波的波场。可以看到，透射波被 BWMS 分裂为两束。特别地，图 3-8(f)与上面的理论分析一致，展示了单一透射波束，其与入射波共同形成负折射。为了对比分析，将理论的折射角叠加在透射波场上[见图3-8(a)～(f)中的黑色箭头]。对比黑色箭头和透射波波前的传播方向，可以看到仿真结果和理论结果一致，证实了设计方法的有效性。

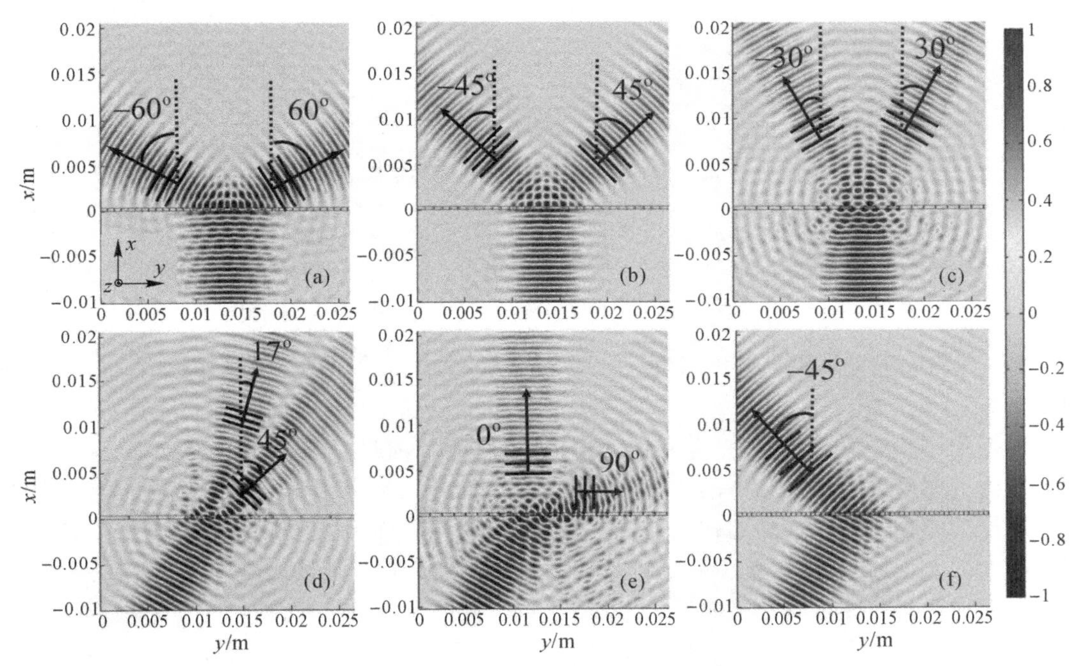

图 3-8　不同超胞宽度 L 的两单胞 BWMS 调控 SH 波的全波场

[(a)～(f)中 BWMS 的超胞宽度分别相应于图 3-7 中 A～F 点的横坐标，A～F 点的纵坐标是相应的解析折射角，其在透射波场中用黑色箭头标注]

3.1.3　体波超构表面对 SH 波的聚焦调控

基于上面的单胞设计，可以设计聚焦 SH 波的超构表面。如图 3-9 所示，超构表面将点 $(0,y)$ 处透射的 SH 波聚焦到焦点 $(d_f,0)$。d_f 是焦距，即超构表面的上表面中点 $(0,0)$ 到焦点 $(d_f,0)$ 的波程。以波程 d_f 为参考，超构表面的上表面任意一点 $(0,y)$ 到焦点的波程与 d_f 的差值为 $\beta=\sqrt{d_f^{\ 2}+y^2}-d_f$，此差值产生相位跳变为 $\phi_0(y)=k_1\beta=k_1(\sqrt{d_f^{\ 2}+y^2}-d_f)$。此外，根据式(3.4)，可以任意设计 $(0,y)$ 处单胞与 $(0,0)$ 处单胞间的相位跳变差 $\Delta\phi(y)$。若 $\Delta\phi(y)$ 正好补偿透射场中空间相位跳变 $\phi_0(y)$，那么透过各个单胞的 SH 波传播到焦点处同相位，即它们在焦点处线性叠加增强，形成聚焦点。因此，单胞的相位跳变 $\Delta\phi(y)$ 补偿

了空间相位跳变 $\phi_0(y)$，其函数满足如下关系：

$$\Delta\phi(y)=\phi_0(y)=k_1(\sqrt{{d_f}^2+y^2}-d_f) \tag{3.31}$$

超构表面可以将 SH 波聚焦到焦点 d_f。

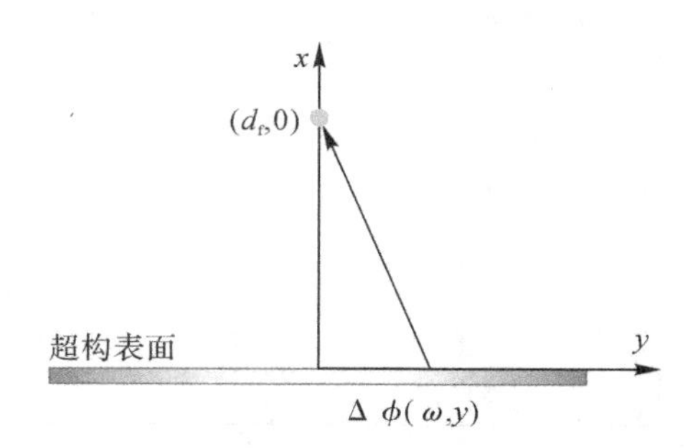

图 3-9　BWMS 聚焦 SH 波示意图

根据式(3.2)、式(3.4)和式(3.31)，单胞中条状结构 2 的长度可以表示为

$$h^{(j-1)}=\frac{c_2}{c_1-c_2}(\sqrt{{d_f}^2+{y_j}^2}-d_f) \tag{3.32}$$

式中：y_j 为第 j 个单胞中点的横坐标，$y_j=(j-1)\tilde{l}$，其中 $\tilde{l}$ 为单胞宽度加缝隙宽度总和，即 $\tilde{l}=l+w_0$。

根据式(3.32)，可以得到一个有趣的结论，单胞的几何尺寸设计与激发频率无关，即设计的超构表面可以将不同频率的 SH 波聚焦到相同位置(焦距相同)。在光学领域，这种对波的调控功能独立于频率的超构表面，称为消色差超构表面。这个概念在光学成像技术中有着巨大的应用前景，并因此得到了广泛的关注和研究。在弹性波领域中，将消色差的概念应用到无损检测和能量收集等领域，可以拓宽频率宽带和增强鲁棒性。

下面展示一个 BWMS 的典型设计的例子，其焦距 $d_f=2.5$ mm，工作频率为1.9 MHz。根据式(3.32)，设计每个单胞中条状结构 2 的长度，然后每个单胞中条状结构 1 的长度由几何关系决定。由条状结构 2(橙色)和条状结构 1(淡紫色)复合构成的单胞组合形成聚焦 BWMS，其结构如图 3-10(a)所示。BWMS 聚焦 SH 波的能量(用幅值的二次方来表征)分布和位移场分别如图 3-10(b)(c)所示，可以看到完美的聚焦效果。设计焦点的理论位置标注于图 3-10(b)中水平和垂直虚线的交点，该交点几乎与透射场中 $|t|^2$ 最大值重叠。理论的和仿真的焦点一致，证实了设计方法的有效性。为了定量分析 BWMS 的聚焦性能，将图 3-10(b)中沿垂直虚线的 $|t|^2$ 用虚线绘制于图 3-11(a)中，可以观察到，峰值出现在 $x\approx 2.5$ mm 处，几乎与目标焦距 d_f 一致。图 3-11(b)绘制了沿图 3-10(b)中横向虚线 $|t|^2$ 透射能量值的分布，它清楚地展示了透射场非常窄的聚焦区域(焦点)，证实设计的 BWMS 可以聚集高的透射能量。

下面进一步验证 BWMS 的消色差特性，即超构表面可以将不同频率的 SH 波聚焦到相同位置。将激发频率分别改为 1.5 MHz 和 2.3 MHz，得到 BWMS 调控 SH 波的透射场。其透射场与图 3-10 中的类似，能量均能聚焦到焦点。沿图 3-10 焦点的垂直和横向虚线提取透射系数的二次方值，即 $|t|^2$，并将其分别标注到图 3-11(a)(b)中，可以看到其透射场都具有较好

的聚焦效果，焦点位置均近似在 $x=2.5$ mm 处。

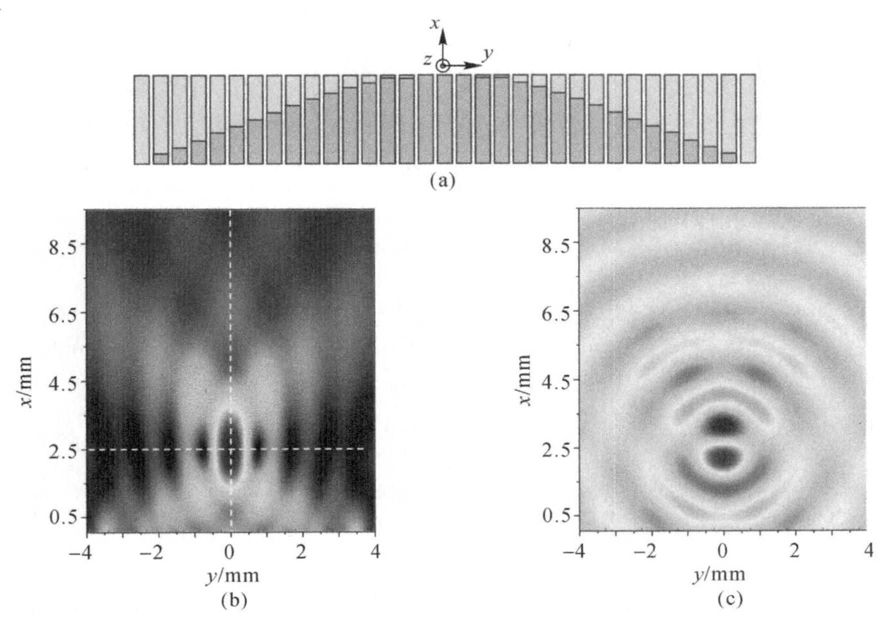

图 3-10 由条状结构 2(橙色)和条状结构 1(浅紫色)复合构成的单胞组合形成聚焦 BWMS 模型示意图以及 BWMS 聚焦 SH 波的 $|t|^2$ 分布和位移场

(a)BWMS 模型；(b) $|t|^2$ 分布；(c)位移场

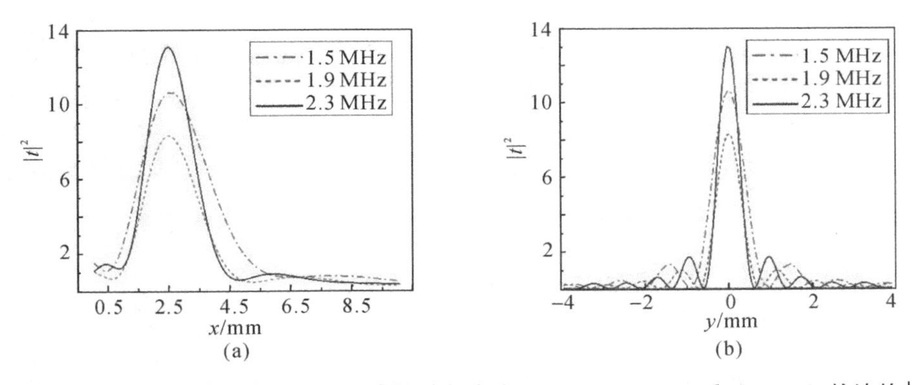

图 3-11 沿图 3-10(b)中垂直和水平虚线的频率为 1.5MHz、1.9MHz 和 2.3MHz 的波的 $|t|^2$

(a)垂直虚线；(b)水平虚线

3.1.4 调控透射波的解析模型

1. 基于相控阵原理的透射场解析

在由单胞周期排列构成的超构表面中，当单胞宽度小于工作波长时，这些单胞可以近似为不同相位和幅值的次级波源。透射场是这些次级波源的辐射场在透射区域的线性叠加。

这与相控阵原理中的多个波源排列激发定向波束具有相似性。因此，可以通过相控阵理论对超构表面调控的透射场进行解析求解。SH 波入射到含由 $\tilde{N}$ 个单胞排列构成的结构，第 j 个单胞产生一个具有相位跳变 $\Delta\phi_j$ 和幅值 $|t_j|$ 的透射波，这 $\tilde{N}$ 个单胞的透射波作为次级波源，其辐射的能量在透射场进行叠加，如图 3-12 所示。小球的大小和颜色分别代表不同幅值和相位的次级波源。总透射波场是这些次级波源辐射场的叠加。$\tilde{N}$ 个单胞形成的总透射波场 w_t 可以表示为

$$w_t(x,y,\omega)=\sum_{j=1}^{\tilde{N}}|t|_j \mathrm{e}^{-\mathrm{i}\cdot\Delta\phi_j}H_0^{(2)}(k\cdot r_j) \tag{3.33}$$

式中：$H_0^{(2)}$ 为第二类零阶汉克尔函数；r_j 为透射场中任意点 (x,y) 到第 j 个单胞的距离。

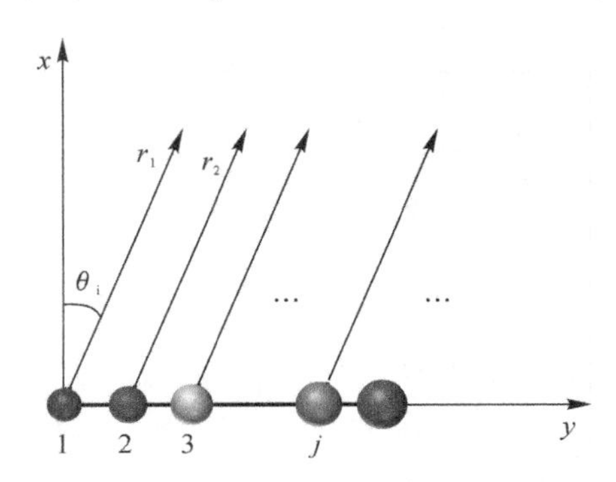

图 3-12　基于相控阵原理的物理模型示意图

根据式(3.33)，计算透射场中每个点的总波场实部 $\mathrm{Re}(w_t)$，即可得到解析的透射场。注意，式(3.33)仅在单胞宽度小于工作波长的条件下成立。因此，下面的算例中，选择了仿真结果图 3-6(a)(b)(e)中对应的超构表面作为例子，并对透射波场进行了解析求解，得到的波场分别为图 3-13(a)～(c)。对比图 3-6(a)(b)(e)，可以看到它们具有较好的一致性。需要指出，式(3.33)还可以应用于计算超构表面聚焦透射波的波场，得到和图 3-10(b)(c)一致的波场。

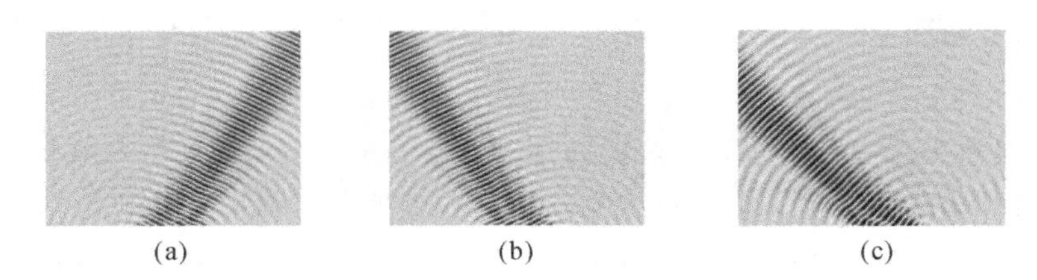

图 3-13　由式(3.33)求得的图 3-6(a)(b)(e)的解析透射波场

(a)图 3-6(a)；(b)图 3-6(b)；(c)图 3-6(e)

2. 透射波的指向性

为了进一步量化超构表面对波的调控效果，下面分析透射波的指向性。如图 3-4 所示，本章研究的单胞具有均一的高透射性，为了方便，将透射系数 $|t|_j$ 均近似为 $\tilde{A}$。因此，

如图 3-12 所示，对于 $\tilde{N}$ 个辐射强度相同的次级波源，透射场中每个点(r,φ,ω)的总波场为[108-109]

$$w(r,\varphi,\omega)=\sum_{j=1}^{\tilde{N}}\frac{\tilde{A}}{4\pi r_j}\mathrm{e}^{\mathrm{i}kr_j} \tag{3.34}$$

式中：r 和 φ 是透射场中每个点的位置坐标；ω 是圆频率。

在远场条件下，$\tilde{N}$ 个次级波源总长为 $S=(\tilde{N}-1)s\ll r$，s 为每个次级波源间的距离。那么，在 xOy 平面中有

$$r_j=r_1-(j-1)\Delta r \tag{3.35}$$

式中

$$\Delta r=s\cdot[\sin\varphi-(\sin\theta_{\mathrm{i}}+g)] \tag{3.36}$$

式中：θ_{i}为入射波的入射角；g 为超构表面的相位梯度，$g=\lambda/L$。

取 $\tilde{N}$ 个次级波源的中间为原点，则 $r_1=r+S\Delta r/(2s)$。于是，远场总幅值为

$$\begin{aligned}w(r,\varphi,\omega)&\approx\frac{\tilde{A}}{4\pi r}\mathrm{e}^{\mathrm{i}kr}\cdot\mathrm{e}^{\mathrm{i}kS\Delta r/(2s)}\sum_{j=1}^{\tilde{N}}\mathrm{e}^{-\mathrm{i}k(j-1)\Delta r}\\&=\frac{\tilde{A}}{4\pi r}\mathrm{e}^{\mathrm{i}kr}\frac{\sin(\tilde{N}k\Delta r/2)}{\sin(k\Delta r/2)}\end{aligned} \tag{3.37}$$

x 轴上远场幅值为

$$\begin{aligned}w(r,0,\omega)&\approx\tilde{N}\frac{\tilde{A}}{4\pi r}\mathrm{e}^{\mathrm{i}kr}\lim_{\Delta r\to 0}\frac{\sin(\tilde{N}k\Delta r/2)}{\tilde{N}k\Delta r/2}\lim_{\Delta r\to 0}\frac{k\Delta r/2}{\sin(k\Delta r/2)}\\&\approx\tilde{N}\frac{\tilde{A}}{4\pi r}\mathrm{e}^{\mathrm{i}kr}\end{aligned} \tag{3.38}$$

式(3.37)可以表示为

$$w(r,\varphi,\omega)\approx w(r,0,\omega)D(\varphi) \tag{3.39}$$

式中：$D(\varphi)$为方向因子，且有

$$D(\varphi)=\frac{1}{\tilde{N}}\frac{\sin(\tilde{N}k\Delta r/2)}{\sin(k\Delta r/2)} \tag{3.40}$$

图 3-13(a)～(c)中透射波场的理论折射角分别为 30°、−30°和−45°，根据式(3.40)，分别求得图 3-13(a)～(c)中透射波场的理论指向性图[见图 3-14(a)～(c)]，可以看到理论指向性图与理论折射角一致。同时从相应有限元仿真结果的全波场中提取了指向性图，并将其用小圆圈标注于图 3-14(a)～(c)中，其仿真结果与理论结果也一致。

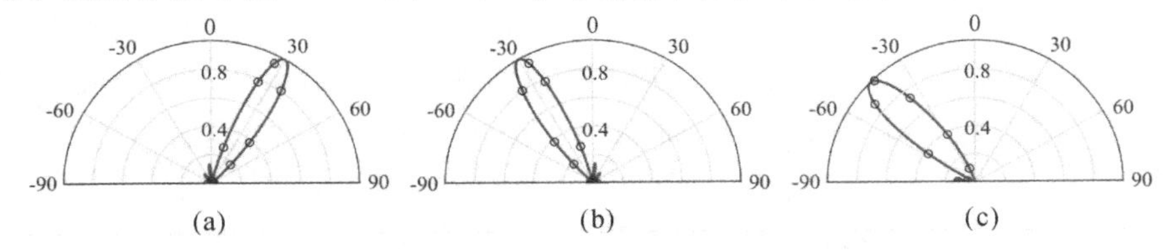

图 3-14　由式(3.40)计算出的对应于图 3-13(a)～(c)中波场的指向性图(粗实线)

3.2　泄漏现象及其机理分析

从以上 BWMS 调控 SH 波的透射场中可以发现，在透射区域中除了期望的设计波束，还存在一些附属波束。如图 3-6(d)所示，在四单胞 BWMS 调控的透射场中，两附属波束的幅值在远场接近期望波束幅值的 0.57。对于两单胞 BWMS 调控 SH 波的透射场，在某些情况下也存在附属波束，如图 3-8(c)～(f)所示。这些附属波束，除了源于高阶衍射，还源于单胞相位跳变的退化，以及由于入射高斯波束较窄导致的波束扰动。这些附属波束导致了能量在非期望方向的传输，从而形成泄漏，因此可以被称为“泄漏波”。分析泄漏波除了能够揭示能量泄漏的机理外，还可以指导用于能量定向分流的超构表面的设计。下面基于四单胞 BWMS，介绍三种不同机制产生的泄漏：高阶衍射定理；弱化的单胞相位跳变分辨率；波束扰动。

3.2.1　高阶衍射定理

对于经典的超构表面设计，一个超胞的相位跳变通常是 $\Delta\phi=2\pi$，相应的相位跳变梯度为 $\mathrm{d}\Delta\phi/\mathrm{d}y=2\pi/L$。一旦超构表面的相位分布退化，即相位分布不再是线性变化，由于波的周期性，超胞的相位跳变将变为 $\Delta\phi'=2\pi+m_0\cdot 2\pi$（$m_0$ 为整数），相应的相位跳变梯度将变为 $\mathrm{d}\Delta\phi'/\mathrm{d}y=(2\pi+m_0\cdot 2\pi)/L$。因此，广义斯涅尔定律[式(3.27)]可以转化为能够考虑所有阶衍射波的一般形式——高阶衍射定理：

$$k(\sin\theta_t-\sin\theta_i)=\frac{\tilde{m}\cdot 2\pi}{L} \tag{3.41}$$

式中：$\tilde{m}$ 为高阶衍射的阶数，为整数。

当超构表面的空间相位分布完美地线性变化时，透射角相应于式(3.41)中 $\tilde{m}=1$ 时所计算的值，即广义斯涅尔定律所求。但当完美的空间相位梯度分布发生退化时，透射角除了相应于 $\tilde{m}=1$ 的情况外时，还会出现附属透射角，它们一般相应于 $\tilde{m}=-1$ 或 $\tilde{m}=0$ 高阶衍射时 θ_t 的值。

下面以两个算例来进行展示。

【算例一】四单胞 BWMS 中单胞的相位跳变分布 $\Delta\phi$ 从 0、$2\pi/4$、$2\times2\pi/4$、$3\times2\pi/4$ 变为 0、$2\pi/4$、$2\pi/4$、$3\times2\pi/4$，即第 3 个单胞的相位跳变梯度发生了局部退化。该退化的 BWMS 调控的 SH 波全波场，如图 3-15(a)所示。可以看到，除了设计的透射角为 45°的透射波，还存在两个附属波束，它们相应于 $\tilde{m}=-1$ 和 $\tilde{m}=0$ 的衍射。根据式(3.41)，两个附属波束的折射角分别为−45°和 0°。将这两个泄漏波理论的折射角叠加在全波场上[见图 3-15(a)中的空心箭头]，可以看到结果与泄漏波的波前传播方向非常吻合。

【算例二】四单胞 BWMS 将垂直入射 SH 波偏折到大的折射角 65°，大折射角的透射波会使单胞界面的阻抗改变，从而引发 BWMS 的空间相位梯度退化。如图 3-15(b)所示，除了大透射角的透射波，还存在附属波束，其相应于 $\tilde{m}=-1$ 的衍射。根据式(3.41)，附属波束的折射角与设计透射波束的折射角大小相等而符号相反，即 $-65°$。泄漏波的理论折射角和仿真结果基本吻合。

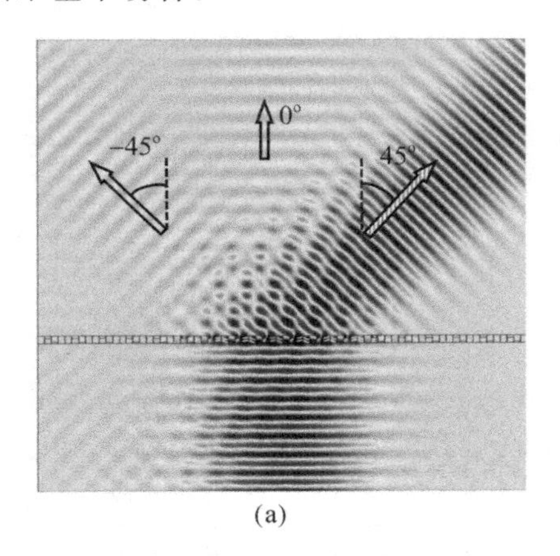

(a)

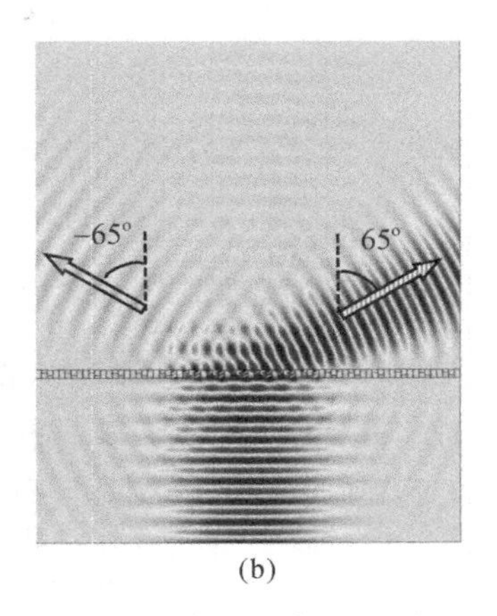

(b)

图 3-15　第 3 个单胞的相位跳变发生了局部退化的 BWMS 调控 SH 波的全波场，以及 BWMS 将垂直入射 SH 波偏折到大的折射角 65°，透射场同时存在折射角为 $-65°$ 的附属波束

(a)全波场；(b)65°折射波及 $-65°$ 附属波

3.2.2　弱化的单胞相位跳变分辨率

对于含 N 个单胞的超构表面，相邻单胞间的相位跳变为 $\Delta\bar{\phi}=2\pi/N$，相位跳变梯度可以表示为

$$\frac{\mathrm{d}\Delta\bar{\phi}}{\mathrm{d}y}=\frac{2\pi/N}{\tilde{l}} \tag{3.42}$$

式中：$\tilde{l}$ 为单胞宽度，等于单胞中梁类结构宽度和缝隙之和，即 $\tilde{l}=l+l_0$。

由于 $L=N\tilde{l}$，式(3.42)与式(3.26)一致。但当超胞中单胞宽度逐渐增大时，单胞的相位分辨率降低，根据波的周期性，相位跳变 $\Delta\bar{\phi}'$ 为

$$\Delta\bar{\phi}'=2\pi/N+\tilde{n}\cdot 2\pi \tag{3.43}$$

式中，$\tilde{n}$ 为非零整数。根据式(3.43)，可得相应的空间相位梯度为

$$\frac{\mathrm{d}\Delta\bar{\phi}'}{\mathrm{d}y}=\frac{2\pi/N+\tilde{n}\cdot 2\pi}{\tilde{l}} \tag{3.44}$$

将式(3.44)代入式(3.27)，得到计算该类泄漏波折射角的公式：

$$k\left(\sin\theta_t'-\sin\theta_i\right)=\frac{2\pi+\tilde{n}\cdot 2\pi N}{N\tilde{l}} \tag{3.45}$$

式中：$\tilde{n}$ 为单胞相位跳变分辨率弱化产生泄漏波的阶数。

根据式(3.45)，泄漏波的折射角 θ_t' 可以表示为

$$\theta'_t=\arcsin\left[\sin\theta_i\pm\frac{\lambda}{N\tilde{l}}(1+\tilde{n}\cdot N)\right] \tag{3.46}$$

式中，运算符"＋"和"－"分别表示单胞相位跳变沿 y 轴增加和减少。

根据式(3.46)，当单胞宽度 $\tilde{l}$ 小于临界宽度

$$\tilde{l}_c=\frac{(N-1)\lambda}{N(1+\sin\theta_i)} \tag{3.47}$$

时，透射场将不会产生由高阶衍射引起的这类泄漏。首先，考虑垂直入射波，式(3.46)简化为

$$\theta'_t=\arcsin\left[\pm\frac{\lambda}{N\tilde{l}}(1+\tilde{n}\cdot N)\right] \tag{3.48}$$

根据式(3.48)，图 3-16(a)为不同阶数 $\tilde{n}$ 泄漏波的折射角随单胞宽度在 $0<\tilde{l}<2.5\lambda$ 范围变化的曲线。从图中可以观察到，随着单胞的宽度增加，泄漏波的数量增加，这是由于单胞宽度增大，导致单胞的相位跳变分辨率越小。根据式(3.47)，单胞宽度 $\tilde{l}$ 小于临界宽度 $\tilde{l}_c|_{\theta_i=0^\circ}=3\lambda/4$，单胞相位分辨率足够高，泄漏波完全消失，该理论结果与图 3-16(a)中结果一致。另外，在斜入射角为 30°的情况下，根据式(3.46)绘制了泄漏波的折射角随单胞宽度变化的曲线，如图 3-16(b)所示。可以看出，当单胞宽度小于临界宽度 $\tilde{l}_c|_{\theta_i=30^\circ}=\lambda/2$ 时，泄漏波完全消失。

为了验证上述分析，将单胞宽度设为 $\tilde{l}=7\lambda/8$，相应于图 3-16(a)中标记的 A 点，设计的相位跳变沿 y 轴增加。通过数值仿真获得超构表面调控垂直入射 SH 波的全波场，如图 3-17(a)所示。可以观察到，泄漏波的幅值在远场达到设计波束幅值的 0.37 倍。由图 3-16(a)得到解析预测的泄漏波折射角为 $\theta'_t=-59^\circ$，在图 3-17(a)中通过空心箭头标注出来。仿真得到的泄漏波波前传播方向与解析折射角度基本吻合。进一步，选择斜入射波的例子来验证该泄漏机制，以图 3-6(d)所示的 SH 波的调控波场为例，设计相位跳变沿 y 轴方向增加。BWMS 的单胞宽度取为 $\tilde{l}=(\sqrt{2}+1)\lambda/2$，相应于图 3-16(b)中标记的 B 点。由图 3-16(b)得，透射场中有两个泄漏波，其解析预测折射角分别为-71.8°和-6.9°，这两个度数通过空心箭头标注于图 3-17(b)中。数值仿真的泄漏波波前方向与解析折射角度基本吻合。结果表明，所揭示的机制能够较好地预测相位跳变分辨率弱化产生的泄漏。

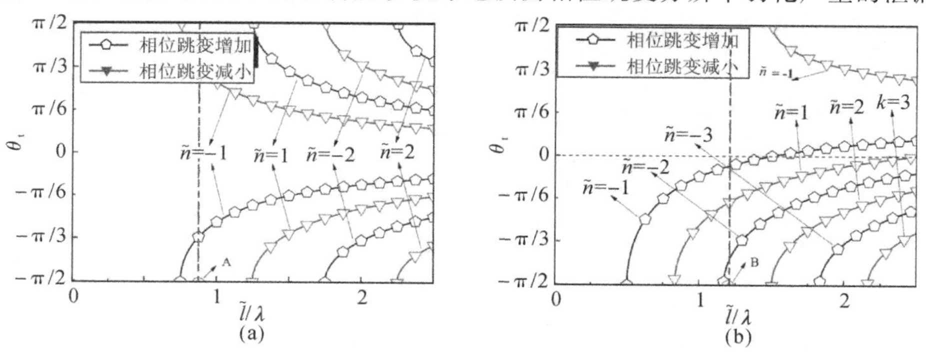

图 3-16　SH 波垂直入射和以 30°角斜入射时，随单胞宽度的变化，单胞相位跳变分辨率弱化诱导泄漏波的折射角

(a)垂直入射；(b)以 30°角斜入射

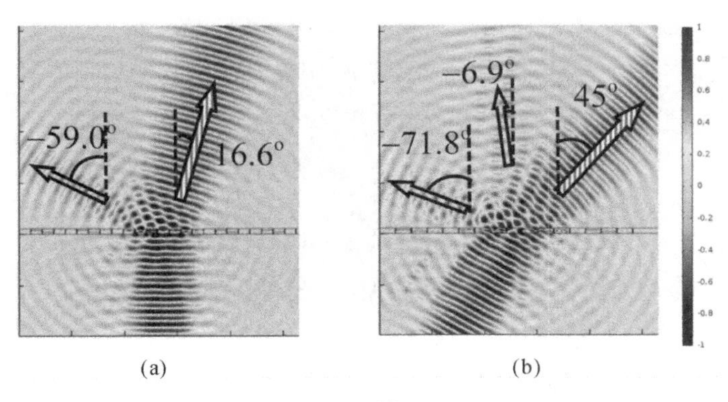

图 3-17 单胞宽度为 $\tilde{l}=7\lambda/8$ 和 $\tilde{l}=(\sqrt{2}+1)\lambda/2$ 的 BWMS 分别调控垂直入射和斜入射 SH 波的全波场(分别相应于图 3-16 中 A 点和 B 点)

(a) $\tilde{l}=7\lambda/8$;(b) $\tilde{l}=(\sqrt{2}+1)\lambda/2$

3.2.3 波束扰动

当单胞宽度小于临界宽度 $\tilde{l}_c$,且不满足 3.2.1 节所述的产生高阶衍射条件时,仍然会出现的另一类泄漏波。为了展示该泄漏波,以高斯波束入射单胞宽度为 $\tilde{l}=\sqrt{3}\cdot\lambda/6$ 的四单胞 BWMS 作为例子。垂直入射的 SH 波透过 BWMS,透射波场如图 3-18(a)所示。除了折射角 60°的设计波束[图 3-18(a)中实心箭头所示]外,还可以看到达到设计波束幅值的 0.22 倍的附属波束[图 3-18(a)中的空心箭头所示]。泄漏波与设计的透射波束关于法线不对称,证实了其与-1 阶高阶衍射波不同。

为了探索该类泄漏的机理,可以分析 BWMS 各单胞中波场的相位分布。但由于 BWMS 很薄,无法直接观察其内部相位分布。因此,扩展单胞中条状结构 1 的长度,使其扩展后的长度为波长的整数倍,如图 3-18(b)的插图所示。因为条状结构 1 和主结构的介质材料相同,条状结构 1 的扩展不会影响单胞的相位跳变。从相邻单胞间的相位等值线[图 3-18(b)中的虚线]可以观察到,BWMS 右侧单胞中的相位跳变分布发生了变化。该变化的根本原因是透射高斯波束的副瓣与 BWMS 的单胞接触,产生了波束扰动,改变了单胞中小振幅波场的相位分布。从图 3-18(b)可以看到,标记的虚线形成了两个不同的波前。这两个波前的传播方向[图 3-18(b)中实心和空心箭头标记]分别与图 3-18(a)中透射场设计波束和泄漏波束的传播方向一致。因此,图 3-18(a)中空心箭头处泄漏波的来源,是波束扰动导致了相位分布的改变。

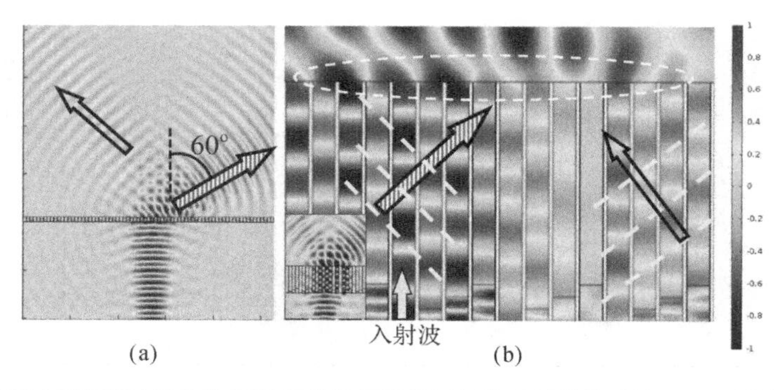

图 3-18 垂直入射 SH 波透过四单胞 BWMS 的透射波场以及将扩展单胞后的 BWMS 进行局部放大的视图

[(a)中实心箭头和空心箭头分别代表设计波束和泄漏波的传播方向,(b)中插图为调控 SH 波的全波场,相邻单胞间近似相等的相位值用虚线标注,实心和空心箭头代表虚线所示波阵面的传播方向]

3.3 基于高阶导波模式的相位调控

3.3.1 导波模式的频散分析

在板中除了存在兰姆波外,还存在 SH 导波。如图 3-19 所示,SH 导波的传播方向为 x 方向,而质点的振动方向为 z 方向。事实上,任何模式的 SH 导波都是波矢量位于 xOy 平面且倾斜某一角度的沿 z 方向振动的体波 SH 波,遇到上、下自由边界反射叠加的结果。

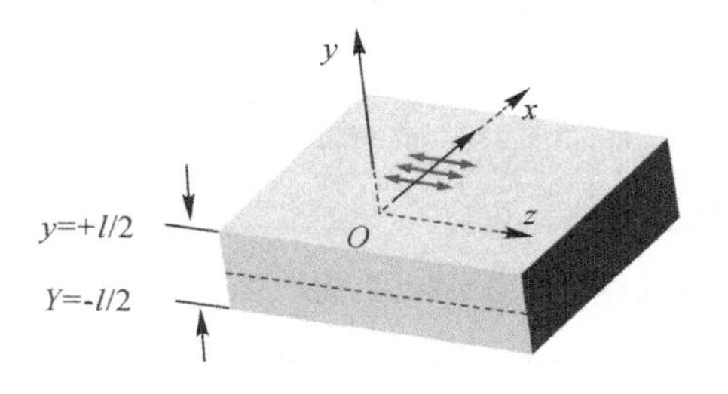

图 3-19 板中 SH 导波的传播

(传播沿 x 轴方向,质点位移沿 z 方向)

对于 SH 波,认为只有 z 方向上的位移分量不为零,其他方向上的位移分量为零,即 $u(x,t)=v(x,t)=0$。设 z 方向上的位移分量为

$$w(x,y,t)=f(y)\mathrm{e}^{-\mathrm{i}(kx-\omega t)} \tag{3.49}$$

注意,w 是独立于 z 的,其波前在 z 方向是无限扩展的。选择这种解的形式,主要是由于它表示波动是沿 x 方向传播(由指数项表示),且在 y 方向有确定的分布[由 $f(y)$ 给出]。通常,实际的物理位移场是式(3.49)等号右端项的实部。SH 波的波动方程为

$$\frac{\partial^2 w}{\partial x^2}+\frac{\partial^2 w}{\partial y^2}=\frac{1}{c_T^2}\frac{\partial^2 w}{\partial t^2} \tag{3.50}$$

式中：c_T 为 SH 波体波模式的相速度，且有

$$c_T^2=G/\rho \tag{3.51}$$

将式(3.49)代入式(3.50)，得

$$\frac{\partial^2 f(y)}{\partial y^2}+\left(\frac{\omega^2}{c_T^2}-k^2\right)f(y)=0 \tag{3.52}$$

方程的通解为

$$f(y)=A\sin(qy)+B\cos(qy) \tag{3.53}$$

其中

$$q=\sqrt{\frac{\omega^2}{c_T^2}-k^2} \tag{3.54}$$

式(3.53)中，A、B 为任意常数。位移场解的一般形式为

$$w(x,y,t)=[A\sin(qy)+B\cos(qy)]e^{-i(kx-\omega t)} \tag{3.55}$$

这里，将整个位移场分解成对称分量和反对称分量（相对于 y）两部分。$\cos(qy)$ 和 $\sin(qy)$ 分别表示总位移场中对称和反对称运动部分。考虑以下两个独立的位移场：

$$\left.\begin{aligned} w^s(x,y,t)&=B\cos(qy)e^{-i(kx-\omega t)}\\ w^a(x,y,t)&=A\sin(qy)e^{-i(kx-\omega t)}\end{aligned}\right\} \tag{3.56}$$

式中：上标 s 代表对称模式；上标 a 代表反对称模式。

由于板表面为应力自由边界，对于两种模式，在板的上、下表面应力均为 0，即

$$\tau_{yz}(x,y,t)\big|_{y=\pm l/2}=0 \tag{3.57}$$

与位移场式(3.56)相应的应变场只有两个非零分量：

$$\varepsilon_{xz}=\frac{1}{2}\frac{\partial w}{\partial x} \tag{3.58}$$

$$\varepsilon_{yz}=\frac{1}{2}\frac{\partial w}{\partial y} \tag{3.59}$$

则应力分量 τ_{yz} 表示为

$$\tau_{yz}=2G\varepsilon_{yz}=G\frac{\partial w}{\partial y} \tag{3.60}$$

这一形式将取决于是对称模式还是反对称模式。式(3.60)可以表示为

$$\tau_{yz}(x,y,t)=\begin{cases}-GBq\sin(qy)e^{-i(kx-\omega t)}，对称模式\\ GAq\cos(qy)e^{-i(kx-\omega t)}，反对称模式\end{cases} \tag{3.61}$$

根据边界条件式(3.58)，得到频散方程：

$$\sin\left(\frac{ql}{2}\right)=0，\quad 对称模式 \tag{3.62}$$

$$\cos\left(\frac{ql}{2}\right)=0，\quad 反对称模式 \tag{3.63}$$

化简式(3.62)和式(3.63)，得到显式解：

$$ql=n\pi \tag{3.64}$$

式中

$$n\in\{0,2,4,\cdots\}，对称模式 \tag{3.65}$$

$$n\in\{1,3,5,\cdots\}，反对称模式 \tag{3.66}$$

该频散方程有无限多个解。对于单一 SH 导波模式，由整数 n 来定义。对于对称模式，n 为偶数；对于反对称模式，n 为奇数。

根据式(3.54)定义的 q 的表达式，式(3.64)和波数 $k=\omega/c_{\mathrm{P}}$，频散方程可以表示为

$$\frac{\omega^2}{{c_{\mathrm{T}}}^2}-\frac{\omega^2}{{c_{\mathrm{P}}}^2}=\left(\frac{n\pi}{l}\right)^2 \tag{3.67}$$

式中：c_{T} 为 SH 导波模式的相速度。

将相速度 c_{P} 作为"频厚积"$f\cdot l$ 的函数($\omega=2\pi f$)，求解该方程得

$$c_{\mathrm{P}}(f\cdot l)=2c_{\mathrm{T}}\frac{f\cdot l}{\sqrt{(2f\cdot l)^2-(nc_{\mathrm{T}})^2}} \tag{3.68}$$

当 $n=0$(相应于零阶对称模式，即体波模式)时，有 $c_{\mathrm{P}}=c_{\mathrm{T}}$，表明无频散的波以体波模式相速度 c_{T} 传播。所有其他 SH 导波模式(即 $n\neq0$)都是频散的。图 3-20 绘出了铝板中前 3 阶 SH 导波模式在"频厚积"0～8 MHz·mm 范围内相速度频散曲线。

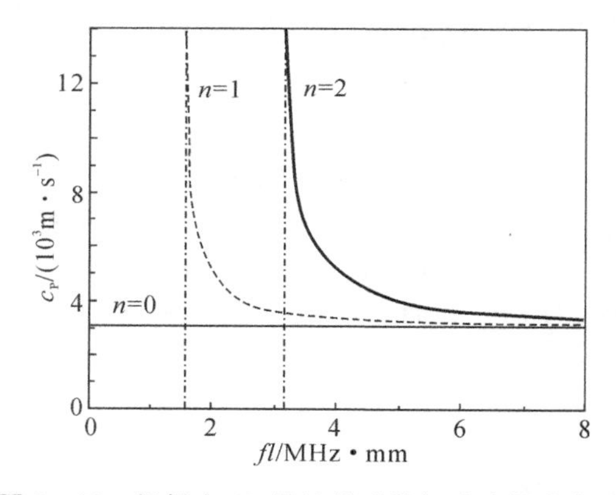

图 3-20　铝板中 SH 导波模式的相速度频散曲线

($c_{\mathrm{T}}=3.1$ mm/μs，实线代表对称模式，虚线代表反对称模式)

令式(3.68)的分母等于零，可以求得 SH 导波的截止频率，对应于无限大相速度和零群速度的情况[78]。第 n 阶截止频率为

$$(f\cdot l)_n=\frac{nc_{\mathrm{T}}}{2} \tag{3.69}$$

根据式(3.69)，得到铝板中第一阶和第二阶截止频率，如图 3-20 中黑色虚线所对应的频率。

3.3.2　单胞设计

如图 3-21 所示，SH 波在三类不同宽度的铝板中沿 x 方向传播，质点位移沿 z 轴。对于#1 板，根据图 3-20"频厚积"小于第一阶截止频率，即

$$f \cdot l_1 < \frac{c_T}{2} \tag{3.70}$$

此时，铝板中只存在 0 阶 SH 导波。对于 #2 板，左、右边界（垂直于 y 轴的边界）设置为对称边界，“频厚积”$f \cdot l_2$ 大于 2 阶截止频率小于 3 阶截止频率，即

$$c_T < f \cdot l_2 < 1.5c_T \tag{3.71}$$

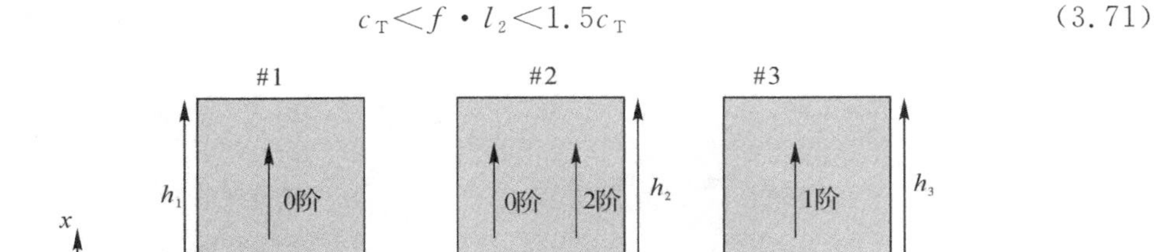

图 3-21　SH 波在三类不同宽度(l_1、l_2 和 l_3)的铝板中沿 x 方向传播

铝板中同时存在 0 阶 SH 导波对称模式和 2 阶 SH 导波对称模式，其相速度分别为 $c_P^{(0)}$ 和 $c_P^{(2)}$。对于 #3 板，左右边界（垂直于 y 轴的边界）设置为反对称边界，“频厚积”$f \cdot l_3$ 大于 1 阶截止频率小于 2 阶截止频率，即

$$0.5c_T < f \cdot l_3 < c_T \tag{3.72}$$

铝板中仅存在 1 阶 SH 导波反对称模式，其相速度为 $c_P^{(1)}$。

与 3.1.1 节所述的同理，可以由图 3-21 中的任意两块板来组合构成单胞。例如，#1 板和 #2 板，或 #1 板和 #3 板组合构成单胞，分别调节 #1 板在单胞中的占比 $h_1/(h_1+h_2)$ 或 $h_1/(h_1+h_3)$，来改变单胞的透射波相位跳变：

$$\Delta\phi = \frac{h_2\omega}{c_P^{(2)}} \tag{3.73}$$

$$\Delta\phi = \frac{h_3\omega}{c_P^{(1)}} \tag{3.74}$$

从而可根据式(3.73)和式(3.74)设计 BWMS 的单胞几何尺寸。

3.3.3　BWMS 调控 SH 波

首先，设计一个两单胞 BWMS。设 $h_1 = h_2$，将 #1 板和 #2 板组合成超胞，然后将超胞排列构成两单胞超构表面插入主结构。模型示意图与图 3-1 结构类似，所有材料均设为铝($\rho_{alu} = 2\ 700$ kg/m^3，$E_{alu} = 70$ GPa，$\nu_{alu} = 0.33$)。根据式(3.51)，可得 0 阶 SH 对称模式的相速度为 $c_P^{(0)} = c_T = 3\ 122$ m/s。频率设为 6.4 MHz，为了满足式(3.70)和式(3.71)，#1 板和 #2 板的宽度分别设计为 $l_1 = 0.5$ mm 和 $l_2 = 0.47$ mm。由图 3-20 得，2 阶 SH 导波对称模式的相速度为 $c_P^{(2)} = 14\ 222$ m/s。根据式(3.4)和式(3.5)，两单胞超构表面中单胞之间的相位跳变差满足

$$\Delta\phi = \pi \tag{3.75}$$

然后，由式(3.73)和式(3.75)得 $h_2 = h_1 = 0.31$ mm。此时，设计的超构表面可以分波。

相应的仿真全波场如图 3-22(a)所示。全波场中折射角与解析预测值 $\theta_t=28.6°$一致。

现在来设计一个四单胞 BWMS。单胞由♯1板和♯3板复合构成。模型示意图与图3-1结构类似,所有材料均为铝。频率设为0.53 MHz,为了满足式(3.70)和式(3.75),♯1板和♯3板的宽度均设计为 $l_1=l_3=3.7$ mm。由图3-20得,1阶SH导波反对称模式的相速度为 $c_P^{(1)}=5\ 157.84$ m/s。根据式(3.4)和式(3.5),复合单胞中♯1板的长度比为 $h_1^{(1)}:h_1^{(2)}:h_1^{(3)}=1:2:3$,$h_1^{(3)}=11.19$ mm。如图3-22(b)所示,模拟的全波场中折射角与解析预测值 $\theta_t=22.5°$一致。

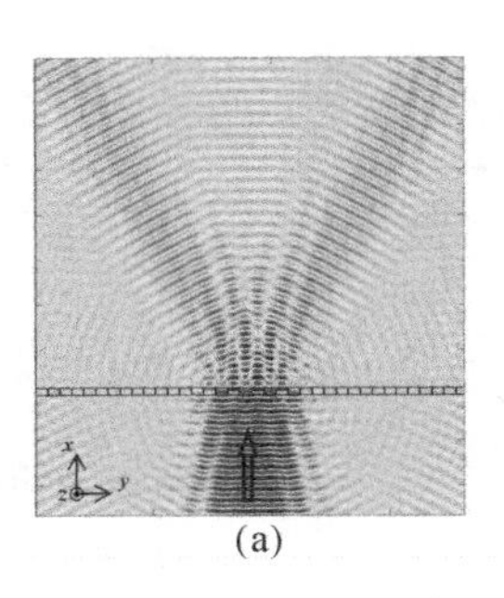
(a)

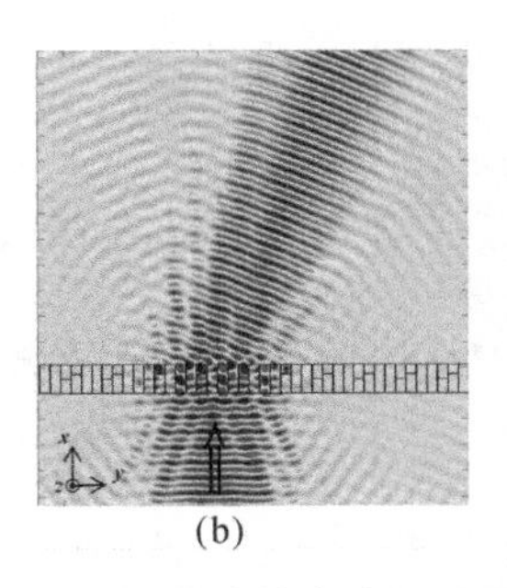
(b)

图3-22 ♯1板和♯2板组合构成的两单胞BWMS调控SH波的全波场以及♯1板和♯3板组合构成的四单胞BWMS调控SH波的全波场

(a)♯1板和♯2板组合构成的两单胞;(b)♯1板和♯3板组合构成的四单胞

第4章　板波超构表面

目前在弹性波超构表面的研究[44-46,50-52,54,111]中，调节透射波相位跳变的方法可以归为三大类：改变单胞中波的平均相速度[44,46]，改变单胞中波的波程[51,61]，改变单胞结构的等效参数[50,52]。第一类方法一般需要两种材料来构成单胞，这会导致结构的复杂性；第二类方法需要在主结构上大量地开缝或钻孔，破坏了主结构而使其刚度和强度降低；而第三类方法可以避免第一和第二类方法的缺陷，因此得到了更广泛的关注。改变单胞的等效参数一般是指改变其等效质量 M_{eff} 和等效刚度 K_{eff}，它们与透射波的相位($\propto\sqrt{K_{\mathrm{eff}}/M_{\mathrm{eff}}}$)和幅值($\propto 1/\sqrt{M_{\mathrm{eff}}\cdot K_{\mathrm{eff}}}$)相关。例如，文献[50]通过改变单相材料锥形柱单胞的等效质量，就可以实现对透射波在 $0\sim 2\pi$ 范围内的相位调节，但是由于等效质量和等效刚度之间的内在耦合，获得的透射波幅值仅为入射波的25%。这种内在的耦合，使得第三类方法很难实现在 $0\sim 2\pi$ 范围内高效地调节透射波的相位。为了克服第三类方法的局限性，Lee 等[52]提出了一种等效质量和等效刚度解耦的方法，设计了一个能使板内纵波高透射的超构表面，突破了这种局限。但是该方法不具有普适性，仅适用于对纵波的调控，很难被应用到其他波型，如工程中最常见的弯曲波。本章提出一种改进的超构表面设计方法，能够高效率地调节透射波的相位，同时还介绍了引入单胞耦合和单胞内结构无序概念的超构表面设计方法，以进一步拓展调节范围和应用领域。

4.1　柱状弹性波超构表面

本节介绍一种调控弯曲波的板波超构表面的设计方法——利用多个串联柱状谐振体累积相位跳变，来设计超构表面的单胞结构。该单胞由多个方形柱状谐振体周期排列在底部基板上构成，能够实现透射波在 $0\sim 2\pi$ 范围全相位调节，同时保证透射波的高透射。

首先，介绍单胞设计方法，阐述柱状谐振体单胞中透射波相位跳变的机理，并建立其解析模型，基于理论，探讨了分析柱状谐振体单胞对透射波相位和幅值的调控性能。其次，基于柱状谐振体单胞，应用广义斯涅尔定律，设计柱状板波超构表面，来实现对垂直入射或斜入射弯曲波的异常偏折(包括负折射)，并通过数值仿真，直观展示其异常偏折性能。最后，通过实验对所设计超构表面的异常偏折弯曲波性能进行验证。

4.1.1　单胞结构设计

从具体的柱状谐振体单胞二维模型开始设计，通过有限元软件采用仿真方法来研究所设计的超构表面对弯曲波的调控特性。首先建立由单个矩形截面柱状谐振体和其底部基板组合构成的单胞二维模型(有限元仿真中的平面应变模型)。为了研究基板中透射波的幅值和相位跳变,延长底部基板的长度,如图 4-1(a)所示,将该模型定义为单胞模型 1。柱状谐振体和基板均为铝合金材料,其弹性模量、泊松比和密度分别为 $E_{alu}=70$ GPa、$\nu_{alu}=0.33$ 和 $\rho_{alu}=2\ 700\ kg/m^3$。在图 4-1(a)中厚度为 $d=1$ mm 的基板上,在 A 点处施加 z 方向的单位载荷激发弯曲波,在 B 点处拾取弯曲波的响应并提取其相位和幅值。A 点和 B 点与柱状谐振体的距离均为 2λ(λ 为弯曲波的波长)。在基板的左、右边界,建立完美匹配层(Perfect Match Layers,PML),来避免边界对波的反射。

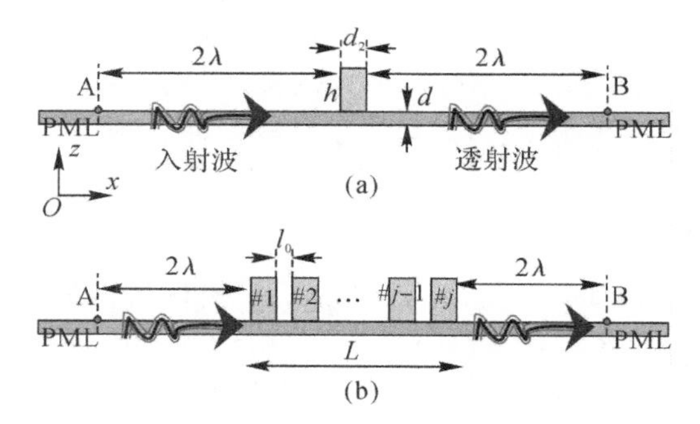

图 4-1　由单个柱状谐振体及多个柱状谐振体和基板构成的单胞二维模型

(a)单个柱状谐振体和基板;(b)多个柱状谐振体和基板

定义透射波的透射系数$|t|$为

$$|t|=\frac{|t_1|}{|t_0|} \tag{4.1}$$

式中:$|t_1|$为 B 点处透射波的幅值;$|t_0|$ 为入射波的幅值。

在求解的波场中,由于柱状谐振体会反射部分入射波,A 点处的波场是入射波和反射波的叠加场。因此,需要通过移除单胞模型 1 中的谐振体,来建立一个参考模型(即无柱状谐振体的基板模型),在远离 A 点大于 1 个波长处(忽略倏逝模式的影响,获得入射波的幅值$|t_0|$。定义单胞产生的相位跳变 $\Delta\phi$ 为

$$\Delta\phi=|\phi_0-\phi_1| \tag{4.2}$$

式中:ϕ_0 为参考模型中 B 点处透射波的相位;ϕ_1 为单胞模型 1 中 B 点处透射波的相位。

设激励频率为 6 kHz,基板中弯曲波的波长 $\lambda=40.4$ mm 的情况下,当柱状谐振体宽度 d_2 分别为 $2d$、$4d$、$6d$、$8d$ 和 $10d$ 五个值时,根据式(4.1)和式(4.2),分别计算随着柱高的变化,透射波的透射系数和相位跳变,相应的结果分别如图 4-2 中实线和虚线所示。从图中可以看到,当柱状谐振体宽度增大时,透射系数逐渐降低,而相位变化不大。为了获得高透射系数(大于 0.8),选择柱状谐振体的宽度(d_2)为 $2d$ 来设计单胞。但从图中可以看到,宽度为 $2d$ 的柱状谐振体仅能调节高传输透射波的相位跳变在 0~1.1 rad 范围内变化。这表明按照传统思路,利用单个柱状谐振体构成的单胞,很难实现高传输透射波的相位跳变在 0~2π 范围内调节。

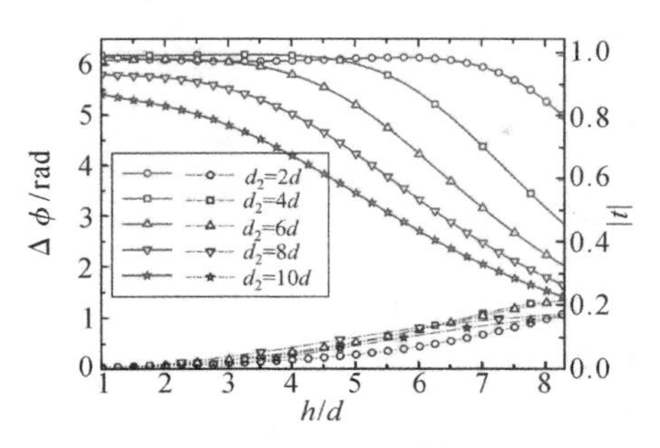

图 4-2　随无量纲柱高 h/d 的变化，单胞模型中透射波的相位跳变(虚线)和透射系数(实线)

[柱状谐振体宽度分别设为 $2d$，$4d$，$6d$，$8d$ 和 $10d$(d 为基板厚度)]

为了克服这一问题，本节提出一种改进的单胞设计方案，如图 4-1(b)所示，把若干个相同柱状谐振体串联，并与底部基板构成谐振体单胞，将其定义为单胞模型 2。串联柱状谐振体的间隙 $l_0=d$。当单胞中柱状谐振体数目分别为 1、4、7、10、12 和 14 时，根据式(4.1)和式(4.2)，计算得到透射波相位跳变和透射系数随着无量纲柱高 h/d 的变化，如图 4-3 所示。从图中可以看到，随着柱状谐振体数目的增加，在 $1\leqslant h/d\leqslant 8.3$ 范围内改变无量纲柱高，在获得高透射系数的情况下，该单胞可以实现更大范围的相位调节。这表明：单胞中串联谐振体的个数越多，高传输透射波的累积相位跳变越大。因此，根据图 4-3 的结果，本节采用 12 个柱状谐振体来设计单胞，通过改变柱高这一参数，实现对高传输透射波的相位跳变在 $0\sim 2\pi$ 范围内的调节。设计单胞的总厚度仅为 $L=35$ mm，小于基板中被调控的弯曲波波长40.4 mm，即实现了亚波长厚度设计。应该指出的是，这种设计单胞的方法具有普适性，不仅适用于本节所采用的柱状谐振体，也适用于其他类型的谐振体，如压电片电路谐振体、弹簧振子谐振体等。

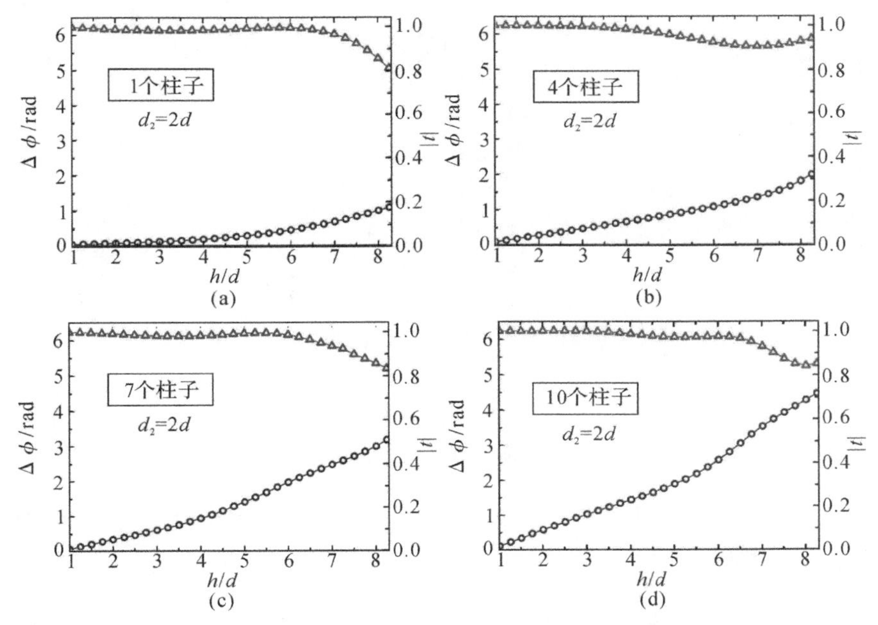

图 4-3　随无量纲柱高 h/d 的变化，透射波的相位跳变(圆圈)和透射系数(三角形)

(a)1 个柱子；(b)4 个柱子；(c)7 个柱子；(d)10 个柱子

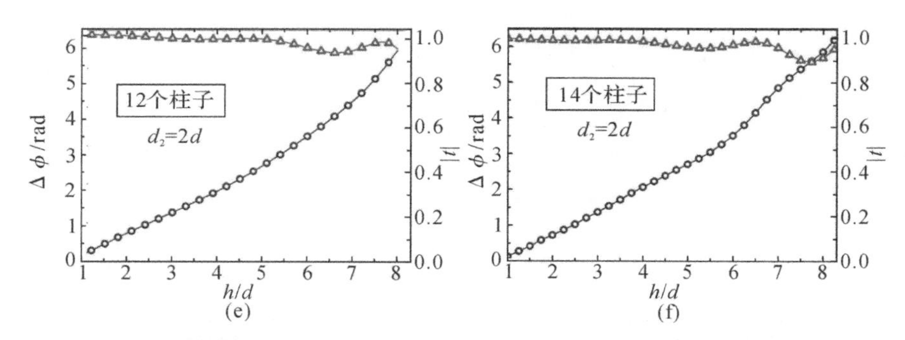

续图 4-3　随无量纲柱高 h/d 的变化，透射波的相位跳变(圆圈)和透射系数(三角形)

(e)12 个柱子；(f)14 个柱子

上述设计的柱状谐振体单胞是其二维模型。为了调控基板中的弯曲波，对图 4-1(b)中的二维模型沿 y 轴方向进行拉伸，从而得到相应的三维模型，如图 4-4(a)所示，在该三维模型的两个长边上(宽度方向)施加周期边界，来计算单胞中透射波的透射率和相位跳变。为了避免超胞中相邻单胞间的不利耦合，采用在相邻单胞间开缝(缝隙很小)的方法，来分离超胞中相邻的单胞，从而独立地设计单胞。关于单胞间不利耦合的研究将在 4.2 节详细介绍。为了直观地展示图 4-4(b)中的模型(其中 w_1 为拉伸宽度)，绘制了沿其宽度方向周期排列后的模型，如图 4-4(c)所示。

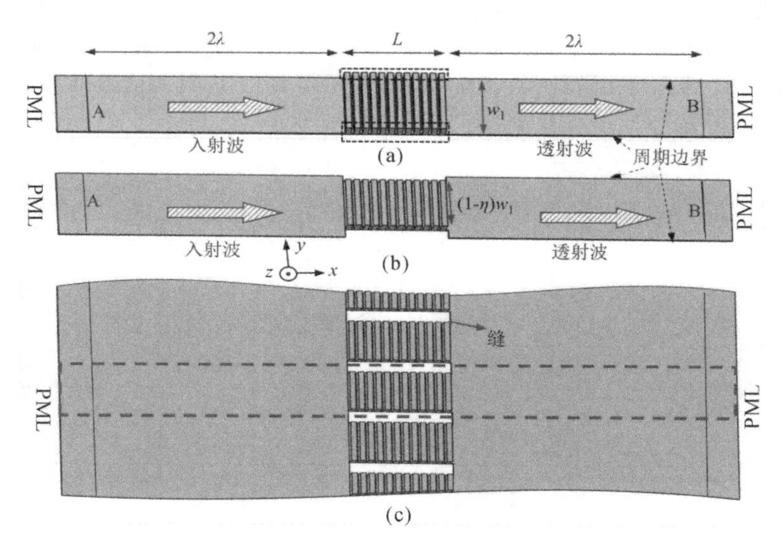

图 4-4　三维单胞模型

(a)无缝；(b)开缝；(c)周期排列

为了定量地研究开缝对单胞的影响，即图 4-4(b)中三维模型是否与图 4-1(b)中的二维模型等价，定义三维单胞中开缝的填充比为

$$\eta=\frac{l_0}{w_1} \tag{4.3}$$

式中：l_0 为单胞中开缝的宽度，w_1 为单胞的拉伸宽度。在有限元软件中，建立图 4-4(b)所示的三维模型。首先，设定三维单胞的无量纲柱高 h/d 为 5(也适用于其他柱高)，在入射区域中的 A 线上施加 z 方向单位线载荷，通过改变参数 w_1 和 η，在透射区域中 B 线上拾取 z 方向波的平均位移幅值和相位。然后，移除图 4-4(b)中模型的所有柱状谐振体和开缝，建立参考模型，同样在入射区域中 A 线上施加 z 方向单位线载荷，通过改变参数 w_1 和 η，在 B 线上分别拾取 z 方向波的平均位移幅值和相位。进而根据式(4.1)和式(4.2)，得到透射波的相位跳变和透射系数，如图 4-5(a)(b)所示。为了对比，在图 4-5(a)(b)中右侧的色标条上，用椭圆圈标记出相应二维模型的透射波相位跳变和透射系数。从图中可以看到，当 w_1 和 η 分别小于 0.8λ 和 0.4 时，二维和三维单胞中的透射波几乎具有相同的透射系数和相位跳变，因此，从透射波调控的角度，对三维单胞可以用其相应的等效二维模型来研究。其相应的物理原因是，当开缝的尺寸较小时，仅会导致很弱的弯曲波散射，不会影响透射波的透射系数和相位跳变，因此二维单胞和带开缝的三维单胞对透射波的调控效果几乎相同。

根据图 4-5(a)(b)，设拉伸宽度 w_1 和开缝的填充比 η 分别为 $2\lambda/3$ 和 1/7。在图 4-6 中，展示了设定 w_1 和 η 值后，对于不同的无量纲柱高 h/d，三维单胞中透射波的相位跳变和透射系数。为了比较，图中也给出了相应二维模型的结果。三维单胞的相位跳变和透射系数曲线与二维单胞的结果吻合良好。这进一步证实了对于柱状谐振体三维单胞，可以用其相应的等效二维模型来开展超构表面设计研究。

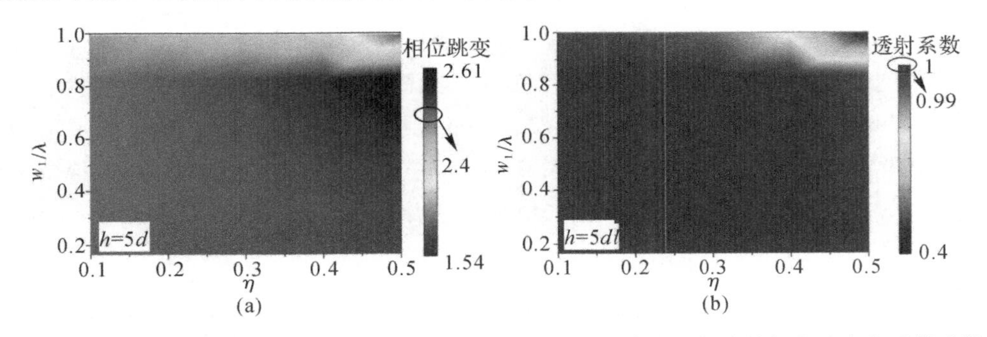

图 4-5　随着拉伸宽度 w_1 和缝的填充比 η 的变化，三维单胞中透射波的相位跳变和透射系数

(a)相位跳变；(b)透射系数

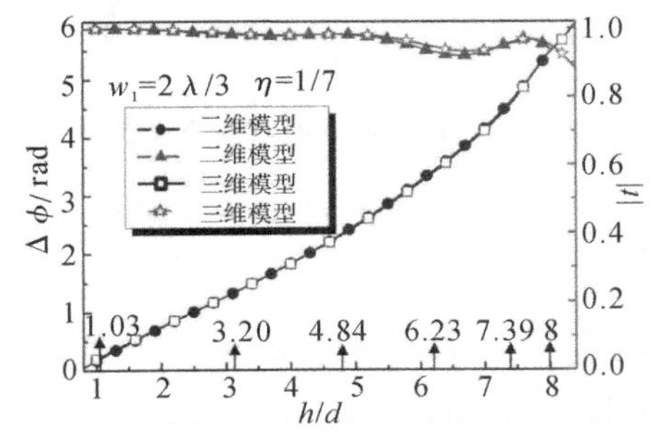

图 4-6　随着无量纲柱高的变化，二维和三维单胞中透射波的相位跳变和透射系数

(选择的 6 个无量纲柱高值在 x 轴上用小箭头标注)

不失一般性，首先选择 6 种单胞来设计超构表面，使透射波在单胞中的相位跳变等步长地变化，依次为 $2\pi/6$、$2\times(2\pi/6)$、$3\times(2\pi/6)$、$4\times(2\pi/6)$、$5\times(2\pi/6)$和 $6\times(2\pi/6)$[根据波的周期性，$6\times(2\pi/6)$即等于相位跳变为 0]，达到在 $0\sim2\pi$ 范围的调节。在图 4－6 中的 x 轴上，用小箭头标记这 6 种单胞的无量纲柱高 h/d。在进行仿真结果的后处理时，分别在 6 种三维单胞模型的中性面处建立切面，提取切面上 z 方向的位移场，结果如图 4－7 所示。从图中可以直观地看到，透射波的相位跳变呈等步长变化，总相位跳变范围达到 $0\sim2\pi$。

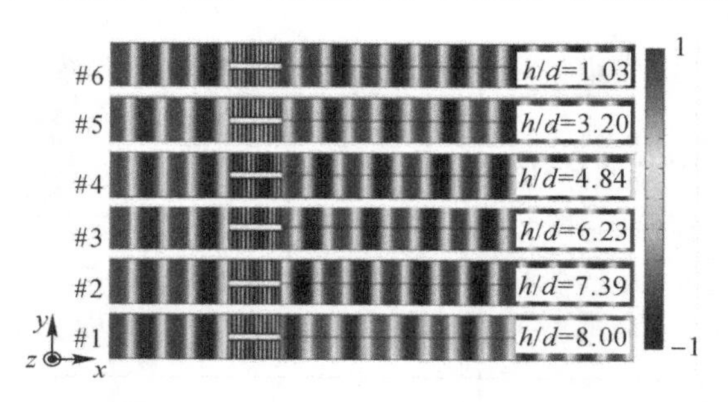

图 4－7　六个不同无量纲柱高的单胞的中性面处质点 z 方向位移分布

4.1.2　单胞中透射波相位跳变的调控机制

4.1.1 小节通过具体的设计算例详细介绍了柱状谐振体单胞的设计。下面进一步研究这种柱状单胞调控透射波相位跳变的物理机制。取图 4－1(b)中单胞内单个柱状谐振体结构，并在底部基板的左、右两条边上施加 Bloch(布洛赫)周期边界条件，进行能带结构计算和分析，如图 4－8 所示。谐振体单元的长度 $\tilde{D}$ 为 d_2+l_0。通过本征频率分析，得到不同无量纲柱高 h/d 的单元模型的最低阶频带(相应于基板中弯曲波)，结果如图 4－9 所示。

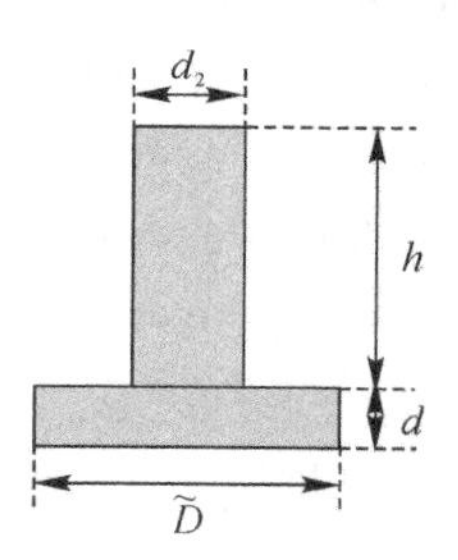

图 4－8　施加 Bloch 周期边界条件的谐振体单元模型

从图 4－9 中可以看到，当激励频率相同时(例如 $f=6$ kHz)，彩色线的波数(相应于含柱状谐振体的单元结构)都比黑色线的波数(相应于不含柱状谐振体的参考单元结构)大，根据 $v=2\pi f/k$ 可知，相应的波速要小。该对比结果表明：周期的柱状谐振体改变了基板中弯曲波的波数，从而改变了其相速度。从图中还可以看到，基板中透射波的波数随着柱高的增大而增大。这表明周期柱状谐振体的高度越大，基板中弯曲波的波速越小，被调控的弯曲波在传播相同波程后，与非调控情况相比，产生的相位跳变就越大。

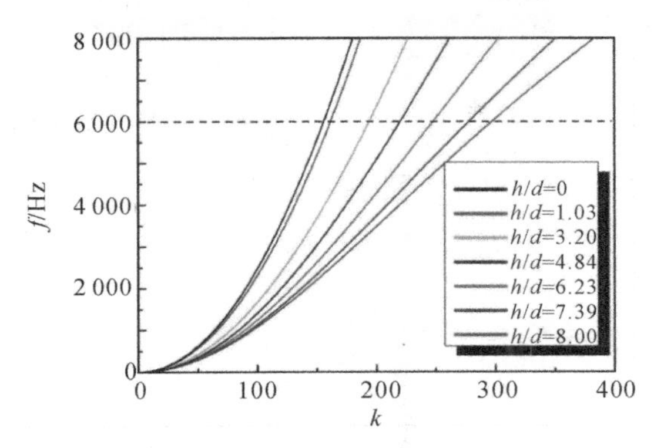

图4-9　对应于不同无量纲柱高 h/d 的单元模型的最低阶能带曲线

为了进一步揭示柱状谐振体与基板中弯曲波的相互作用，下面分析柱状谐振体的轴向振动模式（轴向位移）和弯曲振动模式（横向位移），如图4-10(a)(b)所示。从图中可以看到，柱状谐振体中同时存在弯曲振动和轴向振动，这表明入射的弯曲波在柱状谐振体中发生了模式转换，产生了纵波模式，入射波的能量会转移到柱状谐振体中形成弯曲波和纵波耦合模式的能量，然后再传递到基板。该波的传播过程导致弯曲波传播速度减慢，从而使透射波产生相位跳变。

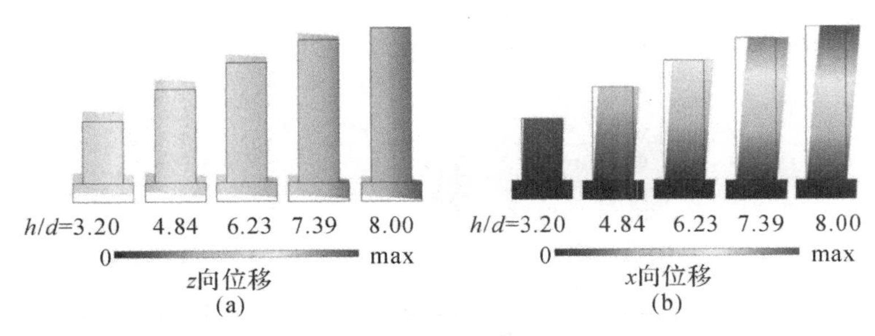

图4-10　对应于不同无量纲柱高 h/d 的柱状谐振体单元的轴向振动模式和弯曲振动模式

(a)轴向振动模式；(b)弯曲振动模式

4.1.3　单胞的解析模型

4.1.1小节证明了三维单胞可以通过其等效的二维模型来研究。因此，本小节通过组合 J 个（图4-11算例中 $J=12$）几何尺寸和材料参数相同的柱状谐振体，如图4-11中小方块所示，来建立二维柱状单胞的解析模型，以解析求解单胞中透射波的相位跳变和透射系数。

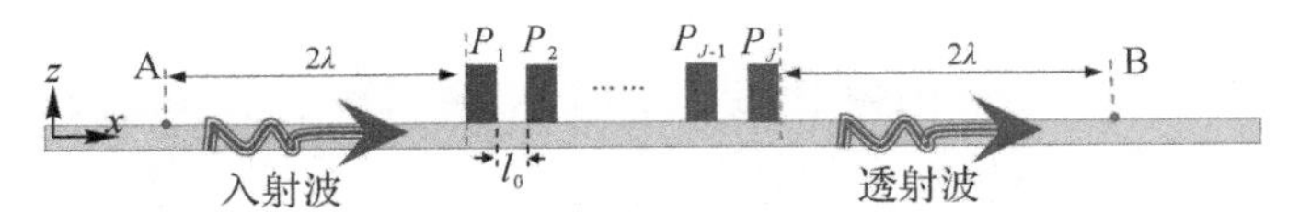

图4-11　含 $J(J=12)$ 个柱状谐振体的二维单胞模型示意图

将基板分为第 1 个、第 2 个……第 J 个和第 $J+1$ 个区域(图 4-12 中 $J=12$)。首先，研究波在基板的第 j 个区域、第 $j+1$ 个区域和第 j 个柱状谐振体之间的传播，如图 4-13 节点力平衡模型所示。从图 4-10(a)(b)中可以看到，柱状谐振体中同时存在弯曲波和纵波。为了精确地求解透射波的透射系数和相位跳变，需要考虑弯曲波和纵波的耦合，因此，在谐振体和基板中需要同时考虑弯曲波模式和纵波模式。基板中弯曲波和纵波的控制方程表示如下：

$$\left.\begin{aligned} D_1\frac{\partial^4 w(x,t)}{\partial x^4}+\rho_1 d_1\frac{\partial^2 w(x,t)}{\partial t^2}=0 \\ \frac{E_1}{(1-\nu_1{}^2)}\frac{\partial^2 u(x,t)}{\partial x^2}-\rho_1\frac{\partial^2 u(x,t)}{\partial t^2}=0 \end{aligned}\right\} \tag{4.4}$$

式中：D_1 为基板的弯曲刚度，$D_1=E_1 d_1{}^3/12(1-\nu_1{}^2)$；$E_1$ 为基板的弹性模量；ρ_1 为基板的密度；ν_1 为基板的泊松比；d_1 为基板的厚度。

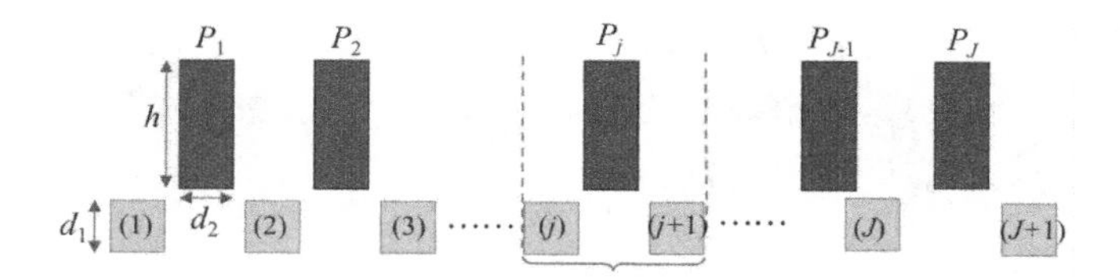

图 4-12　分为 $J+1$ 个区域的基板($J=12$)

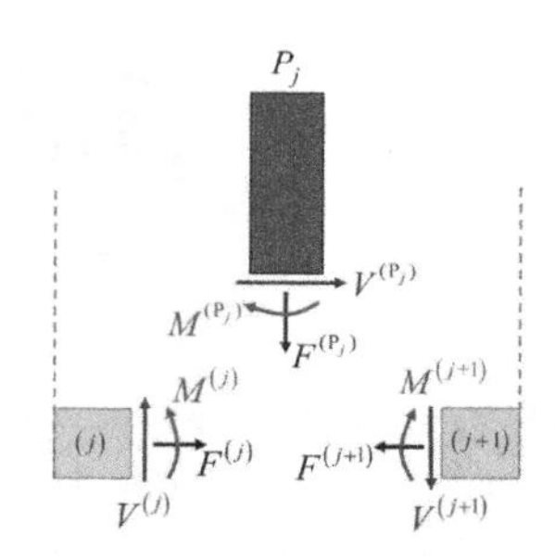

图 4-13　基板的第 j 个区域、第 $j+1$ 个区域和第 j 个柱状谐振体

在基板的第 j 个和 $j+1$ 个区域中，弯曲波控制方程的一般解为

$$\left.\begin{aligned} w^{(j)}(x,t)=(A^{(j)}\mathrm{e}^{-\mathrm{i}k_{b1}x}+B^{(j)}\mathrm{e}^{\mathrm{i}k_{b1}x}+C^{(j)}\mathrm{e}^{-k_{b1}x}+D^{(j)}\mathrm{e}^{k_{b1}x})\mathrm{e}^{\mathrm{i}\omega t} \\ w^{(j+1)}(x,t)=(A^{(j+1)}\mathrm{e}^{-\mathrm{i}k_{b1}x}+B^{(j+1)}\mathrm{e}^{\mathrm{i}k_{b1}x}+C^{(j+1)}\mathrm{e}^{-k_{b1}x}+D^{(j+1)}\mathrm{e}^{k_{b1}x})\mathrm{e}^{\mathrm{i}\omega t} \end{aligned}\right\} \tag{4.5}$$

式中：(j)表示基板的第 j 个区域；$(j+1)$ 表示基板的第 $j+1$ 个区域；k_{b1} 表示弯曲波波数，$k_{b1}=[(\rho_1 d_1\omega^2)/D_1]^{1/4}$；$\omega$ 表示圆频率，$\omega=2\pi f$；$A^{(j)}\mathrm{e}^{-\mathrm{i}k_{b1}x}$ 表示基板的第 j 个区域正向的弯曲波传播模式；$B^{(j)}\mathrm{e}^{\mathrm{i}k_{b1}x}$ 表示基板的第 j 个区域负向的弯曲波传播模式；$C^{(j)}\mathrm{e}^{-k_{b1}x}$ 表示基板的第 j 个区域正向的弯曲波倏逝模式；$D^{(j)}\mathrm{e}^{k_{b1}x}$ 表示基板的第 j 个区域负向的弯曲波倏逝模式；$A^{(j+1)}\mathrm{e}^{-\mathrm{i}k_{b1}x}$ 表示基板的第 $j+1$ 个区域正向的弯曲波传播模式；$B^{(j+1)}\mathrm{e}^{\mathrm{i}k_{b1}x}$ 表示基

板的第 $j+1$ 个区域负向的弯曲波传播模式；$C^{(j+1)}\mathrm{e}^{-k_{b1}x}$ 表示基板的第 $j+1$ 个区域正向的弯曲波倏逝模式；$D^{(j+1)}\mathrm{e}^{k_{b1}x}$ 表示基板的第 $j+1$ 个区域负向的弯曲波倏逝模式；$A^{(j)}$、$B^{(j)}$、$C^{(j)}$、$D^{(j)}$、$A^{(j+1)}$、$B^{(j+1)}$、$C^{(j+1)}$ 和 $D^{(j+1)}$ 均为待定复系数。

在基板的第 j 个和第 $j+1$ 个区域中，纵波控制方程的一般解为

$$\left.\begin{aligned} u^{(j)}(x,t)&=(P^{(j)}\mathrm{e}^{-\mathrm{i}k_{l1}x}+Q^{(j)}\mathrm{e}^{\mathrm{i}k_{l1}x})\mathrm{e}^{\mathrm{i}\omega t}\\ u^{(j+1)}(x,t)&=(P^{(j+1)}\mathrm{e}^{-\mathrm{i}k_{l1}x}+Q^{(j+1)}\mathrm{e}^{\mathrm{i}k_{l1}x})\mathrm{e}^{\mathrm{i}\omega t}\end{aligned}\right\}\tag{4.6}$$

式中：k_{l1} 为纵波波数，$k_{l1}=[\rho_1\omega^2(1-\nu_1{}^2)/E_1]^{1/2}$；$P^{(j)}\mathrm{e}^{-\mathrm{i}k_{l1}x}$ 为基板的第 j 个区域中正向的纵波传播模式；$Q^{(j)}\mathrm{e}^{\mathrm{i}k_{l1}x}$ 为基板的第 j 个区域中负向的纵波传播模式；$P^{(j+1)}\mathrm{e}^{-\mathrm{i}k_{l1}x}$ 为基板的第 $j+1$ 个区域中正向的纵波传播模式；$Q^{(j+1)}\mathrm{e}^{\mathrm{i}k_{l1}x}$ 为基板的第 $j+1$ 个区域中负向的纵波传播模式；$P^{(j)}$、$Q^{(j)}$、$P^{(j+1)}$ 和 $Q^{(j+1)}$ 均为待定复系数。

在第 j 个柱状谐振体中，弯曲波和纵波的控制方程为

$$\left.\begin{aligned} D_2\frac{\partial^4 w(z,t)}{\partial z^4}+\rho_2 d_2\frac{\partial^2 w(z,t)}{\partial t^2}=0\\ \frac{E_2}{(1-\nu_2{}^2)}\frac{\partial^2 u(z,t)}{\partial z^2}-\rho_2\frac{\partial^2 u(z,t)}{\partial t^2}=0\end{aligned}\right\}\tag{4.7}$$

式中：D_2 为柱状谐振体的弯曲刚度，$D_2=E_2d_2{}^3/[12(1-\nu_2{}^2)]$；$E_2$ 为柱状谐振体材料的弹性模量；ρ_2 为柱状谐振体材料的密度；ν_2 为柱状谐振体材料的泊松比；d_2 为柱状谐振体的厚度。

在第 j 个柱状谐振体中，弯曲波和纵波控制方程的一般解为

$$\left.\begin{aligned} w^{(P_j)}(z,t)&=(A^{(P_j)}\mathrm{e}^{-\mathrm{i}k_{b2}z}+B^{(P_j)}\mathrm{e}^{\mathrm{i}k_{b2}z}+C^{(P_j)}\mathrm{e}^{-k_{b2}z}+D^{(P_j)}\mathrm{e}^{k_{b2}z})\mathrm{e}^{\mathrm{i}\omega t}\\ u^{(P_j)}(z,t)&=(P^{(P_j)}\mathrm{e}^{-\mathrm{i}k_{l2}z}+Q^{(P_j)}\mathrm{e}^{\mathrm{i}k_{l2}z})\mathrm{e}^{\mathrm{i}\omega t}\end{aligned}\right\}\tag{4.8}$$

式中：(P_j) 表示第 j 个柱状谐振体；k_{b2} 表示柱状谐振体中弯曲波波数，$k_{b2}=[(\rho_2d_2\omega^2)/D_2]^{1/4}$；$k_{l2}$ 表示柱状谐振体中纵波波数，$k_{l2}=[\rho_2\omega^2(1-\nu_2{}^2)/E_2]^{1/2}$；$A^{(P_j)}\mathrm{e}^{-\mathrm{i}k_{b2}z}$ 表示第 j 个柱状谐振体中向上的弯曲波传播模式；$B^{(P_j)}\mathrm{e}^{\mathrm{i}k_{b2}z}$ 表示第 j 个柱状谐振体中向下的弯曲波传播模式；$C^{(P_j)}\mathrm{e}^{-k_{b2}z}$ 表示第 j 个柱状谐振体中向上的弯曲波倏逝模式；$D^{(P_j)}\mathrm{e}^{k_{b2}z}$ 表示第 j 个柱状谐振体中向下的弯曲波倏逝模式；$P^{(P_j)}\mathrm{e}^{-\mathrm{i}k_{l2}z}$ 表示第 j 个柱状谐振体中向上的纵波传播模式；$Q^{(P_j)}\mathrm{e}^{\mathrm{i}k_{l2}z}$ 表示第 j 个柱状谐振体中向下的纵波传播模式；$A^{(P_j)}$、$B^{(P_j)}$、$C^{(P_j)}$、$D^{(P_j)}$、$P^{(P_j)}$ 和 $Q^{(P_j)}$ 均为待定复系数。

将基板的每个区域的物理量 $w^{(j)}$、$u^{(j)}$、$\varphi^{(j)}$、$F^{(j)}$、$V^{(j)}$、$M^{(j)}$ 和复系数 $A^{(j)}$、$B^{(j)}$、$C^{(j)}$、$D^{(j)}$、$P^{(j)}$、$Q^{(j)}$ 分别写成状态向量和系数向量，即

$$\left.\begin{aligned} \boldsymbol{v}^{(j)}&=[w^{(j)}\quad u^{(j)}\quad \varphi^{(j)}\quad F^{(j)}\quad V^{(j)}\quad M^{(j)}]^{\mathrm{T}}\\ \boldsymbol{k}^{(j)}&=[A^{(j)}\quad B^{(j)}\quad C^{(j)}\quad D^{(j)}\quad P^{(j)}\quad Q^{(j)}]^{\mathrm{T}}\end{aligned}\right\}\tag{4.9}$$

式中：$\varphi^{(j)}$ 为转角；$F^{(j)}$ 为轴力；$V^{(j)}$ 为剪力；$M^{(j)}$ 为弯矩。

转角 φ 与位移 w、轴力 F 与位移 u、剪力 V 与位移 w 以及弯矩 M 与位移 w 之间的关系可分别表示为

$$\left.\begin{aligned}&\varphi=w'\\&F=\frac{Ed}{(1-\nu^2)}u'\\&V=-Dw'''\\&M=Dw''\end{aligned}\right\}\tag{4.10}$$

式中，上标“′”表示对相应坐标的求导。

将式(4.5)、式(4.6)和式(4.10)代入式(4.9)，得到

$$\boldsymbol{v}^{(j)}=\boldsymbol{N}_1\cdot\boldsymbol{k}^{(j)}\quad(j=1,2,\cdots,J,J+1)\tag{4.11}$$

式中：$\boldsymbol{N}_1$ 为状态向量与系数向量之间的传递矩阵，且有

$$\boldsymbol{N}_1=\begin{bmatrix}1&1&1&1&0&0\\0&0&0&0&1&1\\-ik_{b1}&ik_{b1}&-k_{b1}&k_{b1}&0&0\\0&0&0&0&-ik_{l1}E_1H_1&ik_{l1}E_1H_1\\-iD_1k_{b1}^3&iD_1k_{b1}^3&-D_1k_{b1}^3&D_1k_{b1}^3&0&0\\-D_1k_{b1}^2&-D_1k_{b1}^2&D_1k_{b1}^2&D_1k_{b1}^2&0&0\end{bmatrix}\tag{4.12}$$

式中：$H_1=d_1/(1-\nu_1^2)$。

在图 4-13 中基板的第 j 个和第 $j+1$ 个区域的交界面处建立局部坐标系，并在界面处标记轴力 F、剪力 V 和弯矩 M[111-112]。在图 4-13 的局部坐标系中，力和力矩应保持平衡，即有以下平衡条件。

x 方向力平衡：

$$F^{(j)}-F^{(j+1)}+V^{(P_j)}=0\tag{4.13}$$

z 方向力平衡：

$$V^{(j)}-V^{(j+1)}-F^{(P_j)}=0\tag{4.14}$$

力矩平衡：

$$M^{(j)}-M^{(j+1)}-M^{(P_j)}=0\tag{4.15}$$

在界面处位移和转角应连续，即有如下连续条件。

x 方向位移连续：

$$u^{(j)}=u^{(j+1)}=-w^{(P_j)}\tag{4.16}$$

z 方向位移连续：

$$w^{(j)}=w^{(j+1)}=u^{(P_j)}\tag{4.17}$$

转角连续：

$$\varphi^{(j)}=\varphi^{(j+1)}=\varphi^{(P_j)}\tag{4.18}$$

第 j 个柱状谐振体顶部为自由端，即轴力、剪力和力矩都为零，满足以下边界条件：

$$\left.\begin{aligned}&F^{(P_j)}\big|_{z=h}=0\\&V^{(P_j)}\big|_{z=h}=0\\&M^{(P_j)}\big|_{z=h}=0\end{aligned}\right\}\tag{4.19}$$

将式(4.15)、式(4.6)、式(4.8)和式(4.10)代入上面的边界条件[式(4.19)]，可得

$$\boldsymbol{N}_2[A^{(j+1)}\quad B^{(j+1)}\quad C^{(j+1)}\quad D^{(j+1)}\quad P^{(j+1)}\quad Q^{(j+1)}\quad A^{(P_j)}\quad B^{(P_j)}\quad C^{(P_j)}\quad D^{(P_j)}\quad P^{(P_j)}\quad Q^{(P_j)}]^{\mathrm{T}}=$$
$$\boldsymbol{N}_3[A^{(j)}\quad B^{(j)}\quad C^{(j)}\quad D^{(j)}\quad P^{(j)}\quad Q^{(j)}]^{\mathrm{T}} \tag{4.20}$$

式中

$$\boldsymbol{N}_2=\begin{bmatrix} 0 & 0 & 0 & 0 & -Q_1 & \bar{D}_1 & \mathrm{i}\bar{D}_5 & -\mathrm{i}\bar{D}_5 & -\bar{D}_5 & \bar{D}_5 & 0 & 0\\ -\mathrm{i}\bar{D}_3 & \mathrm{i}\bar{D}_3 & \bar{D}_3 & -\bar{D}_3 & 0 & 0 & 0 & 0 & 0 & 0 & -\bar{D}_6 & \bar{D}_6\\ -\bar{D}_2 & -\bar{D}_2 & \bar{D}_2 & \bar{D}_2 & 0 & 0 & -\bar{D}_4 & -\bar{D}_4 & \bar{D}_4 & \bar{D}_4 & 0 & 0\\ 0 & 0 & 0 & 0 & -1 & -1 & 0 & 0 & 0 & 0 & 0 & 0\\ 0 & 0 & 0 & 0 & 0 & 0 & 1 & 1 & 1 & 1 & 0 & 0\\ 1 & 1 & 1 & 1 & 0 & 0 & 0 & 0 & 0 & 0 & 0 & 0\\ 0 & 0 & 0 & 0 & 0 & 0 & 0 & 0 & 0 & 0 & 1 & 1\\ -\mathrm{i}k_{\mathrm{b1}} & \mathrm{i}k_{\mathrm{b1}} & -k_{\mathrm{b1}} & k_{\mathrm{b1}} & 0 & 0 & 0 & 0 & 0 & 0 & 0 & 0\\ 0 & 0 & 0 & 0 & 0 & 0 & -\mathrm{i}k_{\mathrm{b2}} & \mathrm{i}k_{\mathrm{b2}} & -k_{\mathrm{b2}} & k_{\mathrm{b2}} & 0 & 0\\ 0 & 0 & 0 & 0 & 0 & 0 & -\mathrm{i}\bar{D}_5\bar{D}_7 & \mathrm{i}\bar{D}_5\bar{D}_8 & \bar{D}_5\bar{D}_9 & -\bar{D}_5\bar{D}_{10} & 0 & 0\\ 0 & 0 & 0 & 0 & 0 & 0 & 0 & 0 & 0 & 0 & -\bar{D}_6\bar{D}_{11} & \bar{D}_6\bar{D}_{12}\\ 0 & 0 & 0 & 0 & 0 & 0 & -\bar{D}_4\bar{D}_7 & -\bar{D}_4\bar{D}_8 & \bar{D}_4\bar{D}_9 & \bar{D}_4\bar{D}_{10} & 0 & 0 \end{bmatrix}$$

$$\boldsymbol{N}_3=\begin{bmatrix} 0 & 0 & 0 & 0 & -\mathrm{i}k_{11}E_1H_1 & \mathrm{i}k_{11}E_1H_1\\ -\mathrm{i}\bar{D}_3 & \mathrm{i}\bar{D}_3 & \bar{D}_3 & -\bar{D}_3 & 0 & 0\\ -\bar{D}_2 & -\bar{D}_2 & \bar{D}_2 & \bar{D}_2 & 0 & 0\\ 0 & 0 & 0 & 0 & -1 & -1\\ 0 & 0 & 0 & 0 & -1 & -1\\ 1 & 1 & 1 & 1 & 0 & 0\\ 1 & 1 & 1 & 1 & 0 & 0\\ -\mathrm{i}k_{\mathrm{b1}} & \mathrm{i}k_{\mathrm{b1}} & -k_{\mathrm{b1}} & k_{\mathrm{b1}} & 0 & 0\\ -\mathrm{i}k_{\mathrm{b1}} & \mathrm{i}k_{\mathrm{b1}} & -k_{\mathrm{b1}} & k_{\mathrm{b1}} & 0 & 0\\ 0 & 0 & 0 & 0 & 0 & 0\\ 0 & 0 & 0 & 0 & 0 & 0\\ 0 & 0 & 0 & 0 & 0 & 0 \end{bmatrix}$$

式中：$\bar{D}_1=12\mathrm{i}k_{11}D_1/d_1^{\ 2}$；$\bar{D}_2=D_1k_{\mathrm{b1}}^{\ 2}$；$\bar{D}_3=D_1k_{\mathrm{b1}}^{\ 3}$；$\bar{D}_4=D_2k_{\mathrm{b2}}^{\ 2}$；$\bar{D}_5=D_2k_{\mathrm{b2}}^{\ 3}$；$\bar{D}_6=\mathrm{i}k_{12}D_2/d_2^{\ 2}$；$\bar{D}_7=\mathrm{e}^{-\mathrm{i}k_{\mathrm{b2}}h}$；$\bar{D}_8=\mathrm{e}^{\mathrm{i}k_{\mathrm{b2}}h}$；$\bar{D}_9=\mathrm{e}^{-k_{\mathrm{b2}}h}$；$\bar{D}_{10}=\mathrm{e}^{k_{\mathrm{b2}}h}$；$\bar{D}_{11}=\mathrm{e}^{-\mathrm{i}k_{12}h}$；$\bar{D}_{12}=\mathrm{e}^{\mathrm{i}k_{12}h}$。

根据式(4.20)，可得

$$[A^{(j+1)}\quad B^{(j+1)}\quad C^{(j+1)}\quad D^{(j+1)}\quad P^{(j+1)}\quad Q^{(j+1)}\quad A^{(P_j)}\quad B^{(P_j)}\quad C^{(P_j)}\quad D^{(P_j)}\quad P^{(P_j)}\quad Q^{(P_j)}]^{\mathrm{T}}=$$
$$\boldsymbol{N}_4[A^{(j)}\quad B^{(j)}\quad C^{(j)}\quad D^{(j)}\quad P^{(j)}\quad Q^{(j)}]^{\mathrm{T}} \tag{4.21}$$

式中，$\boldsymbol{N}_4=\boldsymbol{N}_2^{-1}\cdot\boldsymbol{N}_3$。

根据式(4.21)，可得

$$\boldsymbol{k}_{\mathrm{L}}^{(j+1)}=\boldsymbol{N}_5\boldsymbol{k}_{\mathrm{R}}^{(j)}\quad(j=1,2,\cdots,J-1,J)\tag{4.22}$$

式中:$\boldsymbol{k}_{\mathrm{L}}^{(j+1)}$ 为基板的第 $j+1$ 个区域左界面的系数向量;$\boldsymbol{k}_{\mathrm{R}}^{(j)}$ 为基板的第 j 个区域右界面的系数向量;$\boldsymbol{N}_5$ 为由矩阵 $\boldsymbol{N}_4$ 中第一行到第六行的元素构成的矩阵,包含柱状谐振体的贡献。

对于长度为 s 的第 j 个区域,弯曲波从左向右传播。根据式(4.5)、式(4.6)和式(4.10),第 j 个区域右界面的物理量 $w_{\mathrm{R}}^{(j)}$、$u_{\mathrm{R}}^{(j)}$、$\varphi_{\mathrm{R}}^{(j)}$、$F_{\mathrm{R}}^{(j)}$、$V_{\mathrm{R}}^{(j)}$、$M_{\mathrm{R}}^{(j)}$ 与第 j 个区域左界面的待定复系数 $A_{\mathrm{L}}^{(j)}$、$B_{\mathrm{L}}^{(j)}$、$C_{\mathrm{L}}^{(j)}$、$D_{\mathrm{L}}^{(j)}$、$P_{\mathrm{L}}^{(j)}$、$Q_{\mathrm{L}}^{(j)}$ 之间的关系可以表示为

$$\left.\begin{aligned}
w_{\mathrm{R}}^{(j)}&=A_{\mathrm{L}}^{(j)}\mathrm{e}^{-\mathrm{i}k_{\mathrm{b1}}s}+B_{\mathrm{L}}^{(j)}\mathrm{e}^{\mathrm{i}k_{\mathrm{b1}}s}+C_{\mathrm{L}}^{(j)}\mathrm{e}^{-k_{\mathrm{b1}}s}+D_{\mathrm{L}}^{(j)}\mathrm{e}^{k_{\mathrm{b1}}s}\\
u_{\mathrm{R}}^{(j)}&=P_{\mathrm{L}}^{(j)}\mathrm{e}^{-\mathrm{i}k_{\mathrm{l1}}s}+Q_{\mathrm{L}}^{(j)}\mathrm{e}^{\mathrm{i}k_{\mathrm{l1}}s}\\
\varphi_{\mathrm{R}}^{(j)}&=-\mathrm{i}k_{\mathrm{b1}}A_{\mathrm{L}}^{(j)}\mathrm{e}^{-\mathrm{i}k_{\mathrm{b1}}s}+\mathrm{i}k_{\mathrm{b1}}B_{\mathrm{L}}^{(j)}\mathrm{e}^{\mathrm{i}k_{\mathrm{b1}}s}-k_{\mathrm{b1}}C_{\mathrm{L}}^{(j)}\mathrm{e}^{-k_{\mathrm{b1}}s}+k_{\mathrm{b1}}D_{\mathrm{L}}^{(j)}\mathrm{e}^{k_{\mathrm{b1}}s}\\
F_{\mathrm{R}}^{(j)}&=-12\mathrm{i}k_{\mathrm{l1}}D_1/d^2P_{\mathrm{L}}^{(j)}\mathrm{e}^{-\mathrm{i}k_{\mathrm{l1}}s}+12\mathrm{i}k_{\mathrm{l1}}D_1/d^2Q_{\mathrm{L}}^{(j)}\mathrm{e}^{\mathrm{i}k_{\mathrm{l1}}s}\\
V_{\mathrm{R}}^{(j)}&=-\mathrm{i}D_1k_{\mathrm{b1}}{}^3A_{\mathrm{L}}^{(j)}\mathrm{e}^{-\mathrm{i}k_{\mathrm{b1}}s}+\mathrm{i}D_1k_{\mathrm{b1}}{}^3B_{\mathrm{L}}^{(j)}\mathrm{e}^{\mathrm{i}k_{\mathrm{b1}}s}+D_1k_{\mathrm{b1}}{}^3C_{\mathrm{L}}^{(j)}\mathrm{e}^{-k_{\mathrm{b1}}s}-D_1k_{\mathrm{b1}}{}^3D_{\mathrm{L}}^{(j)}\mathrm{e}^{k_{\mathrm{b1}}s}\\
M_{\mathrm{R}}^{(j)}&=-D_1k_{\mathrm{b1}}{}^2A_{\mathrm{L}}^{(j)}\mathrm{e}^{-\mathrm{i}k_{\mathrm{b1}}s}-D_1k_{\mathrm{b1}}{}^2B_{\mathrm{L}}^{(j)}\mathrm{e}^{\mathrm{i}k_{\mathrm{b1}}s}+D_1k_{\mathrm{b1}}{}^2C_{\mathrm{L}}^{(j)}\mathrm{e}^{-k_{\mathrm{b1}}s}+D_1k_{\mathrm{b1}}{}^2D_{\mathrm{L}}^{(j)}\mathrm{e}^{k_{\mathrm{b1}}s}
\end{aligned}\right\}\tag{4.23}$$

式中,$s=l_0$。为了精确求解相位跳变,须对第 j 个区域中柱状谐振体的厚度补偿 $\hat{d}_2$ 来修正区域长度 l_0,以补偿平衡条件中忽略的柱状谐振体厚度。例如对于图 4-1(b)中谐振体的厚度补偿 $\hat{d}_2=0.83\cdot d_2$。根据式(4.23),对具有修正长度 $\hat{s}=l_0+\hat{d}$ 的第 j 个区域,状态向量和系数向量之间的关系可以表示为

$$\boldsymbol{v}_{\mathrm{R}}^{(j)}=\boldsymbol{N}_6\cdot\boldsymbol{k}_{\mathrm{L}}^{(j)}\quad(j=2,3,\cdots,J)\tag{4.24}$$

式中,$\boldsymbol{N}_6$ 为弯曲波从第 j 个区域的左界面传到右界面的传递矩阵,且有

$$\boldsymbol{N}_6=\begin{bmatrix}
\mathrm{e}^{-\mathrm{i}k_{\mathrm{b1}}\hat{s}} & \mathrm{e}^{\mathrm{i}k_{\mathrm{b1}}\hat{s}} & \mathrm{e}^{-k_{\mathrm{b1}}\hat{s}} & \mathrm{e}^{k_{\mathrm{b1}}\hat{s}} & 0 & 0\\
0 & 0 & 0 & 0 & \mathrm{e}^{-\mathrm{i}k_{\mathrm{l1}}\hat{s}} & \mathrm{e}^{\mathrm{i}k_{\mathrm{l1}}\hat{s}}\\
-\mathrm{i}k_{\mathrm{b1}}\mathrm{e}^{-\mathrm{i}k_{\mathrm{b1}}\hat{s}} & \mathrm{i}k_{\mathrm{b1}}\mathrm{e}^{\mathrm{i}k_{\mathrm{b1}}\hat{s}} & -k_{\mathrm{b1}}\mathrm{e}^{-k_{\mathrm{b1}}\hat{s}} & k_{\mathrm{b1}}\mathrm{e}^{k_{\mathrm{b1}}\hat{s}} & 0 & 0\\
0 & 0 & 0 & 0 & -D_1\mathrm{e}^{-\mathrm{i}k_{\mathrm{l1}}\hat{s}} & D_1\mathrm{e}^{\mathrm{i}k_{\mathrm{l1}}\hat{s}}\\
-\mathrm{i}D_2k_{\mathrm{b1}}\mathrm{e}^{-\mathrm{i}k_{\mathrm{b1}}\hat{s}} & \mathrm{i}D_2k_{\mathrm{b1}}\mathrm{e}^{\mathrm{i}k_{\mathrm{b1}}\hat{s}} & D_2k_{\mathrm{b1}}\mathrm{e}^{-k_{\mathrm{b1}}\hat{s}} & -D_2k_{\mathrm{b1}}\mathrm{e}^{k_{\mathrm{b1}}\hat{s}} & 0 & 0\\
-D_2\mathrm{e}^{-\mathrm{i}k_{\mathrm{b1}}\hat{s}} & -D_2\mathrm{e}^{\mathrm{i}k_{\mathrm{b1}}\hat{s}} & D_2\mathrm{e}^{-k_{\mathrm{b1}}\hat{s}} & D_2\mathrm{e}^{k_{\mathrm{b1}}\hat{s}} & 0 & 0
\end{bmatrix}\tag{4.25}$$

根据式(4.11)、式(4.22)和式(4.24),弯曲波从第 j 个区域右界面传播到第 $j+1$ 个区域右界面,传递方程可以表示为

$$\boldsymbol{k}_{\mathrm{R}}^{(j+1)}=\boldsymbol{N}_1{}^{-1}\boldsymbol{v}_{\mathrm{R}}^{(j+1)}=\boldsymbol{N}_1{}^{-1}\boldsymbol{N}_6\boldsymbol{k}_{\mathrm{L}}^{(j+1)}=\boldsymbol{N}_1{}^{-1}\boldsymbol{N}_6\boldsymbol{N}_5\boldsymbol{k}_{\mathrm{R}}^{(j)}\quad(j=1,3,\cdots,J-1)\tag{4.26}$$

根据式(4.26),弯曲波从第 1 个区域的右界面传播到第 J 个区域的右界面,传递方程可以表示为

$$\boldsymbol{k}_{\mathrm{R}}^{(J)}=\boldsymbol{N}_1{}^{-1}\boldsymbol{N}_6\boldsymbol{N}_5\boldsymbol{k}_{\mathrm{R}}^{(J-1)}=(\boldsymbol{N}_1{}^{-1}\boldsymbol{N}_6\boldsymbol{N}_5)^{(J-1)}\boldsymbol{k}_{\mathrm{R}}^{(1)}\tag{4.27}$$

因此,弯曲波从第 1 个区域的右界面传播到第 $J+1$ 个区域的左界面,传递方程可以表示为

$$\boldsymbol{k}_{\mathrm{L}}^{(J+1)}=\boldsymbol{N}_5\boldsymbol{k}_{\mathrm{R}}^{(J)}=\boldsymbol{N}_5(\boldsymbol{N}_1^{-1}\boldsymbol{N}_6\boldsymbol{N}_5)^{(J-1)}\boldsymbol{k}_{\mathrm{R}}^{(1)} \tag{4.28}$$

在第 1 个和第 $J+1$ 个区域中，弯曲波和纵波的波场可以表示为

$$\left.\begin{aligned}
w^{(1)}(x)&=\mathrm{e}^{-\mathrm{i}k_{\mathrm{b1}}x}+r_{\mathrm{b}}\mathrm{e}^{\mathrm{i}k_{\mathrm{b1}}x}+r_{\mathrm{b}}^{*}\mathrm{e}^{k_{\mathrm{b1}}x}\\
u^{(1)}(x)&=r_{\mathrm{l}}\mathrm{e}^{\mathrm{i}k_{\mathrm{l1}}x}\\
w^{(J+1)}(x)&=t_{\mathrm{b}}\mathrm{e}^{-\mathrm{i}k_{\mathrm{b1}}x}+t_{\mathrm{b}}^{*}\mathrm{e}^{-k_{\mathrm{b1}}x}\\
u^{(J+1)}(x)&=t_{\mathrm{l}}\mathrm{e}^{-\mathrm{i}k_{\mathrm{l1}}x}
\end{aligned}\right\} \tag{4.29}$$

式中：$\mathrm{e}^{-\mathrm{i}k_{\mathrm{b1}}x}$ 为入射场中幅值为 1 的入射弯曲波；r_{b} 为基板的第 1 个区域中反射的弯曲波传播模式的幅值；r_{b}^{*} 为基板的第 1 个区域中反射的弯曲波倏逝模式的幅值；r_{l} 为基板的第 1 个区域中反射的纵波的幅值；t_{b} 为基板的第 $J+1$ 个区域中透射的弯曲波传播模式的幅值；t_{b}^{*} 为基板的第 $J+1$ 个区域中透射的弯曲波倏逝模式的幅值；t_{l} 为基板的第 $J+1$ 个区域中透射的纵波的幅值。

式(4.28)可以改写为

$$\boldsymbol{k}_{\mathrm{out}}=\boldsymbol{N}_5(\boldsymbol{N}_1^{-1}\boldsymbol{N}_6\boldsymbol{N}_5)^{(J-1)}\boldsymbol{k}_{\mathrm{in}} \tag{4.30}$$

式中：$\boldsymbol{k}_{\mathrm{in}}=[1\quad r_b\quad 0\quad r_{\mathrm{b}}^{*}\quad 0\quad r_{\mathrm{l}}]^{\mathrm{T}}$ 为基板的第 1 个区域中入射波的系数向量；$\boldsymbol{k}_{\mathrm{out}}=[t_{\mathrm{b}}\quad 0\quad t_{\mathrm{b}}^{*}\quad 0\quad t_{\mathrm{l}}\quad 0]^{\mathrm{T}}$ 为基板的第 $J+1$ 个区域中透射波的系数向量。

根据式(4.30)，可以求解 r_{b}、t_{b}、r_{b}^{*}、t_{b}^{*}、r_{l} 和 t_{l}。$|t_{\mathrm{b}}|$ 为透射波的透射系数的解析解。复系数 t_{b} 的相位可以通过下面公式计算：

$$\phi_{\mathrm{b}}=\begin{cases}\pi+\arctan\left[\dfrac{\mathrm{Im}(t_{\mathrm{b}})}{\mathrm{Re}(t_{\mathrm{b}})}\right],\ \mathrm{Re}(t_{\mathrm{b}})<0\\[2ex]\arctan\left[\dfrac{\mathrm{Im}(t_{\mathrm{b}})}{\mathrm{Re}(t_{\mathrm{b}})}\right],\mathrm{Re}(t_{\mathrm{b}})>0\end{cases} \tag{4.31}$$

进一步，根据式(4.2)，得到相位跳变 $\Delta\phi$。为了与 4.1.1 小节中仿真结果对比，设柱状谐振体的材料为铝合金，其宽度为 $d_2=2d=2\ \mathrm{mm}$。根据式(4.30)和式(4.31)，解析求得透射波的相位跳变和透射系数，结果分别如图 4－14 中实线和虚线所示。图中的仿真结果曲线，如小圆圈和三角形，直接引用了图 4－6 中的结果。从图中可以看到，仿真结果与解析解的结果吻合良好。

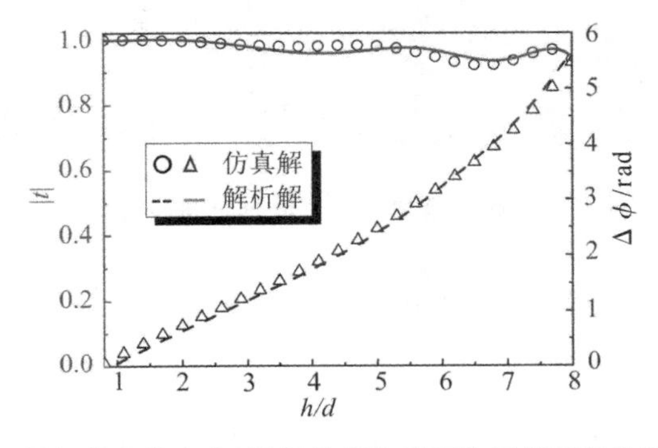

图 4－14　随无量纲柱高的变化，透射波相位跳变和透射系数的解析解和仿真解

4.1.4 超构表面的设计和仿真

如图 4 - 15 所示，超构表面的超胞是由 m 个单胞组合而成的，如图中白色虚线框所示。超胞的宽度可以表示为

$$W = m \cdot w_1 \tag{4.32}$$

式中：m 表示超胞中单胞的个数。

超胞中 m 个单胞能使透射波的相位跳变沿 y 轴方向以等步长增加，并且总的相位跳变为 2π。将超胞按周期排列后，根据弹性波的周期性，其透射波的相位跳变将沿 y 轴方向线性增加。因此，透射波沿 y 轴方向的相位跳变梯度可以表示为

$$\frac{\mathrm{d}\phi}{\mathrm{d}y} = \frac{2\pi}{W} \tag{4.33}$$

根据广义斯涅尔定律[5]，理论的折射角 θ_t 为

$$\theta_t = \arcsin\left(\sin\theta_i + \frac{\lambda}{2\pi} \cdot \frac{\mathrm{d}\phi}{\mathrm{d}y}\right) \tag{4.34}$$

式中：θ_i 为入射波与法线的夹角，即入射角，设其在 y 轴负半轴为正值。应该注意的是，如果透射波的相位跳变沿 y 轴反方向线性增加，式(4.34)中右侧括号内的加号应改为负号。

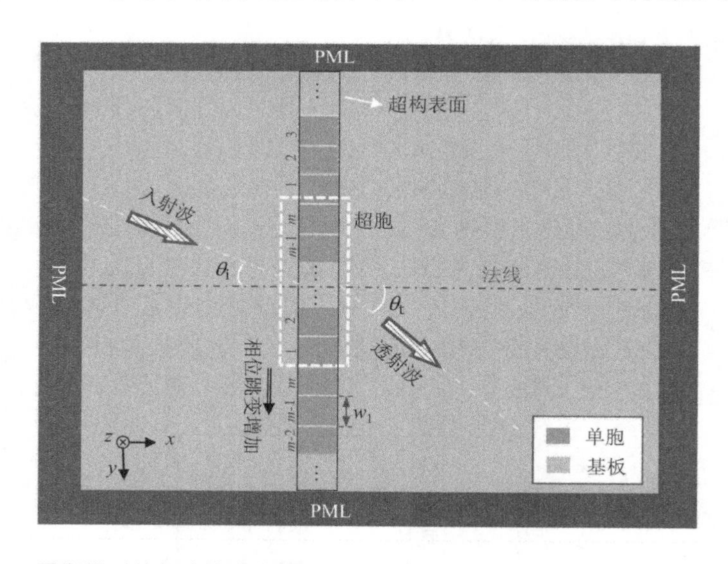

图 4 - 15　周期排列的超胞构成的超构表面对弯曲波的调控(一个超胞内有 m 个单胞)

根据式(4.33)和式(4.34)，当入射角 θ_i 一定时，理论上可以通过设计相位跳变梯度值 $\mathrm{d}\phi/\mathrm{d}y$ 来任意地调控折射角。特别地，当入射角 θ_i 满足如下关系：

$$\left.\begin{array}{l}\theta_i < 0 \\ |\sin\theta_i| < (\lambda/2\pi) \cdot (\mathrm{d}\phi/\mathrm{d}y)\end{array}\right\} \tag{4.35}$$

时，根据式(4.32)～式(4.35)可以得到，相应的理论折射角与入射角异号(即折射角为正值，入射角为负值)。在图 4-15 中入射波和透射波位于法线的同一侧，即所谓的负折射。

下面采用有限元软件对所设计的超构表面进行仿真。首先，在有限元软件中，根据图 4-15 中的示意图，建立总宽度为 $16w_1$ 的超构表面模型。在模型的四周边界设置 PML，来避免边界处波的反射。应该指出的是，在波传播方向上一般设置 PML 的厚度大于 2 个波长，才能较好地避免反射波的产生。在模型的入射区域建立垂直于入射波方向的线单元，如图 4-16 所示，在该线单元上施加面外方向(即 z 方向)的线载荷，来产生弯曲波的高斯波束。高斯波束是波的幅值在垂直于波的传播方向上服从高斯函数分布的波型。施加的载荷幅值沿 y 轴的分布函数为

$$F_y = \mathrm{e}^{-[(y-\mu)/\cos\theta_i]^2/(2\delta^2)} \tag{4.36}$$

式中：μ 为线的中点纵坐标；δ 为载荷幅值分布函数的方差，决定高斯波束的宽度。

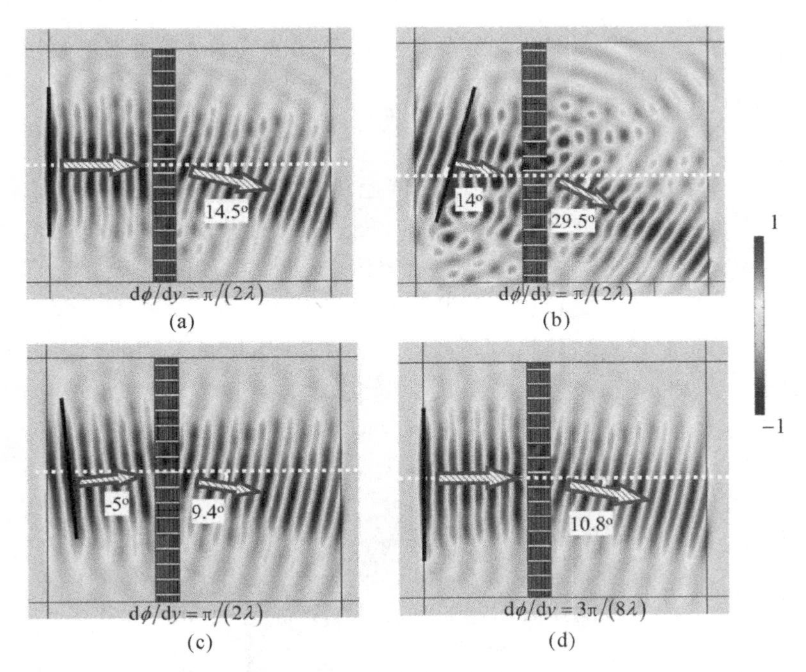

图 4-16　相位梯度为 $d\phi/dy=\pi/(2\lambda)$ 的 1 号超构表面和相位梯度为 $d\phi/dy=3\pi/(8\lambda)$ 的 2 号超构表面调控不同角度入射波的归一化波场图

(a)1 号超构表面，垂直入射；(b)1 号超构表面，$\theta_i=14°$斜入射；(c)1 号超构表面，$\theta_i=-5°$斜入射；(d)2 号超构表面，垂直入射

下面进行算例分析。

选择 6 个宽度均为 $w_1=2\lambda/3$ 的单胞来构成超胞，然后通过周期排列超胞形成超构表面(记为 1 号超构表面)，如图 4-16(a)～(c)所示，其相位梯度为 $d\phi/dy=\pi/(2\lambda)$。当入射波垂直于 1 号超构表面($\theta_i=0°$)时，根据式(4.32)～式(4.34)可得，透射波的理论折射角为 14.5°；当入射波斜入射($\theta_i=14°$)于 1 号超构表面时，透射波的理论折射角为 29.5°；当入射

角为 $\theta_i=-5°$ 时，根据式(4.35)可得，透射波的理论折射角为 9.4°，入射角和折射角异号，即所谓的负折射。分别对这 3 个算例进行仿真研究，提取模型的中性面处 z 方向的位移场，进行归一化(将所有位移值均除以位移场中位移的最大值)后结果如图 4-16(a)～(c)所示。从图中可以看到，所设计的超构表面使得垂直入射波和斜入射波均发生异常偏折，并在图 4-16(c)中出现了负折射。为了比较，将理论预测的透射波传波方向，通过箭头标记在数值仿真得到的全波场上。从图中可以看到，理论的透射波折射方向与数值仿真的结果吻合良好。为了展示本节所设计超构表面的可调节性，用 8 种不同高度(无量纲高度 h/d 分别为 1、2.3、3.7、4.9、5.9、6.7、7.4、7.9)而宽度均为 $w_1=2\lambda/3$ 的单胞来组合构成 2 号超构表面，如图 4-16(d)所示，其相位梯度为 $d\phi/dy=3\pi/(8\lambda)$。当入射波垂直于 2 号超构表面($\theta_i=0°$)时，根据式(4.32)～式(4.34)，透射波的理论折射角为 10.8°。同样地，对该算例进行仿真研究，得到 z 方向的位移场，如图 4-16(d)所示。从图中可以看到，理论的折射方向与数值仿真的结果也吻合良好。应该指出的是，超胞中单胞数目越多，超构表面的相位分辨率越高。高的相位分辨率可以使调控的透射波场质量更高，避免出现变形和扭曲。

4.1.5 弯曲波调控实验

为了验证所设计的超构表面对弯曲波的调控功能，选择图 4-16(a)～(c)中的 1 号超构表面，进行超构表面的实验件加工。采用加工精度为 0.05 mm 的数控铣床，将厚度为 10 mm 的 Al-Mg 系 5020 合金铝板整体铣切出超构表面试件，如图 4-17 所示。应该指出的是，由于结构的工作频率远离其单胞中柱状谐振体的共振频率，试件中单胞调控透射波的相位和透射系数的性能，对结构几何尺寸精度的敏感性很低，因此采用的铣床加工精度已经足够满足设计要求。所加工基板的长度、宽度和厚度分别为 800 mm、800 mm 和 1 mm。超构表面由 4 个超胞构成，其总宽度为 646.4 mm，其底端与基板下边界的距离为 300 mm。每个超胞由 6 个单胞构成，如图 4-17 上部的放大图所示。

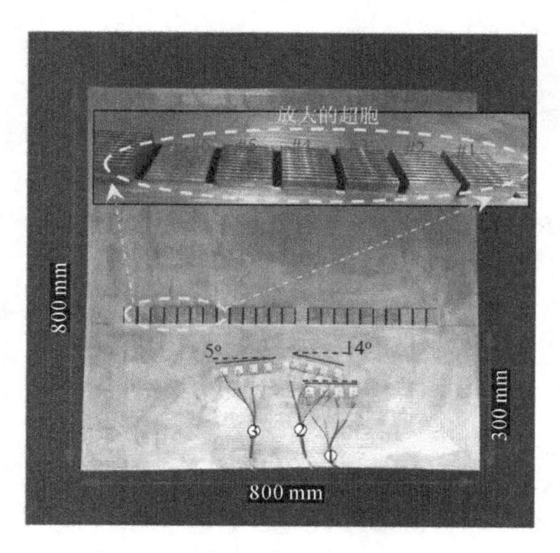

图 4-17 超构表面试件的实物图

超构表面弹性波调控实验的测试平台如图 4 - 18(a)所示。首先，通过试件基板四个角上的小孔，用张线将试件悬挂于支持框架上，使试件边界等效为自由边界。置于试件底部的小支架的作用是防止试件在面外方向有刚体位移，从而影响波场的测试。试件基板的四周边界粘贴一层蓝丁胶，来耗散试件边界处的反射波。需要指出的是，蓝丁胶是一种阻尼材料，它对弹性波的耗散属于传统的阻尼耗散机制，构造的耗散层无法实现亚波长尺寸，但它方便安装和拆卸，因此是弹性波调控实验中一种常见的无反射边界构造方式。将 4 个 PZT - 5H 压电片(19.5 mm×22 mm×0.3 mm)分为一组构成阵列，粘贴到基板上表面作为弯曲波发生器，如图 4 - 17 所示。激发频率选择 6 kHz，频率和板厚的乘积远小于 0.4 MHz · mm[113]，压电片激发板内产生高信噪比的弯曲波(低阶的兰姆波 A0)。在波形编辑器(基于 Labview 软件)的控制下，Agilent 33220A 信号发生器产生 5 周期的脉冲调制信号[77]，其电压幅值与时间的关系为

$$U_t = A_0 \left[1 - \cos(2\pi f_c t/5)\right] \sin(2\pi f_c t) \tag{4.37}$$

式中：f_c 为中心频率，$f_c = 6$ kHz。激励的脉冲电压信号，经过 HVPA05 功率放大器放大，再输入到 PZT - 5H 压电片阵列。压电片通过压电效应激发基板产生弯曲波。详细的测试信号流程图如图 4 - 18(b)所示。

基板中激发出的弯曲波信号，经过超构表面调控后，传播到透射区域。在入射和透射区域进行测试点网格划分，网格划分的区域如图 4 - 18(b)中红色线框所示。设置网格测试点间距为 2 mm，使得每个测试波长中有 20 个测试点，以获得足够的成像分辨率。在 PSV - 400 扫描式激光测振仪的“FFT”频域测量模式下，将采样频率和采样时间分辨率分别设置为 51.2 kHz 和 19.53 μs，对网格划分区域中每个测试点的面外位移进行扫描测试。为了保证测试点的信号质量，在测试区域粘贴反光纸以提高表面反射率，并且对每个测试点重复进行 10 次测量，取测量结果的平均值。应该注意的是，测量时需通过 PSV - 400 的外部 TTL 触发模式与外部的激发信号进行同步。

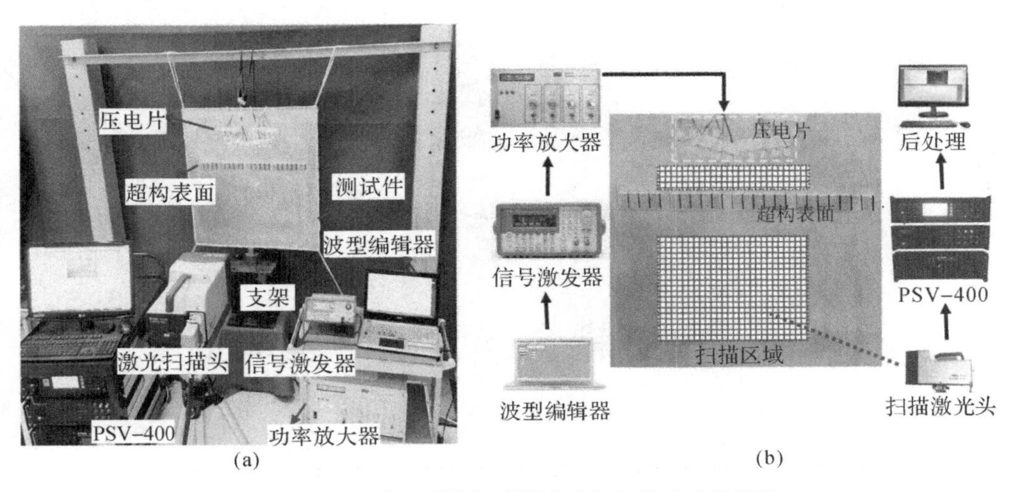

图 4 - 18　弹性波调控实验测试平台和测试信号流程

(a)测试平台；(b)测试信号流程

在有限元软件中，对压电片阵列激发的弹性波进行数值仿真，发现当相邻压电片间距设为压电片宽度的一半，且中间两个压电片的电压是外部两个压电片电压的两倍时，压电片阵列可以激发出理想的弯曲波高斯波束。在该数值仿真结果的指导下，首先在无超构表面的基板结构中进行弯曲波激发实验，结果如图 4-19(a)所示。从图中可以看到，压电片阵列激发出了完美的高斯弯曲波波束。然后，通过同样的方式，在有超构表面的试件中，激发出弯曲波高斯波束，如图 4-19(b)所示。从图中测试的波场可以看到，激发的弯曲波垂直透过超构表面后发生偏折。通过几何测量方法，实验测试得到的透射波折射角为 13.8°。测试结果与 4.1.4 小节中预测的理论折射角 14.5°吻合很好。通过改变压电片阵列的方向，可以激发出不同入射角的入射波，其入射角分别为 14°和−5°，如图 4-19(c)(d)所示。从图中可以看到，通过超构表面的透射波均发生了异常偏折。通过几何测量方法，得到折射角分别为 25.6°和 10.3°。测量的折射角与 4.1.4 小节中预测的理论值 29.5°和 9.4°均非常接近。实验结果与理论分析及仿真结果均吻合，证实了本节所设计的超构表面具有良好的弯曲波调控性能。实验结果的误差主要来源于压电片阵列激发的入射波的入射角误差及试件制造误差。

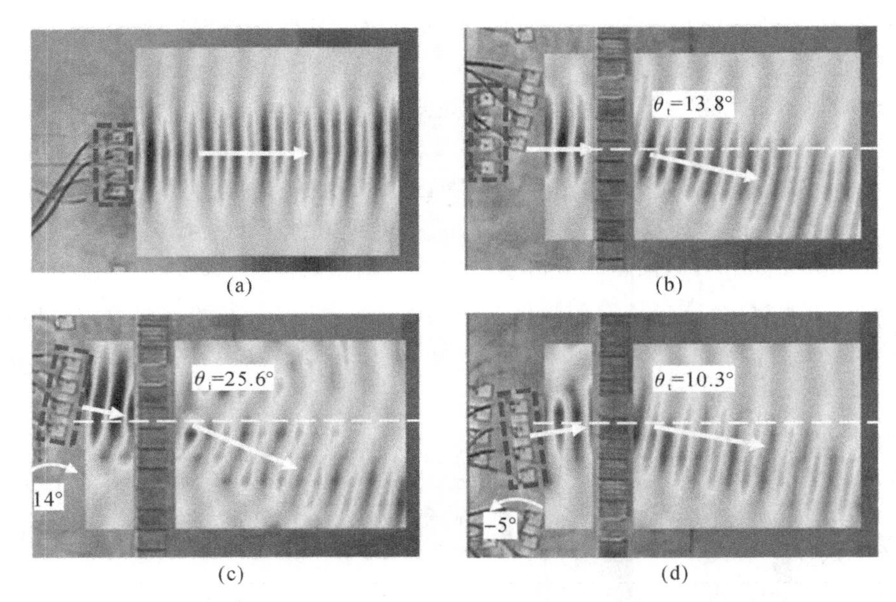

图 4-19 无超构表面的基板中激发出的弯曲波波场以及不同入射角实验测试的归一化全波场

(a)无超构表面；(b)入射角为 0°；(c)入射角为 14°；(d)入射角为−5°

4.2 单胞耦合弹性波超构表面

在航空航天等领域，板结构常作为主要的承载结构之一。然而，在超材料和超构表面的研究中，大多数研究者设计的板状超材料和超构表面通常需要在原板结构上进行大量的开缝或钻孔以避免相邻单胞间的耦合干涉，进而来独立地设计单胞，这必然会对基板结构的刚度和强度造成一定的破坏，因此其不能应用于承载类板结构。

为了克服这一缺点，本节提出一种单胞耦合弹性波超构表面(Elastic Metasurface with Subunit Coupling, EMSC)，其结构由基板上无开缝的柱状谐振体单胞构成。需要注意的是，柱状谐振体的材料可以与基板相同，也可以不同，本节中柱状谐振体采用密度比基板中铝合金材料更大的铁材料，其目的是使超构表面在传播方向上总厚度更小，仅约为波长的 0.495 倍，具体分析见第 4.2.1 小节。单胞耦合是指相邻单胞间波场的耦合干涉，类似于法诺(Fano)干涉，由连续介质背景结构(基板)和散射体之间的耦合导致。与法诺干涉不同的是，本节的工作将更多地关注偏离共振频率的耦合干涉。通过对相邻单胞间面外振动的分析，来揭示内部单胞间耦合的物理机制。通过实验验证了所提出的 EMSC 对弯曲波的偏折和聚焦功能。所设计的 EMSC 在不破坏原基板结构的情况下，能够有效地操控基板中的弹性波，从而拓宽单胞间的耦合干涉在弹性波超材料或超构表面中的应用。

4.2.1　含相邻单胞耦合干涉的超构表面单胞设计

图 4-20 展示了无开缝的 EMSC 结构，图的上部是其放大图。为了清晰地对比 4.1 中柱状结构的不同，图 4-21(a)(b)分别展示 4.1 节和本节的弹性波超构表面在 xOy 平面的俯视图。从图中可以看到，两个模型最明显的区别在于单胞间基板是否有开缝。这使得两个模型存在完全不同的物理机制：4.1 节中开缝的相邻单胞处不存在耦合干涉；而本节中没有开缝的相邻单胞处存在耦合干涉[标记在图 4-21(b)中]，该干涉是由于两个相邻单胞之间未开缝而由基板的面外振动导致的。4.1 节中超构表面的单胞是由与基板同种材料(铝合金)的柱状谐振体周期地排列及与其底部基板组合构成的，本节将单胞中铝合金柱状谐振体改进为质量密度更大的铁质柱状谐振体。改进的三维单胞模型如图 4-22(a)所示，周期地排列构成 EMSC。单胞的设计是 EMSC 结构设计的关键之一。为了简化，首先分析相应的二维单胞模型，即在 xOz 平面上三维单胞模型的截面图，如图 4-22(b)所示，然后再将其拉伸拓展为三维单胞模型。

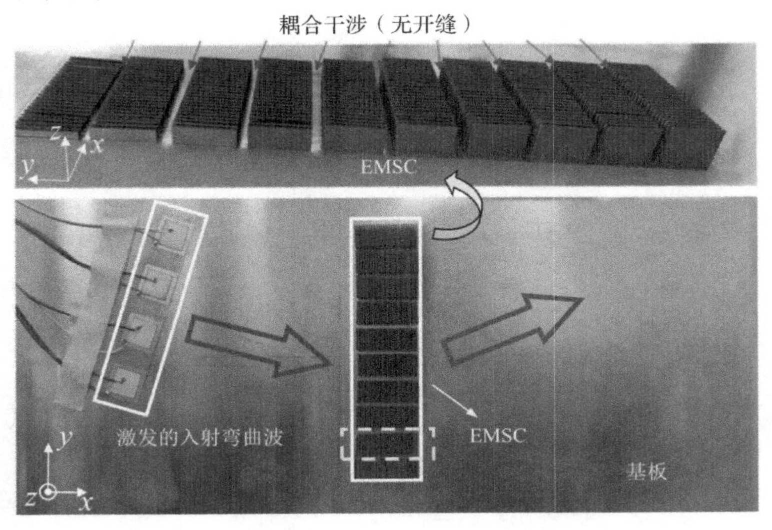

图 4-20　偏折入射弯曲波的 EMSC 示意图(顶部为其放大的视图)

首先，在图 4-22(b)中的二维单胞内取单个柱状谐振体和其底部的基板，定义为一个元胞[其结构如图 4-23(a)中插图所示]，并在元胞左、右两界面加 Bloch 周期边界条件，进行能带结构计算和分析。考虑两种柱状谐振体分别由铝合金(弹性模量 $E_{alu}=70$ GPa、泊松比 $\nu_{alu}=0.33$、密度 $\rho_{alu}=2\ 700$ kg/m^3)和铁(弹性模量 $E_{iro}=200$ GPa、泊松比 $\nu_{iro}=0.29$、密度 $\rho_{iro}=7\ 870$ kg/m^3)构成。如图 4-23(a)(b)中插图所示，灰色和黑色区域分别代表铝合金和铁材料。基板和柱子的厚度均为 $d=1$ mm，元胞长度 $\tilde{D}=2$ mm。通过本征频率分析，得到在不同柱高 h 下的最低阶频带(相应于板中的弯曲波)，结果如图 4-23(a)(b)所示。

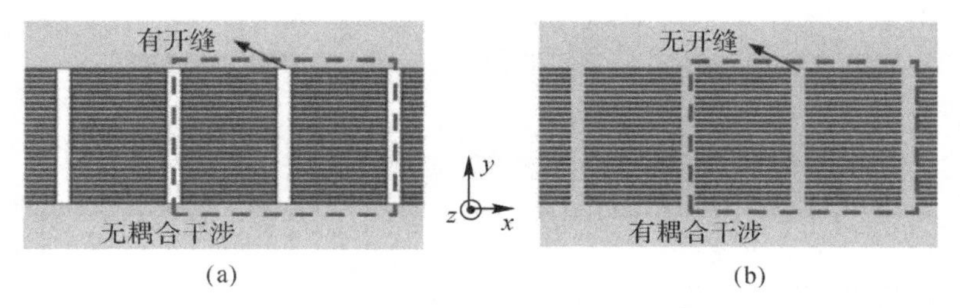

图 4-21 三维单胞模型和二维单胞模型(即三维单胞模型的 xOy 平面截面图)

(a)三维单胞；(b)三维单胞

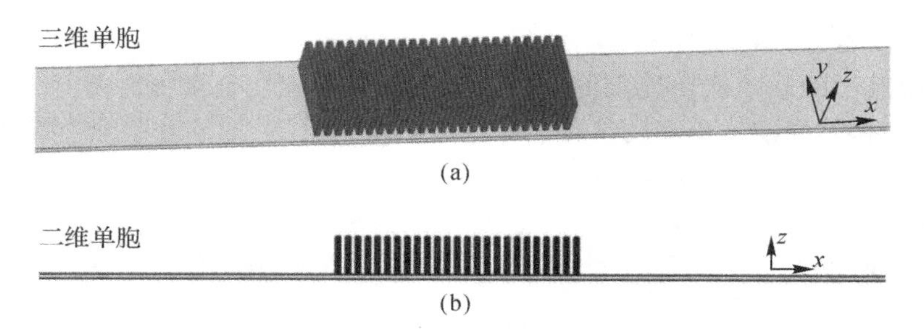

图 4-22 无耦合干涉和有耦合干涉的相邻单胞的前视图(xOz 平面的截面图)

(a)无耦合干涉；(b)有耦合干涉

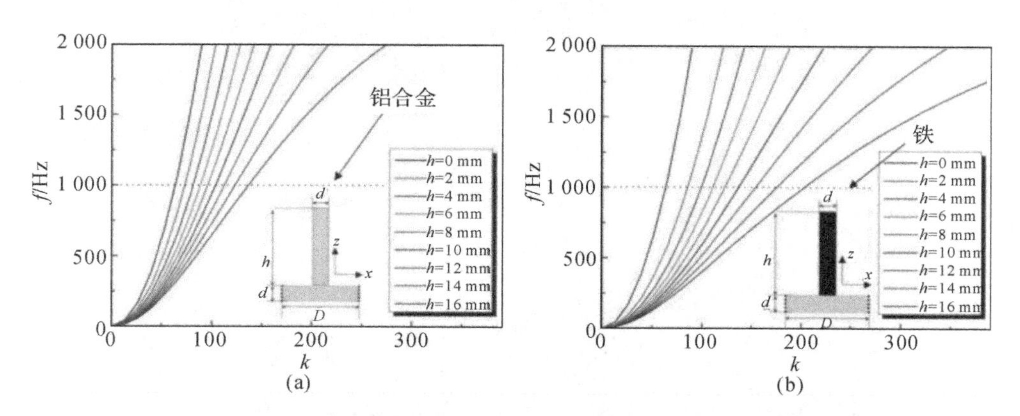

图 4-23 铝合金柱状谐振体和铁柱状谐振体在不同柱高时最低阶的频散带

(a)铝合金柱状谐振体；(b)铁柱状谐振体

从图 4－23(a)(b)中可以看到，频率相同时，彩色线的波数(相应于含柱状谐振体的基板结构)比黑色线的波数(相应于无柱状谐振体的基板结构)大。同时，板中的波数随着柱高的变大而变大。因此，在基板中引入周期柱状谐振体会降低弯曲波的波速。弯曲波的波速随柱状谐振体高度增加而减小。图 4－23(a)(b)除了有上面相同的特征之外，不同点是频率相同时，含周期铁柱状谐振体的基板中的弯曲波波数比含周期铝合金柱状谐振体的基板中的大。实际上，柱状谐振体的材料密度越大，含周期谐振体的基板中弯曲波的波数越大。这表明材料密度越大的周期谐振体越容易减慢板中的弯曲波来引起相位跳变。因此，在本节后续的研究中采用了铁柱状谐振体。

本节设计的单胞中，柱状谐振体的数目设为 25，使该多重谐振体结构近似为图 4－23(a)(b)中描述的无限周期柱状谐振体结构，如图 4－22(b)所示。根据式(4.30)，弯曲波在入射场和透射场中系数矩阵间的传递方程为

$$\boldsymbol{k}_{\text{out}}=\boldsymbol{N}_5(\boldsymbol{N}_1^{-1}\boldsymbol{N}_6\boldsymbol{N}_5)^{24}\boldsymbol{k}_{\text{in}} \tag{4.38}$$

根据式(4.38)，可以解析求得透射波的透射系数和相位跳变，详细的计算过程可见 4.1.3 小节，结果如图 4－24 中实线所示。对于不同的柱子高度，平均透射率超过 0.8，同时相位跳变在 0～2π 范围内变化。为了对比，通过有限元软件得到相应的仿真结果，如图 4－24 中的小圆圈和三角形所示。仿真结果和解析结果高度吻合。单胞的总厚度为 $L=49$ mm，仅仅为入射波波长 $\lambda=98.9$ mm 的一半，即该 25 个柱状谐振体构成的单胞具有亚波长特性。这表明铁质柱状谐振体大大压缩了单胞的厚度，使结构更紧凑。

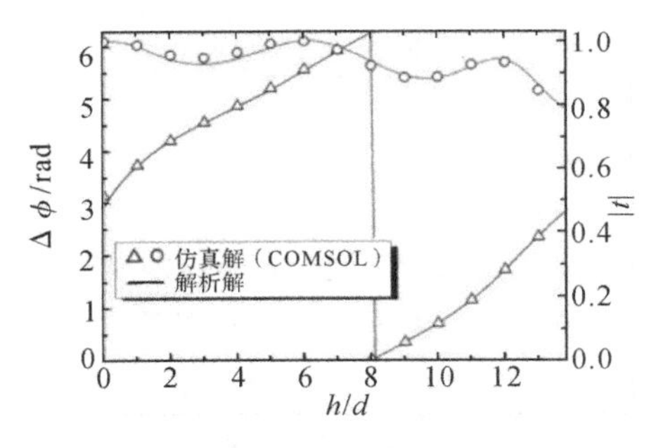

图 4－24 通过改变铁柱子高度来改变透射波相位跳变和透射系数的解析解和仿真解

上述设计的单胞是二维模型，如图 4－22(b)所示。相应的三维模型示于图 4－25 中。周期边界条件应用于该三维单胞模型的两条长边。为了直观地展示三维模型，周期排列后的三维单胞的完整形式如图 4－26 所示。4.1 节中，采用了在单胞间基板上(标记在图 4－25 的虚线框)开缝来避免其耦合干涉。在本节中，不采用开缝的方式，而是在相邻单胞间保留基板，从而使相邻单胞之间存在耦合干涉。

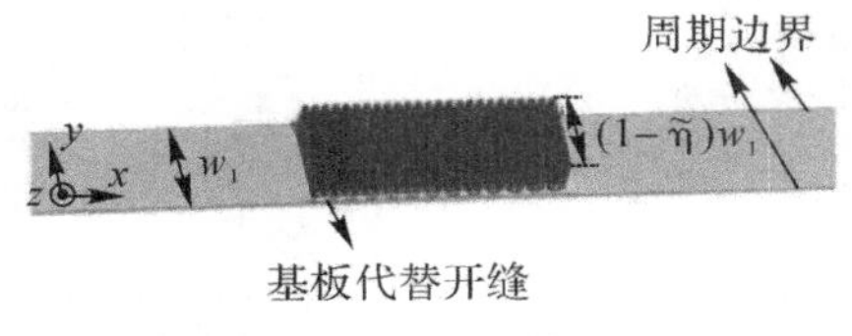

图 4－25 三维单胞模型

图 4-26 周期阵列后的三维单胞的完整形式

这里，为了量化缝隙的大小，定义缝隙的填充率为

$$\tilde{\eta}=\frac{\tilde{l}_0}{w_1} \tag{4.39}$$

式中：$\tilde{l}_0$ 和 w_1 分别为间隙的宽度和单胞宽度。单胞宽度和填充率 $\tilde{\eta}$ 决定了间隙的大小，间隙的大小直接影响耦合干涉，因此耦合干涉与单胞宽度 w_1 和填充率 $\tilde{\eta}$ 有密切关系。另外，在固定的设计频率下，三维单胞的相位跳变 ϕ_1 和透射系数 $|t_1|$，是单胞宽度 w_1、填充率 $\tilde{\eta}$ 和柱高 h 这三个变量的函数，即 $\phi_1=G_{\phi_1}(w_1,\tilde{\eta},h)$ 和 $|t_1|=G_{|t_1|}(w_1,\tilde{\eta},h)$，而对于二维单胞，相位跳变和透射系数可由柱高 h 单个变量分别表示为 $\phi_0=G_{\phi_0}(h)$ 和 $|t_0|=G_{|t_0|}(h)$。三维单胞和相应的二维单胞的一致性，可以通过带不同高度柱子的单胞中透射波的相位跳变和透射系数间的差异来反映。因此，为了量化评估耦合干涉对三维单胞和二维单胞一致性的影响（与单胞宽度和填充率有关），定义影响系数为

$$\left.\begin{aligned}\Lambda_{\phi}(w_1,\tilde{\eta})&=\frac{1}{n}\cdot\sum_{h=d}^{n\cdot d}\left[G_{\phi_1}(w_1,\tilde{\eta},h)-G_{\phi_0}(h)\right]\\ \Lambda_{|t|}(w_1,\tilde{\eta})&=\frac{1}{n}\cdot\sum_{h=d}^{n\cdot d}\left[G_{|t_1|}(w_1,\tilde{\eta},h)-G_{|t_0|}(h)\right]\end{aligned}\right\} \tag{4.40}$$

式中：n 为图 4-24 中柱子最大高度和板厚的比值，对本节的算例，$n=13$。

图 4-27(a)(b)分别数值地展示参数 w_1 和 $\tilde{\eta}$ 对影响系数 Λ_{ϕ} 和 $\Lambda_{|t|}$ 的影响。可以看到当 w_1 和 $\tilde{\eta}$ 的值（决定间隙大小）较小时，这两个影响系数（决定耦合干涉的影响度）也较小。根据图 4-27(a)(b)，设 w_1 和 $\tilde{\eta}$ 分别为 0.2λ 和 1/7（图中用红星标出），可以保证三维单胞和相应二维单胞的一致性。

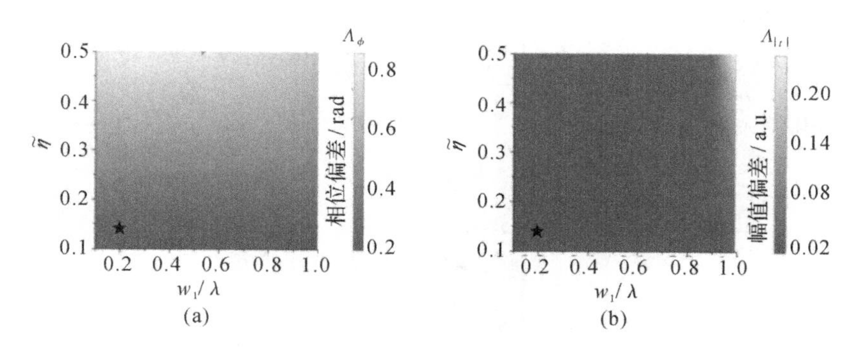

图 4-27 随参数 w_1 和 $\tilde{\eta}$ 变化的影响系数 Λ_{ϕ} 和 $\Lambda_{|t|}$

当 w_1 和 $\tilde{\eta}$ 的值设定后，为了直观地展示三维和相应二维单胞的一致性，根据图 4-24，选择 12 个特定的二维单胞使透射波的相位跳变呈等步长变化，并且总相位跳变范围达到 2π，进而得到相应三维单胞透射场的面外位移分布图。如图 4-28 所示，黑框代表不同柱高的单胞。从图中可以看到，12 个阶梯相位跳变的单胞仍可以近似覆盖完整的 2π 范围，且相应的透射场是均一的高透射。每个三维单胞的相位跳变值标注于图 4-28 右侧。与图 4-24 相比，平均相位跳变的误差很小(约为 0.1 rad)，这表明在此参数条件下，耦合干涉几乎不影响三维单胞和其相应二维单胞的一致性。

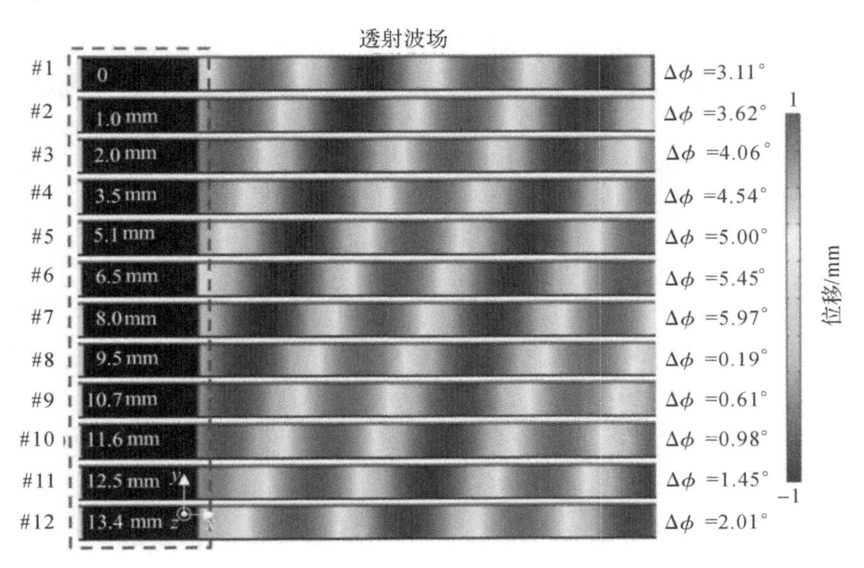

图 4-28　12 个不同柱高的特定 3D 单胞(柱高标注于左侧黑框中)的透射场中的面外(z 分量)位移分布(其相位跳变值被标记在右侧)

4.2.2　相邻单胞耦合干涉对超构表面弹性波调控的影响

如图 4-29(a)所示，两个相同的超胞组合为弹性波超构表面。这个超胞是由图 4-28 中 12 个三维单胞依次排列构成的，如图 4-30(a)所示。为了对比，在这两个相邻的超胞间开了一个缝，构成参考超构表面，如图 4-29(b)所示。这两个超构表面的唯一区别是在两相邻的超胞处，一个没有耦合干涉(有一个开缝)，另一个有耦合干涉(没有开缝)，相应的模型如图 4-29(a)(b)右上角的插图所示。通过仿真方法，得到这两个超构表面偏折弯曲波的波场，分别如图 4-29(a)(b)所示。从图 4-29(a)中看到，靠近两相邻超胞连接处的透射场被破坏，上部分的透射场几乎没有被偏折，而从图 4-29(b)中看到，入射波被超构表面较完美地偏折，透射场没有任何变形和扭曲。通过比较这两个波场的仿真结果，可知透射场的破坏主要是由于两单胞间的耦合干涉导致。

如图 4-22(a)所示，单胞是由柱子和其下方的基板构成的，为方便描述，将它们分别命名为单胞柱子和单胞板。为了揭示单胞间耦合的物理机制，从图 4-28 的 12 个三维单胞

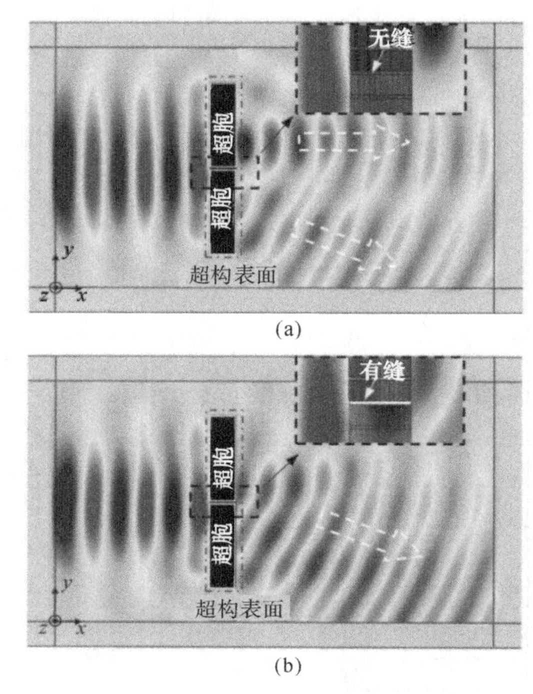

(a)

(b)

图 4-29　两个超胞构成的无开缝和有开缝超构表面

(a)无开缝;(b)有开缝

(黑色的方框)中分别提取出单胞板中间平面的面外 z 向波场(the Out-of-plane Wave fields on the Mid-planes of Subunit plates, OWMS),如图 4-30(a)所示。可以观察到,从1号到12号单胞之间相邻单胞提取的OWMS的差异很小。由两个相同的超胞组成超构表面后,如图 4-30(a)中的黑色虚线框所示,下面超胞中的1号单胞和上面超胞中的12号单胞。可以看到这两个单胞间的OWMS差异很大,尤其是波场强度和波长。例如,1号单胞中的波场强度是12号单胞的2.5倍,这是由不同高度柱子的纵向振动能量差异所导致,另外,图 4-30(a)展示12号单胞中的波场有1个半波长,而1号单胞中的波场只有半个波长,这表明该相邻两单胞板中有1/3的质点位移方向相反。这两个单胞中差异性大的OWMS,将会通过连接处板的振动产生耦合干涉,叠加形成一个新的混合波场。换句话说,当两相邻单胞间的OWMS差异性大时,其相邻处将会产生耦合干涉,破坏所设计的波场。

进一步,分别提取图 4-29(a)(b)中超胞(黑方框)的OWMS,如图 4-30(c)(b)所示,由于入射波是高斯波束,波的强度会从中间向外梯度减小。在图 4-30(b)中,所有两个相邻的单胞间存在耦合干涉,除了两相邻超胞间(即上面超胞中的12号单胞和下面超胞中1号单胞)。与图 4-30(a)中的OWMS相比,图 4-30(b)中的OWMS几乎是相同的。这证实了在超胞内部,耦合干涉对设计的单胞OWMS影响很小,同时能够使单胞在界面处形成连续波场。定义这种影响波场的耦合干涉为有利耦合,其由相邻单胞的OWMS之间的小差异性所引起。在图 4-30(c)中,耦合干涉存在于所有相邻的单胞之间,包括下面超胞中的1号单胞和上面超胞中的12号单胞之间。与图 4-30(a)中的OWMS相比,图 4-30(c)

中的OWMS已经有了很大的改变，特别是在下面超胞中的1号单胞和上面超胞中的12号单胞之间连接处(如黑虚框所示)。这证实了在两超胞的连接处，耦合干涉明显地改变了设计的单胞OWMS，从而破坏了调控波场。定义这种破坏波场的耦合干涉为不利耦合，其由相邻单胞OWMS之间的大差异性所引起。

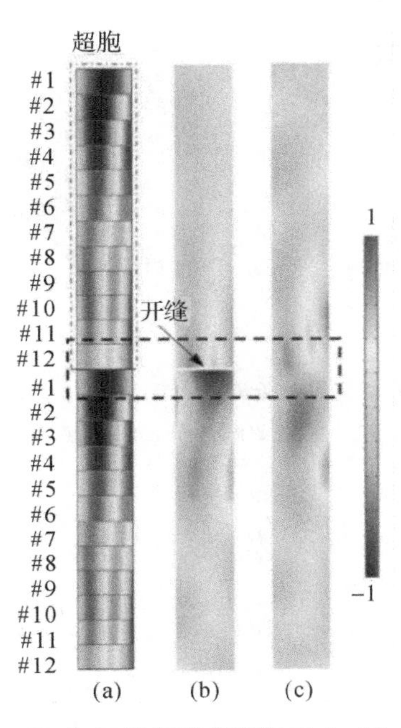

图4-30　图4-28中12种三维单胞和图4-29中超胞的OWMS

(a)12种三维单胞；(b)有开缝超构表面；(c)无开缝超构表面

为了进一步量化分析耦合干涉对所设计单胞的影响，从图4-0(a)中选择所有相邻的两个单胞，即第i个和第j个单胞，j的值为$j=i\pm1$。由这两个相邻单胞构建了两类不同的模型，一个有开缝，另一个无开缝，如图4-31(a)所示。对这两类模型，分别计算了远场透射波的相位跳变。对于第一类有开缝的模型，没有耦合干涉对OWMS的影响，获得的相位跳变是精确解。对于第二类没有缝的模型，由于有耦合干涉对OWMS的影响，获得的相位跳变会存在偏差。这两类模型相位跳变的差值如图4-31(b)所示。为了做全面的比较，也分析了两个相同的单胞($i=j$)构成的有开缝和无开缝模型，对应于图4-26中周期边界的三维单胞，两模型的相位跳变差值展示于图4-31(b)中。

可以清晰地观察到，1号单胞和12号单胞构成的两类模型的相位跳变的差值最大(2 rad)，其他单胞构成的模型的差值均小于0.4 rad。2 rad的大相位跳变差值表明透射波场已经被耦合干涉破坏，小于0.4 rad的相位跳变差值表明耦合干涉没有破坏透射波场，而是导致了调控波场的连续。从上面对图4-30(a)的分析可知，在所有相邻的单胞中，仅仅1号单胞和12号单胞的OWMS之间有大的差异，而其他相邻的单胞的差异较小。这表明具有大差异性OWMS的相邻单胞耦合干涉将会导致不利耦合，而具有小差异OWMS的相邻单胞的耦合干涉将会导致有利耦合。因此,我们可以利用有利耦合同时避免不利耦合去设计单胞。

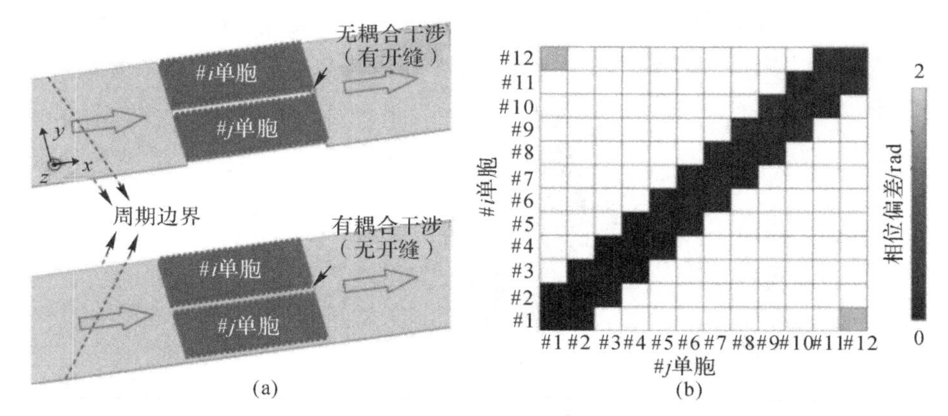

图 4-31　由两个不同高度的有开缝和无开缝单胞组成的模型及两个模型的透射相位偏差

(a)两单胞组成的模型;(b)透射相位的偏差

4.2.3　单胞耦合弹性波超构表面的调控弯曲波实验

基于上述单胞,可以设计无开缝的单胞耦合弹性波超构表面(EMSC)。对于偏折型超构表面,一个超胞内连续的相位跳变和相邻超胞间 2π 相位的突变将会使透射波前的相位呈近似线性梯度变化。因此,在相邻超胞的连接处,两单胞间的 OWMS 存在大的差异,而其他相邻两单胞的 OWMS 存在小的差异。这导致在相邻超胞连接处的两单胞间存在不利耦合,而其他相邻的两单胞间均存在有利耦合。因此,仅仅用一个无开缝的超胞去构成无开缝的偏折型超构表面,不存在两个相邻超胞的连接,从而可以利用有利耦合同时避免不利耦合。尽管该方式存在一个限制,入射的高斯波束宽度不应超过超胞宽度,但可以增加多个超胞去排列,并只需在两相邻超胞连接处引入一个开缝,就能简单地消除上面的限制,这仍能极大地减小设计中开缝对原基板强度和刚度的破坏。对于聚焦 EMSC,则没有这个限制,原因是所有相邻单胞间的相位跳变差值是连续的,没有类似 2π 这样大的相位突变。这使得所提出的设计概念在聚焦型超构表面方面有着重要意义。

1. 试件制造和实验设置

首先采用精度为 0.01 mm 的电火花线切割机,加工了厚度为 1 mm、宽度为 17 mm 的 11 种(每种 25 个)不同柱高的铁柱状谐振体,其柱高值分别如图 4-28 中黑框内所示。然后将制造的铁柱状谐振体连接到一个铝合金板(1 000 mm× 2 000 mm× 1 mm)的中部,构成偏折型 EMSC。另外,加工了厚度为 1 mm、宽度为 17 mm 的 12 种(每种 50 个)不同柱高的铁柱状谐振体,其柱高值分别如表 4-1 中第一行数据所示,以类似的方式构造出聚焦型 EMSC。

表 4-1　不同尺寸精度的聚焦型 EMSC 的柱高 h_i(i=1, 2, ⋯ , 12)

单位:mm

h_i	h_{12}	h_{11}	h_{10}	h_9	h_8	h_7	h_6	h_5	h_4	h_3	h_2	h_1
Pr=0.1	13.3	13.2	13.0	12.7	12.2	11.6	10.8	9.6	8.0	6.3	4.4	2.3
Pr=0.5	13.5	13.0	13.0	12.5	12.0	11.5	11.0	9.5	8.0	6.5	4.5	2.5
Pr=1.0	13.0	13.0	13.0	13.0	12.0	12.0	11.0	10.0	8.0	6.0	4.0	2.0

注:Pr 表示精度。

将 4 个 PZT-5H 压电片构成阵列,粘贴于基板的上表面作为发生器。激发频率选择 1 kHz,频率和板厚的乘积远小于 0.4 MHz·mm,产生高信噪比的弯曲波。设定相邻压电片的间距为压电片的宽度,可以激发出理想的弯曲波高斯波束。通过改变压电片阵列的方向,可以使激发出的弯曲波沿不同角度入射到超构表面。

用信号发生器产生五波峰瞬态信号,经功率放大器(HVPA05)放大后输入给压电片,并使中间两压电片的电压是两外侧压电片电压的 2 倍。粘贴的 4 个压电片可以近似激发出瞬态的弯曲波高斯波束。同样,在板的四周边界粘贴蓝丁胶以避免波在边界的反射。通过 PSV-400 多普勒激光测振仪扫描,得到入射场和透射场的全波场。关于弹性波调控实验测试平台和更多相关测试细节可见 4.1.5 小节。

2. 偏折型单胞耦合弹性波超构表面

图 4-20 所示为一个超胞构成无开缝的偏折型 EMSC。根据广义斯涅尔定律,入射波通过超构表面被偏折的理论折射角 θ_t 为

$$\theta_t=\arcsin\left(\sin\theta_i+\frac{\lambda}{2\pi}\cdot\frac{d\phi}{dy}\right) \tag{4.41}$$

式中:θ_i 为入射角;$d\phi/dy$ 为空间相位跳变梯度,$d\phi/dy=2\pi/(12w_1)=26.18$ rad/m。

首先,考虑垂直入射弯曲波,即 $\theta_i=0$。在超胞中,单胞的相位跳变设为沿 y 轴反方向递增。根据式(4.41),透射波的理论折射角为 24.3°。对于斜入射的弯曲波,当入射角满足关系式(4.35)时,将会发生负折射。在这个情况下,单胞的相位跳变设为沿 y 轴增加。作为一个典型的例子,入射角设置为 $\theta_i=15°$,相应的理论折射角为$-8.8°$。

数值仿真结果示于图 4-32 中,可以清晰地观察到,垂直入射波和斜入射波被设计的 EMSC 所偏折,且负折射出现在图 4-32(b)的透射场中。为了从数值仿真中精确地得到折射角,在远离 EMSC 中心 2 个波长远的透射场中,计算了透射波的极坐标系指向图,如图 4-33 所示。可以观察到折射角分别是 25.1°和$-9.6°$,它们与理论预测的折射角 24.3°和$-8.8°$具有很好的一致性。

为了直观地展示偏折效果,用 PSV-400 扫描激光多普勒测振仪的瞬态测试模式,获得了不同时刻的入射和透射区域的全波场,如图 4-34 所示。入射场和透射场的测试时刻被标记在波场的下方。例如,在图 4-34(a)中,在 603.36 ms 和 605 ms 时分别测试了入射场和透射场。从测试结果可以清楚地观察到设计的 EMSC 异常地偏折了垂直入射和斜入射的弯曲波。为了实验获得入射波的偏折角度,首先在离 EMSC 中心 2 个波长远的每个测试点中,提取整个测试过程中 5 波峰瞬态信号的最大峰值。然后,基于这些最大的峰值,得到透射波的极坐标系指向性图。如图 4-33 所示,实验测试得到的偏折角度分别为 31.2°和—

12.1°。仿真得到的相应偏折角度分别为25.1°和−9.6°。实验结果与理论计算结果、仿真结果一致。

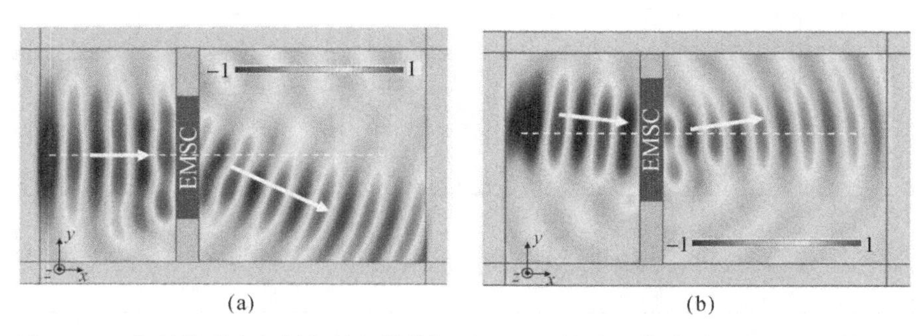

图4-32　入射波垂直入射和斜入射偏折型EMSC时,归一化全波场的数值仿真结果

(a)垂直入射;(b)斜入射

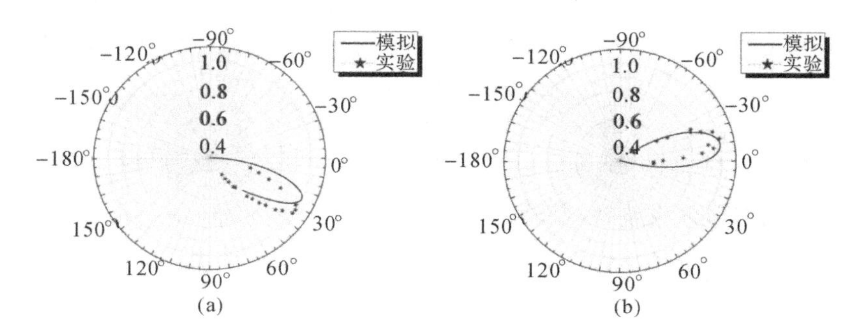

图4-33　在远离EMSC中心两个波长处透射波的仿真和实验的极坐标指向性图

(a)垂直入射;(b)斜入射

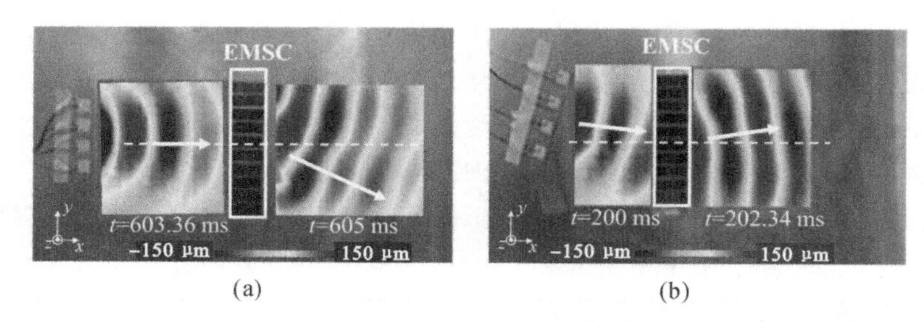

图4-34　实验获得的包括不同时刻入射场和透射场的归一化波场

(a)垂直入射;(b)射入射

3. 聚焦型单胞耦合弹性波超构表面

在图4-35中,右上角小图展示了设计的无开缝的聚焦型EMSC,它由匹配双曲线相位分布$\phi(y)=k(\sqrt{\hat{F}^2+y^2}-\hat{F})$的单胞构成。双曲线相位分布为

$$\phi(y)=k(\sqrt{\hat{F}^2+y^2}-\hat{F}) \tag{4.42}$$

式中:$\hat{F}$是设计的焦距。不失一般性,焦距选择为$\hat{F}=3\lambda$。这个连续的相位分布轮廓使得

在 EMSC 中柱子的高度连续变化。根据式(4.42)计算出每一个单胞的相位跳变，再结合图 4-24 设计每个单胞中柱子的高度，其柱子高度值(精度为 0.1 mm)见表 4-1。单胞中柱子高度的连续变化使单胞的 OWMS 也连续变化，相邻两单胞间的 OWMS 没有突变，因此所有相邻的单胞间只存在有利耦合。

焦距为 3λ 的仿真透射强度(位移幅值的二次方)场和位移场分别展示于图 4-35 和图 4-37(a)中。可以清楚地观察到入射波透过 EMSC 后被聚焦在透射场。设计的聚焦点理论位置是图 4-35 横向和纵向虚线的交点。实验测试的全波场位移图示于图 4-37(b)中，其位移通过入射位移场无量纲。透射波能量正比于位移幅值的二次方，它是透射场位移幅值的二次方和入射场位移幅值的二次方之比。为了更量化地比较，图 4-36(b)展示了实验和仿真的沿图 4-35 中纵向白色虚线的无量纲透射能量强度，可以观察到，能量强度的峰值被增强到 3 倍。图 4-36(a)所示为图 4-35 中横向白色虚线的无量纲能量强度，可以观察到，实验结果和仿真结果的峰值均近似地出现在目标焦距 $x \approx 3\lambda$ 处。尽管由于试件制造误差和测量噪声带来了小的偏差，对于聚焦型 EMSC，实验结果与理论计算及仿真的结果仍然吻合很好。

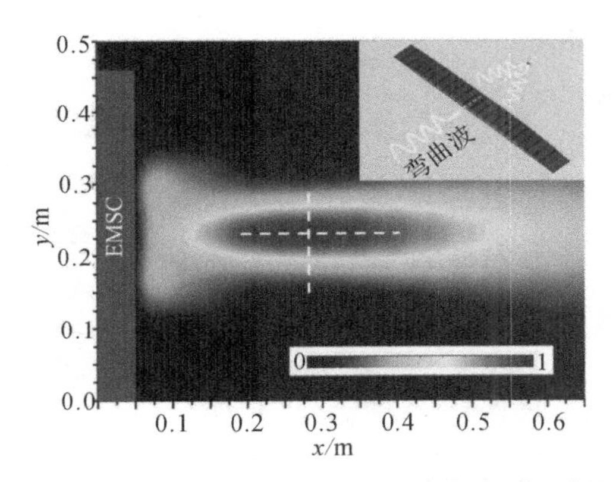

图 4-35　入射弯曲波透过聚焦型 EMSC 的透射场

(白色虚线的交点是焦点的预测位置，EMSC 模型展示于右上角的插图中)

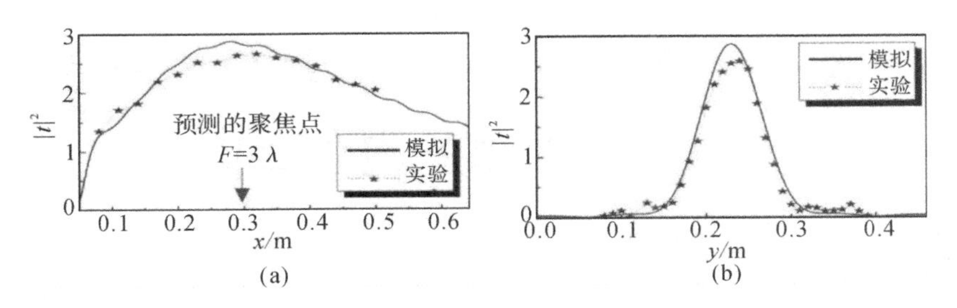

图 4-36　实验和仿真结果的归一化位移幅值

(它们沿图 4-35 中纵向虚线和横向虚线的强度分布)

图 4-35 中，聚焦型 EMSC 的单胞中几何尺寸具有 0.1 mm 的精度，如表 4-1 的第一行所示。为了用数值仿真方法来研究聚焦型 EMSC(f=1 kHz)的聚焦性能，下面利用柱高的设计误差来研究 EMSC 的灵敏度。表 4-1 中列出了第二、三行数据，两类较低精度(Pr

为 0.5 mm 和 1.0 mm)的柱子高度值,分别采用这些不同精度的柱子,来设计聚焦型EMSC,并对其透射场进行仿真。图 4-38 展示了焦点处沿两个正交方向(图 4-35 中的白色虚线)的归一化位移幅值。设计的低精度(Pr 为 0.5 mm 和 1.0 mm)的聚焦型 EMSC 与高精度(Pr=0.1 mm)的 EMSC 的聚焦效果相当,这表明聚焦型 EMSC 具有良好的鲁棒性。需要指出的是,在超构表面总宽度不变的情况下,焦距可以在半波长以上范围内任意设计,其设计焦距越小,仿真结果与理论结果的焦距误差越小,反之亦然[116-117]。

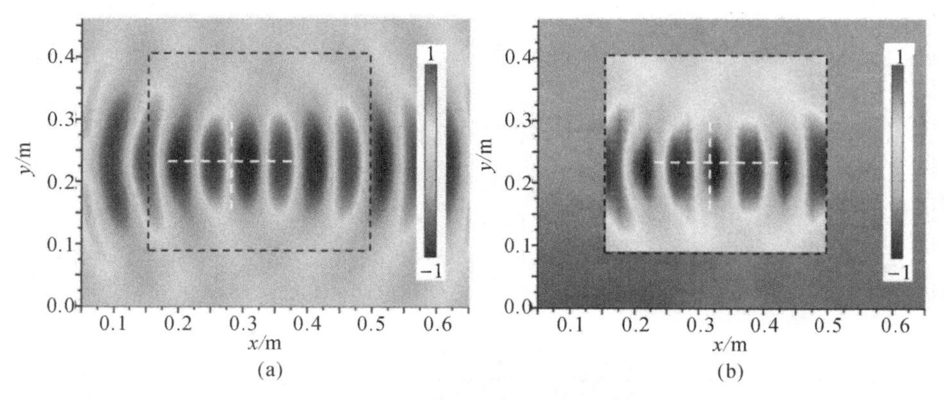

图 4-37 仿真和实验的透射位移场

(a)仿真;(b)实验

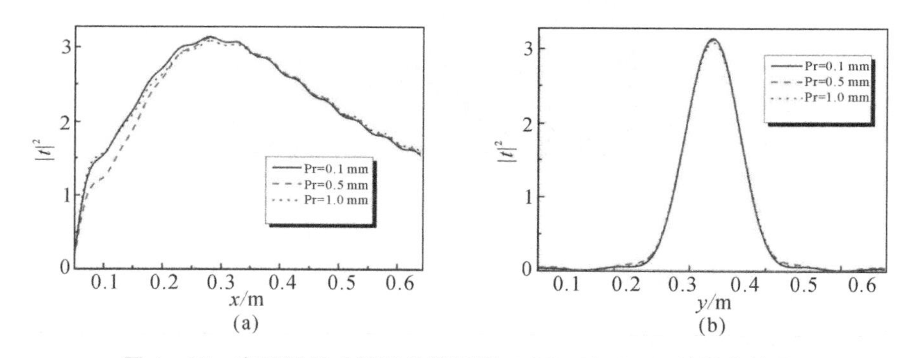

图 4-38 在不同尺寸精度的情况下,1 kHz 时 EMSC 的聚焦结果

4.3 无序单胞超构表面

自从超材料出现以来,对其单胞结构位置的无序效应的研究就已经成为一个重要的研究方向[119-120]。对无序效应的研究可以分为两大类:第一类是关注无序与有序结构之间的性能差异,如通过无序效应使超材料的带隙变宽[121],诱导光子超材料的拓扑态转变[122]等;第二类是关注无序和有序结构之间的性能一致性,通过无序效应使弹性波超材料的带隙特性独立于材料的空间分布[123],从而与有序超材料的带隙特性一致,具有强的鲁棒性。因此,深入研究无序效应,不仅能丰富其物理属性[124-126],还能提高超材料的性能[119,127]。尽管无序效应的研究在光学超材料中已经取得了广泛的关注和重要进展,然而在弹性波超构表面领域中尚未见相关报道。

本节设计了一种由相同柱状谐振体无序排列构成的无序单胞，将其组合为无序单胞超构表面(Disordered Unit Elastic Metasurface, DEM)。采用解析分析和数值仿真，求解了 DEM 中柱状谐振体关于谐振柱排列间距的解耦区域，揭示了一种产生第二类无序效应的新物理机制。研究发现，第二类无序效应能释放单胞中柱状谐振体的位置自由度，显著提高单胞对弯曲波调控性能的鲁棒性。基于理论设计和实验测试，展示了 DEM 对弯曲波的异常偏折和聚焦功能。

4.3.1　无序单胞的二维解析模型

图 4 - 39 展示了 DEM 模型的示意图，该几何结构由操控弯曲波的无序单胞周期排列构成。这里，无序是指单胞中柱状谐振体的排列间距无序。无序单胞的三维结构和二维结构分别如图 4 - 40(a)(b)所示，包含柱状谐振体和其底部基板两部分。所有柱状谐振体的几何参数均相同，其厚度 d_2 和高度 h 分别为 3 mm 和 30 mm。基板的厚度 d_1 为 3 mm。

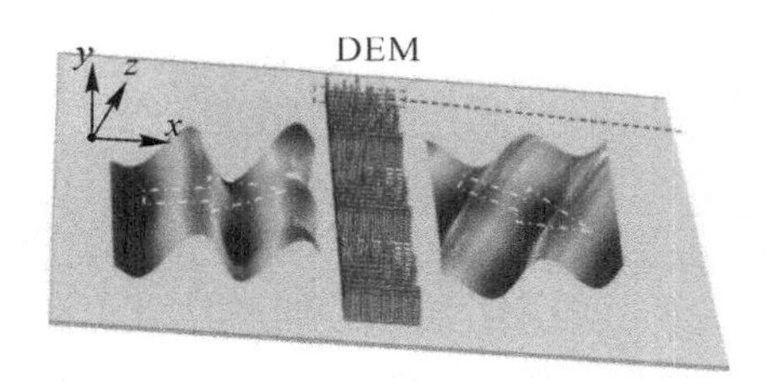

图 4 - 39　DEM 模型示意图

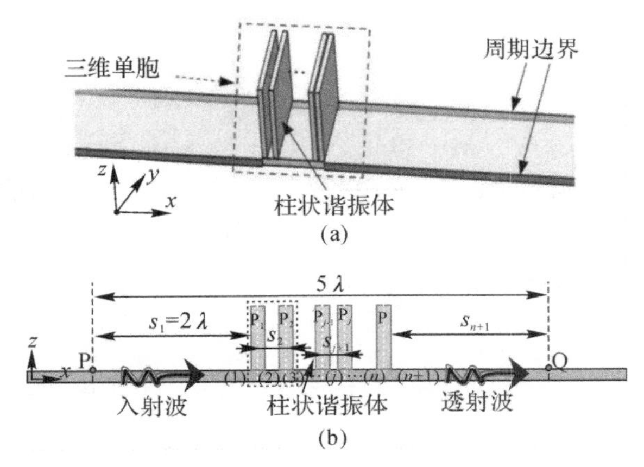

图 4 - 40　无序单胞的三维模型和二维模型

(a)三维模型；(b)二维模型

首先研究无序单胞的二维结构，如图 4 - 40(b)所示。柱状谐振体以无序排列的方式连接到基板上，第 $j-1$ 个谐振体和第 j 个谐振体的排列间距 s_j 是任意的。由 4.1.2 节可知，入射弯曲波会在柱状谐振体中发生模式转换，因此在柱状谐振体和基板中均存在弯曲波和纵波的耦合。如图 4 - 40(b)中黄色虚线所示，将单胞中带 n 个柱状谐振体的基板分割为 n

+1 个离散区域，分别标记为第 1，2，…，j，…，n 和 n+1 个基板区域。在第 j 个基板区域中，将 $A^{(j)}$、$B^{(j)}$、$C^{(j)}$、$D^{(j)}$ 弯曲波的复系数以及 $P^{(j)}$、$Q^{(j)}$ 纵波的复系数整合为系数向量：

$$\boldsymbol{k}^{(j)}=[A^{(j)}\quad B^{(j)}\quad C^{(j)}\quad D^{(j)}\quad P^{(j)}\quad Q^{(j)}]^{\mathrm{T}} \tag{4.43}$$

在第 $j-1$ 个基板区域的右界面、第 j 个基板区域的左界面和第 j 个谐振体的下界面之间，由 4.1.3 小节中的边界条件方程，均有

$$\boldsymbol{k}_{\mathrm{L}}^{(j)}=\boldsymbol{N}_5\boldsymbol{k}_{\mathrm{R}}^{(j-1)} \tag{4.44}$$

式中：$\boldsymbol{k}_{\mathrm{R}}^{(j-1)}$ 为第 $j-1$ 个基板区域右界面处系数向量；$\boldsymbol{k}_{\mathrm{L}}^{(j)}$ 为第 j 个基板区域左界面处系数向量；$\boldsymbol{N}_5$ 为波从第 $j-1$ 个基板区域右界面传到第 j 个基板区域左界面的传递矩阵，包含第 j 个谐振体的贡献，详细的推导过程可见 4.1.3 小节。

第 j 个基板区域右界面的系数向量$\boldsymbol{k}_{\mathrm{R}}^{(j)}$ 与左界面的系数向量$\boldsymbol{k}_{\mathrm{L}}^{(j)}$ 之间的关系可以表示为

$$\boldsymbol{k}_{\mathrm{R}}^{(j)}=\hat{\boldsymbol{N}}_2\big|_{s=s_j}\boldsymbol{k}_{\mathrm{L}}^{(j)}=\hat{\boldsymbol{N}}_2^{(j)}\boldsymbol{k}_{\mathrm{L}}^{(j)} \tag{4.45}$$

式中：$\hat{\boldsymbol{N}}_2$ 为 第 j 个基板区域左、右两界面间波的传递矩阵：

$$\hat{\boldsymbol{N}}_2=\begin{bmatrix} \mathrm{e}^{-\mathrm{i}k_{\mathrm{b1}}\cdot s} & 0 & 0 & 0 & 0 & 0 \\ 0 & \mathrm{e}^{\mathrm{i}k_{\mathrm{b1}}\cdot s} & 0 & 0 & 0 & 0 \\ 0 & 0 & \mathrm{e}^{-k_{\mathrm{b1}}\cdot s} & 0 & 0 & 0 \\ 0 & 0 & 0 & \mathrm{e}^{k_{\mathrm{b1}}\cdot s} & 0 & 0 \\ 0 & 0 & 0 & 0 & \mathrm{e}^{-\mathrm{i}k_{\mathrm{l1}}\cdot s} & 0 \\ 0 & 0 & 0 & 0 & 0 & \mathrm{e}^{\mathrm{i}k_{\mathrm{l1}}\cdot s} \end{bmatrix} \tag{4.46}$$

假设激发点为基板上的 P 点，如图 4-40(b)所示。对于长度为 $s_1=2\lambda$ 的第 1 个基板区域，其右界面的向量$\boldsymbol{k}_{\mathrm{R}}^{(1)}$ 和其左界面的向量$\boldsymbol{k}_{\mathrm{in}}$ 之间的关系可以表示为

$$\boldsymbol{k}_{\mathrm{R}}^{(1)}=\hat{\boldsymbol{N}}_2\big|_{s=2\lambda}\cdot\boldsymbol{k}_{\mathrm{in}}=\hat{\boldsymbol{N}}_2^{(1)}\cdot\boldsymbol{k}_{\mathrm{in}} \tag{4.47}$$

在基板上的 Q 点处提取透射波的相位和幅值，如图 4-40(b)所示。对于长度为 s_{n+1} 的第 $n+1$ 个基板区域，其左界面的向量$\boldsymbol{k}_{\mathrm{L}}^{(n+1)}$ 和其右界面的向量$\boldsymbol{k}_{\mathrm{out}}$ 之间的关系可以表示为

$$\boldsymbol{k}_{\mathrm{out}}=\hat{\boldsymbol{N}}_2\big|s=s_{n+1}^{*}\cdot\boldsymbol{k}_{\mathrm{L}}^{(n+1)}=\hat{\boldsymbol{N}}_2^{(n+1)}\cdot\boldsymbol{k}_{\mathrm{L}}^{(n+1)} \tag{4.48}$$

式中，s_{n+1}^{*} 为第 $n+1$ 个基板区域的修正长度，以补偿在平衡条件中所忽略的 n 个柱状谐振体的厚度，即

$$s_{n+1}^{*}=s_{n+1}-0.08nd_2\approx 3\lambda-\sum_{j=1}^{n-1}(s_j+0.08d_2) \tag{4.49}$$

根据式(4.44)～式(4.48)，波从第 1 个基板区域左界面开始传播，透过 n 个无序排列的谐振体，最后传播到第 $n+1$ 个基板区域右界面，可得其传递方程为

$$\boldsymbol{k}_{\mathrm{out}}=\hat{\boldsymbol{N}}_2^{(n+1)}\boldsymbol{N}_5\hat{\boldsymbol{N}}_2^{(n)}\boldsymbol{N}_5\cdots\hat{\boldsymbol{N}}_2^{(3)}\boldsymbol{N}_5\hat{\boldsymbol{N}}_2^{(2)}\boldsymbol{N}_5\hat{\boldsymbol{N}}_2^{(1)}\boldsymbol{k}_{\mathrm{in}} \tag{4.50}$$

式中：$\hat{\boldsymbol{N}}_2^{(1)}$ 为间距为 s_1 的第 1 个基板区域中弯曲波和纵波的传递矩阵；$\hat{\boldsymbol{N}}_2^{(2)}$ 为间距为 s_2 的第 2 个基板区域中弯曲波和纵波传播的传递矩阵；$\hat{\boldsymbol{N}}_2^{(n)}$ 为间距为 s_n 的第 n 个基板区域中弯曲波和纵波传播的传递矩阵；$\hat{\boldsymbol{N}}_2^{(n+1)}$ 为间距为 s_{n+1} 的第 $n+1$ 个基板区域中弯曲波和纵波的传递矩阵。

在图 4-40(b)中，对于入射区域 P 点和透射区域 Q 点，其系数向量可以分别表示为

$$\boldsymbol{k}_{\text{in}}=\begin{bmatrix}1 & r_{\text{b}} & 0 & r_{\text{b}}^{*} & 0 & r_{\text{l}}\end{bmatrix}^{\text{T}} \tag{4.51}$$

$$\boldsymbol{k}_{\text{out}}=\begin{bmatrix}t_{\text{b}} & 0 & t_{\text{b}}^{*} & 0 & t_{\text{l}} & 0\end{bmatrix}^{\text{T}} \tag{4.52}$$

式中：r_{b}、t_{b}、r_{b}^{*}、t_{b}^{*}、r_{l} 和 t_{l} 分别是反射弯曲波传播模式、透射弯曲波传播模式、反射弯曲波倏逝模式、透射弯曲波倏逝模式、反射纵波和透射纵波与入射弯曲波的幅值比。根据式(4.50)，可以求解弯曲波透过这 n 个柱状谐振体后，透射波的幅值比（透射系数）t_{b}。根据 4.1.3 小节所述，由该复透射系数 t_{b} 可以得到相应的相位跳变。

对于谐振体数目不同的单胞，随机调整其中第 j 个谐振体和第 $j+1$ 个谐振体之间的间距 s_j，并保证使包含 n 个谐振体的单胞总长度满足

$$n\cdot d_2<\sum_{j=1}^{n-1}s_j<\lambda \tag{4.53}$$

因此，n 个谐振体构成的单胞的总厚度不超过一个波长 λ，即为亚波长的厚度。为了计算透射波的相位跳变和透射系数的解析解，柱状谐振体和基板均选用铝合金材料，弹性模量为 $E_{\text{alu}}=70$ GPa，泊松比为 $\nu_{\text{alu}}=0.33$，密度为 $\rho_{\text{alu}}=2\ 700\ \text{kg/m}^3$。激励频率选择 1 kHz，厚度为 3 mm 的基板中弯曲波波长为柱厚 $d_2=3$ mm 的 57.1 倍。

随无序单胞中柱状谐振体个数 n 的变化，得到透射波的相位跳变和透射系数的解析解，如图 4-41 中蓝色圆圈线所示。对于不同的谐振体个数 n，构建了每组 50 种随机排列的无序单胞模型，分别计算每个模型的透射波的透射系数和相位跳变，得到的结果均展示于图 4-41 中。

从图 4-41 中可以发现以下几个有趣的现象：

(1)单胞中谐振体随机排列，几乎不影响透射波的相位跳变和透射系数。透射波的相位跳变和透射系数只与单胞中的谐振体个数有关，而与谐振体排列位置无关。这表明所设计的超构表面性能具有高的鲁棒性。

(2)通过改变单胞中谐振体的个数，可以使透射波的相位跳变跨越 0～2π 全相位范围，并使其平均透射系数大于 0.9。这两个条件能确保设计的超构表面高效地调控透射场而不会发生扭曲和变形[19,53]。

(3)透射波的相位跳变，随单胞中谐振体个数的增加而近似线性增加，这种线性关系使得可以通过简单的正比关系，来预测弯曲波透过含不同谐振体个数的单胞时的相位跳变。

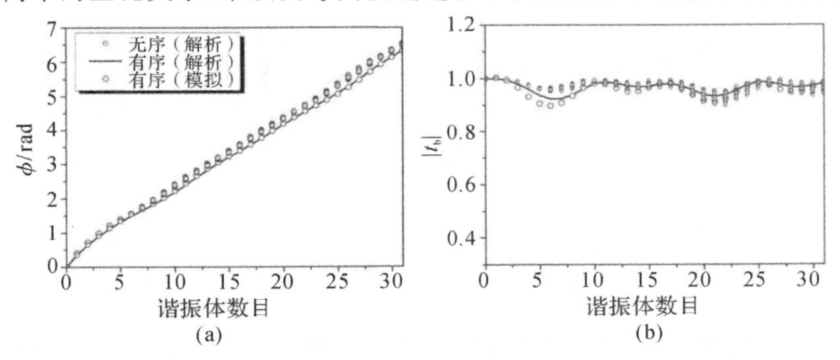

图 4-41　用解析和模拟方法求解无序和有序单胞中透射波的相位跳变和透射系数

（对于不同的单胞中谐振体数目，每组均随机构建 50 个不同柱子排列构成的无序单胞）

(a)相位跳变；(b)透射系数

4.3.2 有序单胞的二维模型

为了直观地展示单胞内柱子无序排列的影响，本小节研究有序排列柱状谐振体的单胞，来与无序单胞进行对比。将基板分割为长度相同的 $n-1$ 个区域，不失一般性，将所有谐振柱排列间距均设为 $s_j=5$ mm。波从第 j 个基板区域的左界面传播到右界面，其传输矩阵为 $\boldsymbol{N}_2^*=\hat{\boldsymbol{N}}_2|_{s=0.005}$。因此，波从有序单胞中第 1 个基板区域的左界面传到第 $n+1$ 个基板区域的右界面，传输方程式(4.50)可以改写为

$$\boldsymbol{k}_{\text{out}}=\hat{\boldsymbol{N}}_2^{(n+1)}\boldsymbol{N}_5(\boldsymbol{N}_2^*\boldsymbol{N}_5)^{n-1}\hat{\boldsymbol{N}}_2^{(1)}\boldsymbol{k}_{\text{in}} \tag{4.54}$$

根据传递方程(4.54)，可以得到透过不同有序单胞，透射波的透射系数 $|t_{\mathrm{b}}|$ 和相位跳变 ϕ 的解析解，结果如图 4-41 所示。进一步采用有限元方法，得到相应的仿真结果，如图 4-41 圆圈线所示。从图 4-41 可以看出，解析结果和仿真结果吻合良好。该结果表明单胞的柱状谐振体采用无序排列方式，不影响透射波的相位跳变和透射系数。

4.3.3 无序单胞二维模型扩展到三维模型

在 4.3.1 和 4.3.2 小节中，设计的单胞均是二维模型。为了研究其对弯曲波的调控性能，需要将二维单胞扩展为相应的三维模型。通过对图 4-40(b)中的二维模型在 y 轴方向进行拉伸，可得图 4-42(a)的三维模型，其中 w_1 为拉伸宽度。由于超构表面是由三维单胞在基板上周期排列形成的，因此，如图 4-42(a)所示，通过在三维条状单胞模型的两个长边施加周期边界，等效为 y 方向无限大的板结构来研究其中透射波的特性。同时采用在三维单胞中开缝的方法，来分离超构表面中相邻的单胞，如图 4-42(b)所示。在 4.2 节中已经系统地分析过，开缝是为了避免相邻不同单胞之间的不利耦合，以便独立设计单胞。本节的研究重点是分析单胞的无序效应。为了简化，下面的单胞设计均采用带开缝的设计方法，来忽略相邻单胞间的耦合影响。

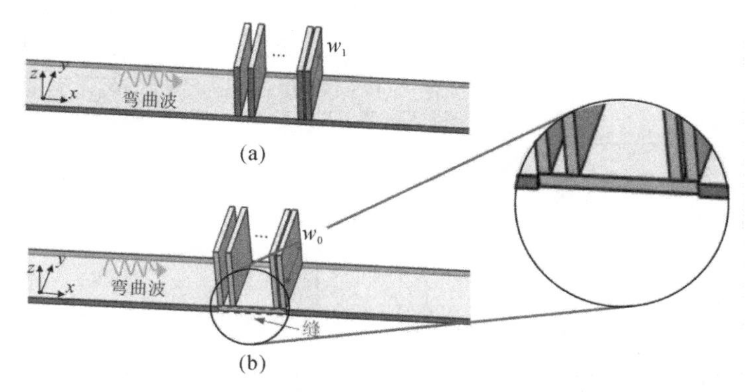

图 4-42　无缝的无序单胞和有缝的无序单胞的三维模型图

(a)无缝的无序单胞；(b)有缝的无序单胞

当开缝的宽度和柱状谐振体的宽度分别为1 mm和20.4 mm时，缝的宽度相对于单胞的拉伸宽度$w_1=21.4$ mm非常小，它导致非常弱的弯曲波散射，几乎不影响透射波的透射系数和相位跳变。此结论已经在4.2节中得到证明。因此，可以将带缝无序单胞的三维模型等效为其相应的二维模型来研究，它们调控的透射波几乎具有相同的透射系数和相位跳变。

4.3.4　无序单胞解耦的机理

为了解释在4.3.1小节中观察到的物理现象，下面研究由两个柱状谐振体构成的单胞模型，如图4-40(b)中虚线框所示。分析不同的激励频率f和典型的结构参数(变化柱子高度h和谐振柱排列间距s_1，其余参数均与4.3.1小节中相同)对图4-40(b)中Q点的透射波相位ϕ_1和透射系数$|t_1|$的影响。透射波的相位ϕ_1和透射系数$|t_1|$可以表示为

$$\left.\begin{aligned}\phi_1&=G_{\phi 1}(f,h,s_1)\\|t_1|&=G_{|t_1|}(f,h,s_1)\end{aligned}\right\}\tag{4.55}$$

从4.3.1小节中对无序单胞的分析可知，在一定条件下，透射波相位和透射系数与谐振柱的排列间距无关。为了明确这一特定条件，分别用相位耦合系数和幅值耦合系数来表征透射波的相位和透射系数关于谐振柱排列间距的耦合强度：

$$\Lambda_{\phi_1,s_1}(f,h,s_1)=\frac{\partial G_{\varphi_1}(f,h,s_1)}{\partial s_1}\tag{4.56}$$

$$\Lambda_{|t_1|,s_1}(f,h,s_1)=\frac{\partial G_{|t_1|}(f,h,s_1)}{\partial s_1}\tag{4.57}$$

根据式(4.50)、式(4.56)和式(4.57)，可以求解随激励频率f和柱高h变化的耦合强度Λ_{ϕ_1,s_1}和$\Lambda_{|t_1|,s_1}$，并对$0.003\lambda\sim\lambda$范围内所有不同谐振柱排列间距的耦合强度进行积分，然后通过最大值进行归一化，得到归一化耦合系数$\overline{\Lambda}_{\phi_1,s_1}$和$\overline{\Lambda}_{|t_1|,s_1}$，结果如图4-43所示。从图中可以看出，在图下方，存在$\overline{\Lambda}_{\phi_1,s_1}$和$\overline{\Lambda}_{|t_1|,s_1}$同时等于零的区域，这表明在该区域，透射波的相位和透射系数与谐振柱排列间距无关，将其定义为解耦区域。而在图上方，$\overline{\Lambda}_{\phi_1,s_1}$和$\overline{\Lambda}_{|t_1|,s_1}$的值随频率$f$和柱高$h$的变化而变化，这表明在该区域，透射波的相位和透射系数与谐振柱排列间距有关，将其定义为耦合区域。从图4-43(a)(b)中均可发现，解耦区域和耦合区域存在明显的分界线。为了清楚地展示，在图中将它们标注为“解耦边界线”。对比这两条解耦边界线发现，它们在函数图像中几乎处于同一位置。这表明，透射波的相位与谐振柱排列间距的关系和透射系数与谐振柱排列间距的关系是一致的。

为了直观地展示上述分析结论，从图4-43(a)(b)中选择A和B两个解耦点以及C和D两个耦合点。B解耦点对应于图4-41(a)(b)中的无序单胞。根据式(4.54)，分别计算随谐振柱排列间距变化，远场中的透射波相位和透射系数的解析解，结果如图4-44所示。此

外，采用有限元方法，得到相应的仿真结果，如图 4－44 所示。可以看到，解析解和仿真结果非常吻合。这表明：对于 A 点和 B 点，透射波相位和透射系数与谐振柱排列间距无关，具有无序效应；而对于 C 点和 D 点，透射波相位和透射系数则强烈依赖于谐振柱排列间距。这些结果证实本章所提出的耦合系数能够有效地表征出单胞中的无序效应。

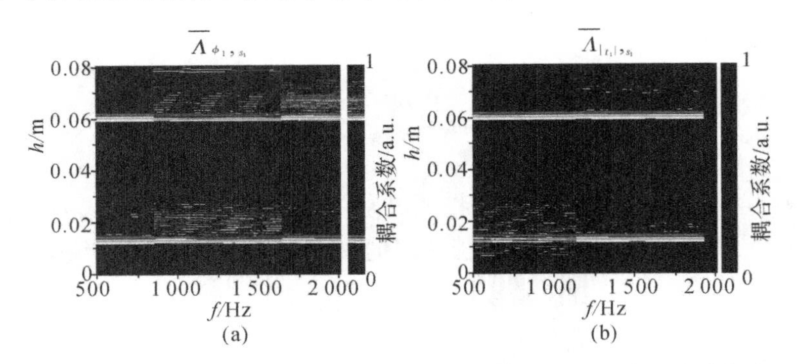

图 4－43 随激励频率 f 和柱高 h 变化，含双柱单胞模型的相位耦合系数和幅值耦合系数的解析解

(a)相位耦合系数；(b)幅值耦合系数

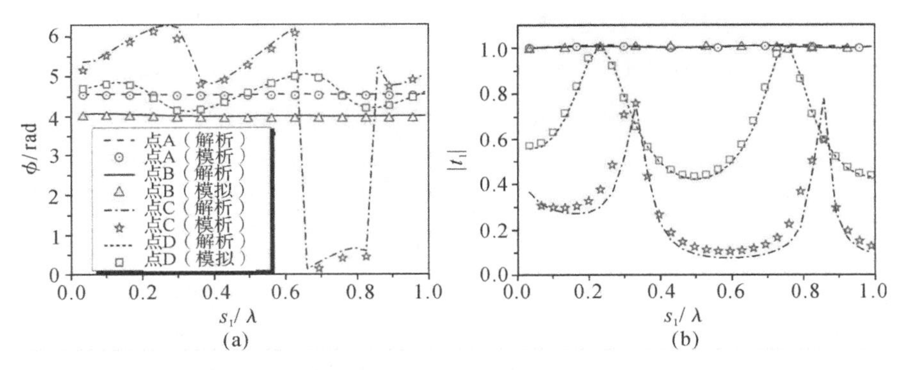

图 4－44 对于图 4－43 中的 A 和 B 解耦点以及 C 和 D 耦合点 4 种情况，远场中 Q 点的透射波相位和透射系数随谐振柱排列间距变化的解析解和数值解

(a)透射波相位；(b)透射系数

为了进一步探究透射波的相位和透射系数关于谐振柱排列间距的解耦条件，并揭示其物理机制，下面分析弯曲波在含单个柱状谐振体的单胞中传输的情况。其传递方程可以表示为

$$\boldsymbol{k}_{\text{out}}=\boldsymbol{N}_2^{(n+1)}\boldsymbol{N}_1\boldsymbol{N}_2^{(1)}k_{\text{in}} \tag{4.58}$$

根据式(4.58)，可以计算在不同激励频率 f 和谐振体高度 h 时，入射波透过单个柱子的反射系数，如图 4－45 所示。从图中可以看出，在下方存在反射系数近似为零的区域，将其定义为低反射区域；而在上方，反射系数远大于零，将其定义为高反射区域。从图 4－45 中还可以看出，低反射区域和高反射区域存在明显分界线，将该分界线标记为“低反射边界线”。通过对比图 4－43 中的解耦边界线与图 4－45 中的低反射边界线发现，这三条线在函

数图像中几乎处于同一位置。这表明透射波的相位和透射系数关于谐振柱排列间距的解耦条件是透过谐振体的入射波的反射系数低于“低反射边界线”。根据该解耦条件，可以揭示其物理机制：低反射率的入射波透过每一个谐振体后，会直接传播到下一个谐振体，不会由于波的反射而影响到上一个谐振体。这导致透射波的总相位跳变是透过每个谐振体的相位跳变线性叠加，与柱子排列的间距无关；同时，低的反射率说明透射波始终近似保持为全透射，透射波的透射系数也与柱子排列的间距无关。

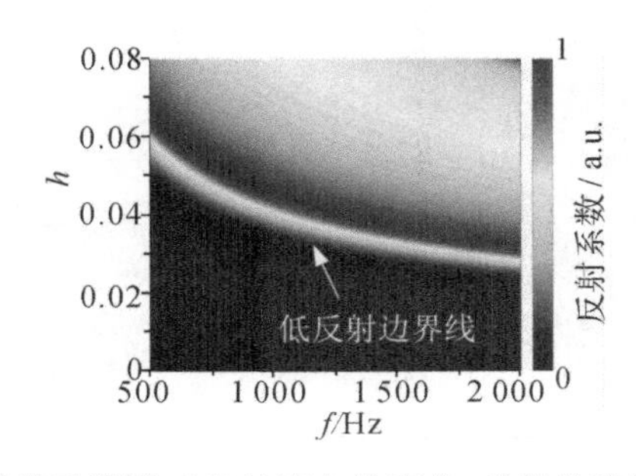

图 4-45　随激励频率 f 和柱高 h 的变化，单柱单胞模型中弯曲波反射系数的解析解

4.3.5　无序单胞超构表面的弯曲波调控实验

1. 无序单胞超构表面实验件和实验设置

首先，采用加工精度为 0.05 mm 的数控铣床，加工出柱状谐振体和开缝的基板。柱状谐振体为小方块，其厚度 d_2、高度 h 和宽度 w_0 分别为 3 mm、30 mm 和 20.4 mm。在基板上，39 个宽度为 1 mm 的缝平行排列，形成 38 个宽度为 20.4 mm 的条形波导，如图 4-46～图 4-48 所示，然后将柱状谐振体固定到条形波导的上表面。

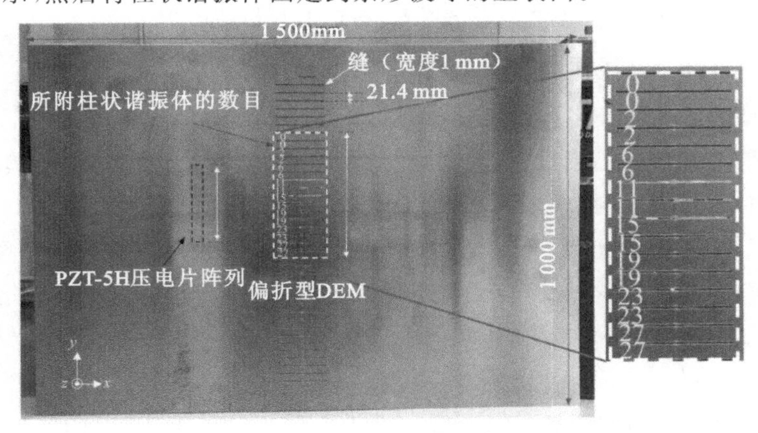

图 4-46　相位梯度为 $\mathrm{d}\phi/\mathrm{d}y=0.5k$ 的偏折型 DEM

将一定数量的柱状谐振体，以无序排列的方式，连接到同一个条形波导的上表面，构成一个无序单胞。实验加工的无序单胞的相位和幅值耦合系数相应于图 4-43(a)中 B 解耦点。根据 4.3.4 小节的结论可知，加工的无序单胞对透射波的调控与谐振柱排列间距无关，仅与单胞中所含柱子的个数有关。

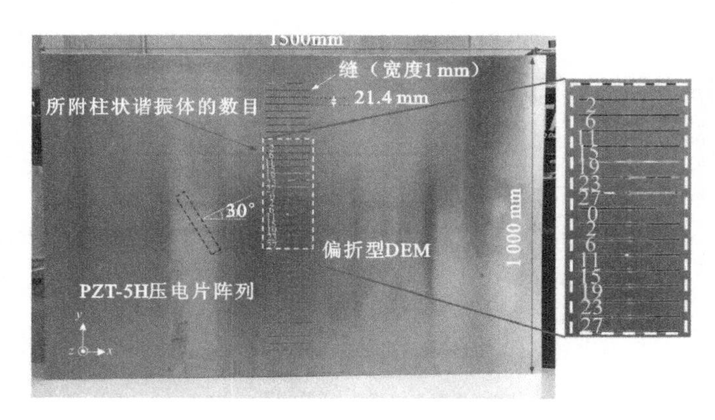

图 4-47　相位梯度为 $d\phi/dy=k$ 的偏折型 DEM

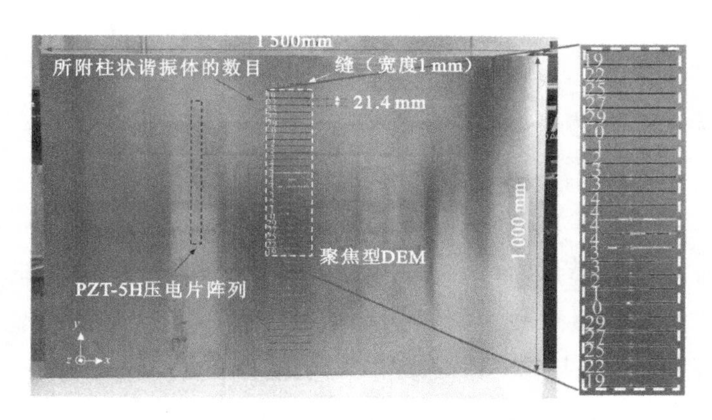

图 4-48　焦距为 $F=1.5\lambda$ 的聚焦型 DEM

实验设置与 4.1.5 小节类似。将 PZT-5H 压电片(20 mm×20 mm×0.3 mm)作为波形发生器粘贴于基板表面。设相邻压电片的间距大小与压电片的宽度相等，激发出弯曲波高斯波束。在波形编辑器的控制下，由信号发生器产生 5 周期的脉冲信号，然后由功率放大器(HVPA05)放大激发信号，再驱动压电片对基板进行激励。通过 PSV-400 激光扫描多普勒测振仪的"time"测试模式，测量入射和透射区域的瞬态波场。与前面实验不同的是，压电片的数目有特定的选择，在后面会详细介绍。关于弹性波调控实验测试平台和更多相关测试细节见 4.1.5 小节。

2. 偏折型无序单胞超构表面设计

本小节设计两个能够异常偏折弯曲波的 DEM，将其定义为偏折型 DEM。利用开缝的基板上连接无序排列的谐振体构成的无序单胞来设计 DEM。为了直观地展示所设计的 DEM 模型，首先介绍开缝基板的模型，如图 4-46 和图 4-47 所示。图中白色虚线框标注基板中需要连接柱状谐振体的 16 个条形波导。随机设置条形波导中谐振体间距，构成 16 个无序单胞。它们总宽度为 342.4 mm。根据图 4-41，可以设置无序单胞中谐振体的数目，使透射波的相位跳变沿 y 轴离散分布并呈线性递增，同时保持均一的高透射率。因此，在图 4-46 中，从下向上，16 个条形波导中的谐振体个数分别为 27、27、23、23、19、19、15、15、11、11、6、6、2、2、0 和 0，如图中字体数字所示，该 16 个无序单胞整体组合为一个无序超胞，超胞的宽度 $g_1=342.4$ mm，可使透射波的相位从 $0\sim2\pi$ 呈梯度变化，其相位跳变梯度为 $\mathrm{d}\phi/\mathrm{d}y=2\pi/g_1=0.5k$，其中 $k=2\pi/\lambda$。同理，在图 4-47 中，从下向上，16 个条形波导中谐振体个数分别为 27、23、19、15、11、6、2、0、27、23、19、15、11、6、2 和 0，如图中黄色数字所示，随机设置每个单胞中所有谐振体的间距，来构成无序单胞。该 16 个无序单胞整体组合的无序超胞的宽度为 $g_2=g_1/2$，其相位跳变梯度为 $\mathrm{d}\phi/\mathrm{d}y=2\pi/g_2=k$。根据广义斯涅尔定律[20]，对于在图 4-46 中垂直入射波和在图 4-47 中的 30°斜入射波，可得理论偏折角分别为 30°和 −30°。

对图 4-46 和 4-47 中设计的 DEM 模型，进行相应的全波场仿真。仿真结果如图 4-49 所示，可以看到入射波被 DEM 异常偏折，与理论预测结果吻合良好。进一步进行实验测试，根据图 4-46 和图 4-47 中理论设计的 DEM，在基板上表面连接所需个数的柱状谐振体。制造的 DEM 放大图如图 4-50 所示。通过压电片来激发入射波场，激发的入射波的宽度小于 DEM 的 342.4 mm 宽度。因此，采用 6 个压电片，其总宽度为 220 mm，来构成激发入射弯曲波的阵列，如图 4-46、图 4-47、图 4-51 所示。入射场和透射场的测试区域，与图 4-49 中仿真场内白色虚线框标记的区域位置一致。测量的全波场包括不同时间点的瞬态入射场和瞬态透射场，相应的时间点标记于测试波场的下方，如图 4-51 所示。从图中可以看到，入射波被 DEM 偏折，测试得到的偏折角与理论及仿真结果吻合较好，验证了所设计 DEM 的有效性。

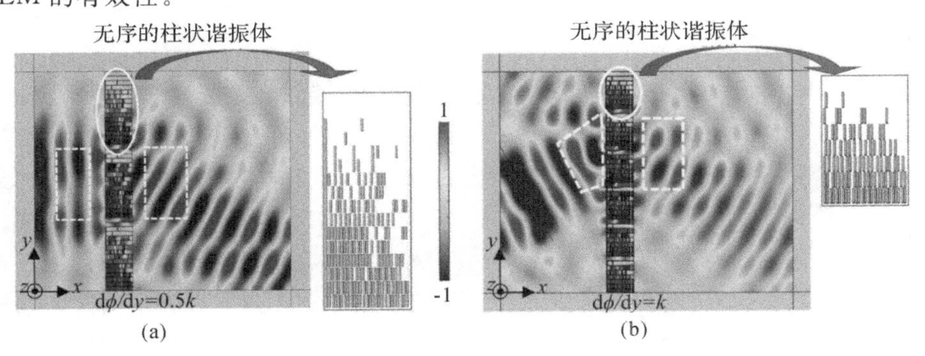

图 4-49　垂直入射和斜入射弯曲波高斯波束分别在两个相移梯度为 $\mathrm{d}\phi/\mathrm{d}y=0.5k$ 和 $\mathrm{d}\phi/\mathrm{d}y=k$ 的 DEM 中传输的仿真归一化位移场

(a)垂直入射；(b)斜入射

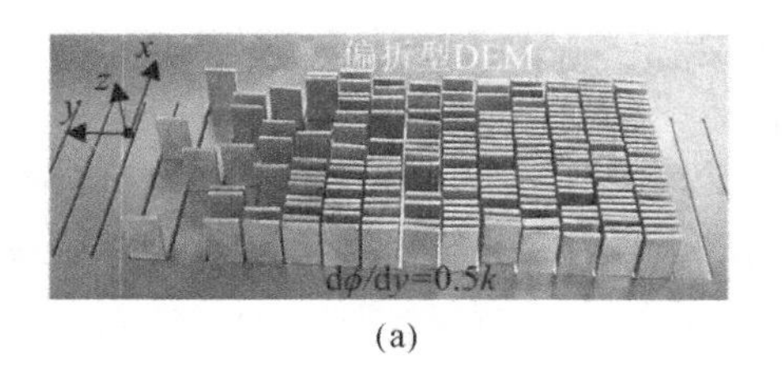

(a)

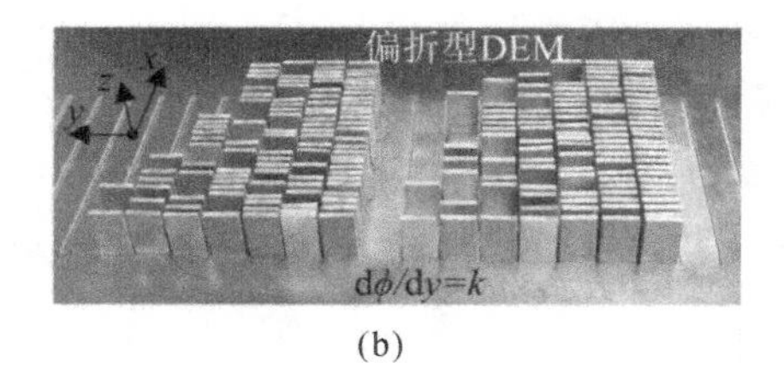

(b)

图 4-50　制造的偏折型 DEM 实验试件

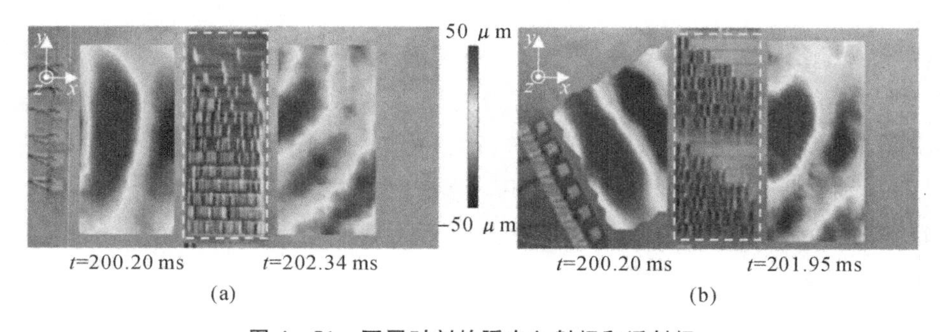

(a)　(b)

图 4-51　不同时刻的瞬态入射场和透射场

(a)相位梯度为 $d\phi/dy=0.5k$ 的 DEM;(b)相位梯度为 $d\phi/dy=k$ 的 DEM

3. 聚焦型无序单胞超构表面设计

本小节利用无序单胞,设计能聚焦弯曲波能量的 DEM,将其定义为聚焦型 DEM。其单胞相位的空间分布需与双曲线函数匹配[19]:

$$\phi(y)=\frac{2\pi}{\lambda}\left(\sqrt{F^2+y^2}-F\right) \tag{4.59}$$

式中:F 为设计的焦距,$F=1.5\lambda$。

与上一小节类似,为了直观地展示聚焦型 DEM 模型,首先看其开缝基板的模型(见图 4-48),然后在基板中条形波导上连接相应数量的柱状谐振体构成 DEM。由 24 个无序单胞构建聚焦型 DEM,其总宽度为 513.6 mm。根据图 4-41,沿 y 轴分布的单胞中,从下向上柱状谐振体数目分别为 19、22、25、27、29、0、1、2、3、3、4、4、4、4、3、3、2、1、0、29、27、25、22 和 19,如图 4-48 中标注的黄色数值所示。这些无序单胞,能够满足方程式(4.59)描述的相位空间分布。

在图 4-52(a)中,展示了入射弯曲波透过聚焦型 DEM 的仿真透射波场的强度场。透射强度定义为透射波位移幅值与入射波位移幅值之比的二次方,正比于透射弯曲波的能量。为了与实验测试波场进行对比,在图 4-52(b)中展示相应的仿真位移场。从图 4-52 可以看到,入射波透过设计的 DEM,在透射场中的能量汇集于一个点。在相应的实验测试中,制造的聚焦型 DEM 放大图如图 4-53 所示。由于入射波束的宽度需小于设计的 DEM 总宽度,采用 12 个压电片构成阵列来激发弯曲波,压电片阵列的总宽度为 460 mm。入射场和透射场的测试区域,与图 4-52(b)中仿真的位移场内白色虚线框标记的区域一致。实验测量的全波场如图 4-54 所示。从图中可以看到,在测试时间点为 $t=204.1$ ms 时,入射波在透射区域内的预测焦点 $F=1.5\lambda$ 处，位移值达到最大，为 100 μm。

为了定量地分析 DEM 的聚焦性能，首先，在图 4-52(a)中仿真波场内，找到位移辐值最大的点，即仿真的焦点。然后，在该焦点处，沿 y 轴取白色纵向虚线，如图 4-52(a)所示。沿该标记的虚线，在仿真波场中拾取所有仿真点的位移幅值 $|t|$，用拾取的幅值的二次方来表征能量 $|t|^2$，然后在图 4-55 中用黑色实线表示 $|t|^2$。同样，在实验测试的透射场内相同位置，选择 22 个离散的测试点，分别拾取 $t=204.1$ ms 时的位移幅值响应。将实验测试的数据用最大幅值进行归一化。将后处理的实验结果增添于图 4-55 中。从图中可以看到，实验结果和仿真结果吻合良好，$|t|^2$ 约为 3。这表明在聚焦点处波的能量被增大 3 倍，证实了聚焦型 DEM 出色的聚焦性能。

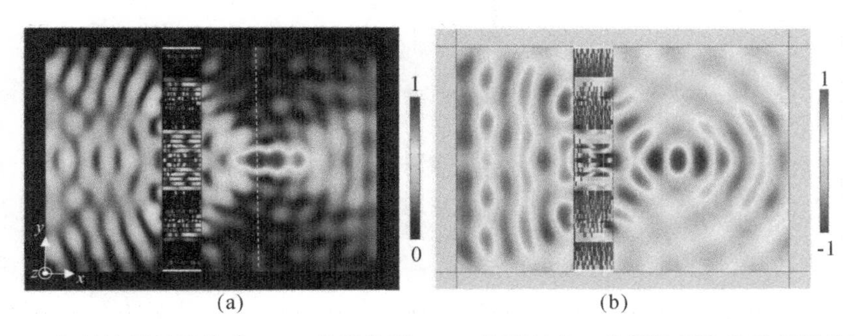

图 4-52　入射波透过聚焦为 1.5λ 的聚焦型 DEM 的透射归一化幅值场和位移场的仿真结果

(a)幅值场；(b)位移场

图 4-53　制造的聚焦型 DEM 实验模型

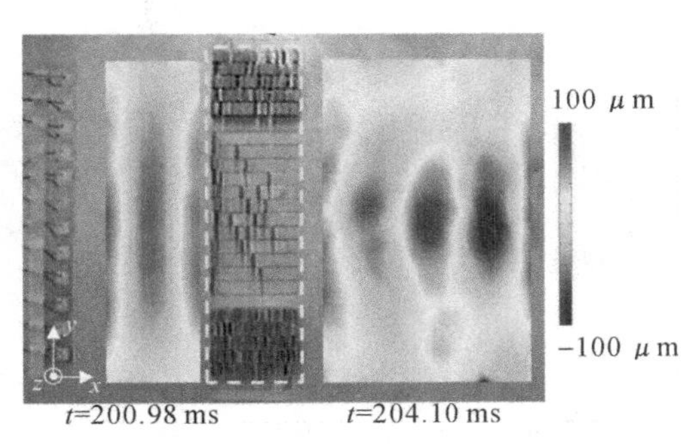

图 4-54　全波场实验测试结果

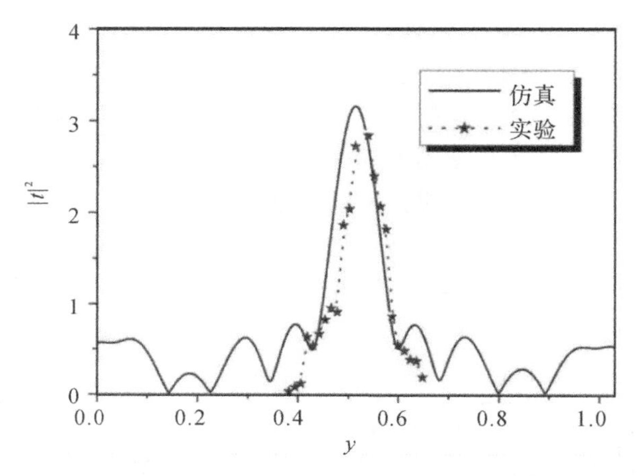

图 4-55　沿图 4-52(a)中白色纵向虚线(焦点处沿 y 方向)归一化 $|t|^2$ 的仿真和实验结果

4. 由无序单胞超构表面退化为有序单胞超构表面

为了对比有序和无序单胞超构表面对波场的调控效果，将本小节中设计的偏折型 DEM 和聚焦型 DEM，均退化为有序单胞超构表面。具体方案是，将无序单胞中所有的谐振柱排列间距设为 5 mm，其余参数不变。制造相应的有序单胞超构表面如图 4-56(c)(d)和 4-57(c)中黄色虚线框所示。根据 4.3.4 小节的结论，即设计的单胞对透射波性能的调控与谐振柱排列间距解耦，可以推断，图 4-51 和图 4-53 中的 DEM 退化为图 4-56(c)(d)和图 4-57(c)中的有序单胞超构表面，其单胞的相位空间分布保持不变，从而有序和无序单胞超构表面对波场的调控效果相同。在图 4-56 和图 4-57 中，分别展示了偏折型有序单胞超构表面和聚焦型有序单胞超构表面对波场的调控效果，包括仿真结果和实验结果。与图 4-51 和图 4-54 中波场调控结果对比，可以观察到有序单胞超构表面对弯曲波的调控效果，均与相应的 DEM 的效果吻合。该结果再次验证所设计的 DEM 具有无序效应，对波的调控性能与单胞中柱状谐振体的排列间距无关。

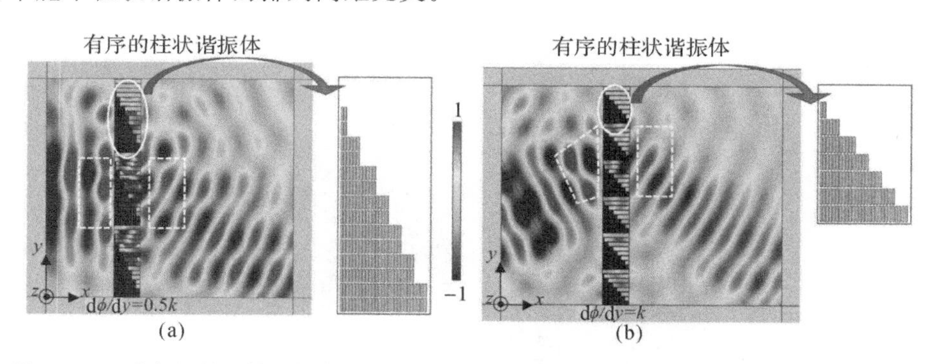

图 4-56　垂直入射和斜入射弯曲波透过相移梯度分别为 $d\phi/dy=0.5k$ 和 $d\phi/dy=k$ 的有序单胞超构表面的归一化透射位移场以及全波场实验测量结果

(a)垂直入射位移场；(b)斜入射位移场

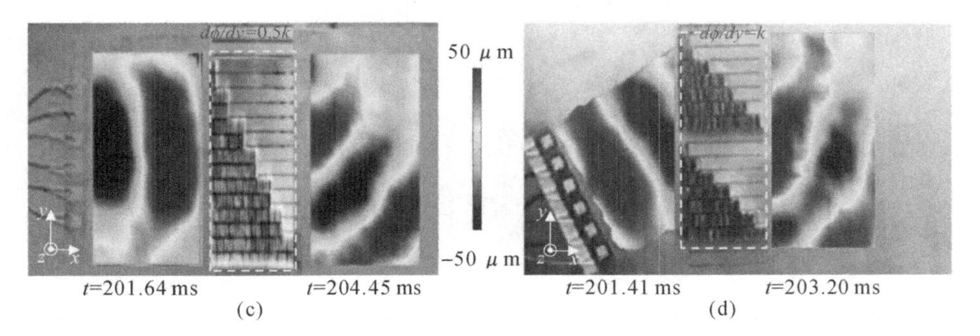

(c)　　　　　　　　　　　　　(d)

续图 4－56　垂直入射和斜入射弯曲波透过相移梯度分别为 $d\phi/dy=0.5k$ 和 $d\phi/dy=k$ 的有序单胞超构表面的归一化透射位移场以及全波场实验测量结果

(c)垂直入射全波场；(d)斜入射全波场

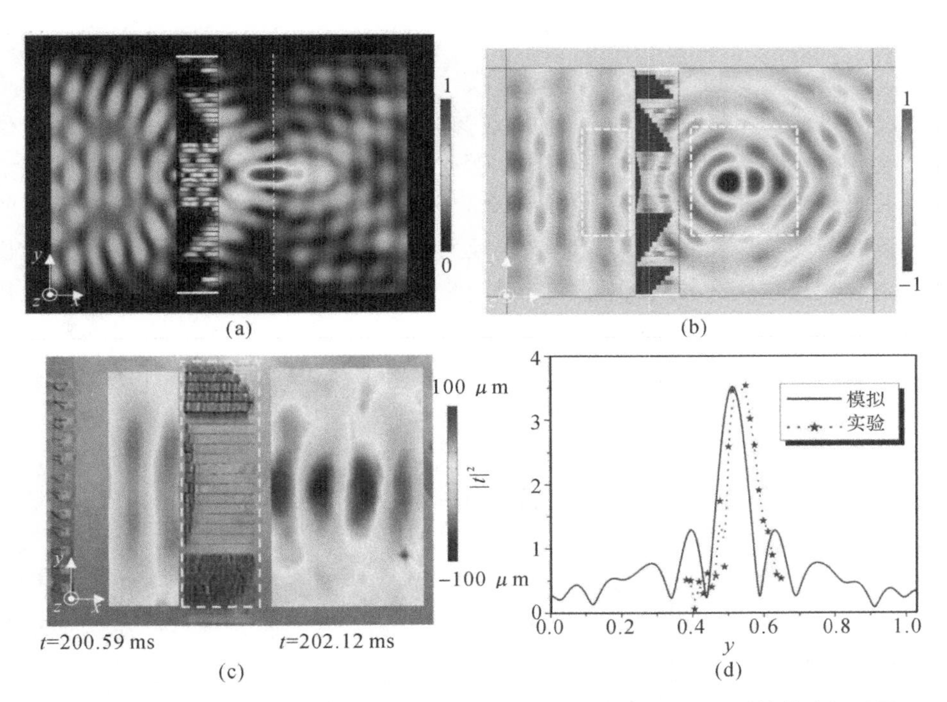

(a)　(b)　(c)　(d)

图 4－57　有序单胞超构表面的归一化透射幅值场、位移场、实验测量的波场以及沿焦点处 y 方向($x=1.5\lambda$)的归一化仿真和实验的 $|t|^2$

(a)仿真的幅值场；(b)仿真的位移场；(c)实验测量的波场；(d)仿真和实验的 $|t|^2$

第5章　弹性波超构表面的非对称传输与耗散

“非对称传输”的概念起源于电子二极管的研究，是描述电子在一个方向上允许传输而在反方向上禁止传输的一类电学物理现象。近十年来，非对称传输概念也被引入到声波[128-139]和弹性波[140-146]的传输研究中，因其丰富的物理内涵和潜在的实际应用，引起了研究者的兴趣。与声波非对称传输[128-139]相比，弹性波非对称传输的研究[140-144]相对较少，主要集中在基于模式转换的非对称传输。而模式转换必定会引入新的波型，这对获得单一模式的弹性波非对称传输提出了挑战。另外，现有的弹性波非对称传输系统均是由三维块体结构[140-146]组成的，大体积的块体结构会削弱弹性波在主体结构中的传输，影响弹性波器件的性能，从而阻碍进一步的实际应用。近年来，声波超构表面[33,147-148]作为一种超薄的超材料，由于其极紧凑的结构和高的能量传输率，极大地推进了声波非对称传输在实际应用中的进展[29,149-153]。受这些研究的启发，研究者思考是否可以类比于声波传输问题，利用弹性波超构表面(Elastic Wave Gradient Metasurfaces, EWGM)来实现弹性波的非对称传输。然而，弹性波与声波具有很大的差异，包括不同的极化模式和模式转换等特点。这些因素使得实现声波非对称传输的方法并不能直接被拓展到弹性波。因此，需要进一步探索新的物理机制和方法，来实现弹性波的非对称传输。本章基于弹性波超构表面设计理论和方法，提出一种新的设计概念——非对称弯曲波传输通道(Asymmetric Flexural Wave Channel, AFWC)，来实现弯曲波能量的非对称传输。

板类结构的振动抑制在防止振动危害、降低结构辐射噪声等工程应用中具有重要意义。自20世纪50年代初以来，这一研究课题就受到了广泛关注。传统的板类结构振动抑制方法主要分为被动抑振和主动抑振。被动抑振方法[154-156]以在板类结构上附加大量阻尼减振器为代表，难以满足结构轻质化的要求。主动抑振方法[157-160]是基于反馈响应，通过作动器向板类结构施加控制力，其结构复杂，鲁棒性差。作为新一代的振动抑制方法，声学黑洞技术[161-165]可以通过附加少量阻尼来耗散弹性波(以弯曲波为主)，推动轻质化结构抑振技术的发展。然而，声学黑洞技术在低频时具有微弱的耗散效应，很难应用于大多数以低频振动为主的板类结构。另一类新型的振动抑制方法，是通过在板类结构上铺设人工周期结构[166-168]以产生禁带，来隔离不同频段的振动能量。然而，仅仅其单胞尺寸为亚波长，但当许多该单胞周期排列构成整体结构后，尺寸仍然远远大于波长。因此，在用该类非亚波长结构来调控波长接近米量级的低频弹性波时，设计的结构尺寸必然太大，很满足微小化和轻质化器件的需求。最近，出现了一些新的振动抑制研究方法，例如，在一维梁中引入有损耗谐振体[169]和利用传播波的全反射等方法[59]。然而，这些方法通常具有较窄的工作频带。目前，在低频范围实现亚波长结构的宽带抑振仍然是一个巨大的挑战。因此，有必要探索应对这一挑战的新机制和新途径。另外，现有的弹性波超构表面研究，都只是基于与第 1 阶衍射模式相关的广义斯涅尔定律来对波进行简单操控，对超构表面中其他阶弹性波衍射模式还没有进行系统的研究。本章将建立一套理论方法，来探索超构表面中弹性波高阶衍射的新物理机制，为基于耗散弹性波的板类结构振动抑制提供新的方法。本章还拓展传统的模式耦合方法，来研究弯曲波的衍射机理，并基于衍射机理，提出损耗梯度弹性波超构表面(Lossy Gradient Elastic Metasurface，LGEM)的概念，研究弯曲波耗散的物理机制。

5.1　弹性波超构表面对弯曲波的非对称传输

本节首先从理论上设计出非对称弯曲波传输通道(Asymmetric Flexural Wave Channel，AFWC)，并详细地讨论其工作机理；然后采用实验方法，验证理论设计的正确性，并展示 AFWC 对弯曲波的非对称传输；最后，分析和讨论了 AFWC 的工作频带，并基于实验结果得到了有效工作带宽的确定方法。

5.1.1　工作机理及仿真

所提出的 AFWC 由两个平行的弹性波超构表面构成，如图 5-1 所示，将这两个弹性波超构表面分别记为 EWGM 1 和 EWGM 2。从图中可以看到，一个方向的垂直入射波能够透过 AFWC，而另一个相反方向的垂直入射波发生全反射。下面来阐述 AFWC 实现弯曲波这种非对称传输的工作机理。

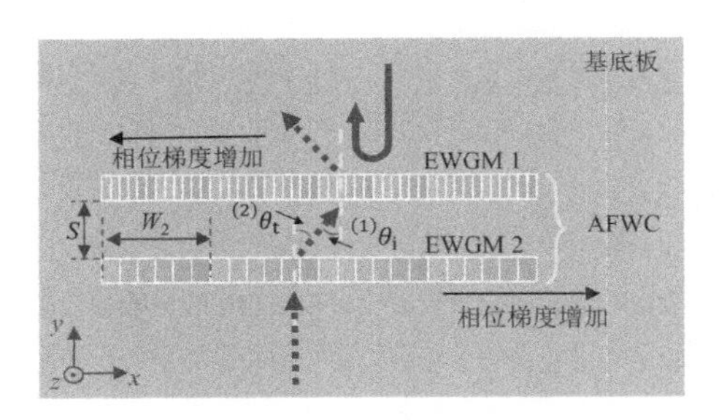

图 5-1　由 EWGM 1 和 EWGM 2 组合的 AFWC

[下方垂直入射 AFWC 的波(带箭头的虚线)可以透过 AFWC 并保持高的透射率，而上方垂直入射 AFWC 的波(带箭头的实线)被完全反射]

首先，不考虑两个超构表面的相互作用，单独分析 EWGM 1 对入射波的调控。设 EWGM 1 的超胞能使透射波的相位跳变沿 x 轴负方向等步长增加，并且总的相位跳变为 2π。将超胞按周期排列后，根据弹性波的周期性，其透射波的相位跳变沿 x 轴负方向线性增加。因此，沿 x 轴方向透射波的相位跳变梯度可以表示为[46]

$$\frac{\mathrm{d}\phi}{\mathrm{d}y}=-\frac{2\pi}{W} \tag{5.1}$$

式中：W 是超胞的宽度。应该注意的是，如果透射波的相位跳变沿 x 轴正方向线性增加，式(5.1)中等号右侧项应去掉负号。根据广义斯涅尔定律，理论的折射角 θ_t 为

$$\theta_t=\arcsin\left(\sin\theta_i+\frac{\lambda}{2\pi}\cdot\frac{\mathrm{d}\phi}{\mathrm{d}y}\right) \tag{5.2}$$

对于垂直于 EWGM 1 的入射波，如图 5-2 所示，根据式(5.1)和式(5.2)，可得理论折射角 ${}^{(1)}\theta_t$ 为

$${}^{(1)}\theta_t=\arcsin\left(\frac{-\lambda}{W_1}\right) \tag{5.3}$$

式中：W_1 为 EWGM 1 中超胞的宽度。由式(5.3)可知，当超胞宽度 W_1 满足如下关系：

$$\lambda/2<W_1<\lambda \tag{5.4}$$

则无实数折射角 ${}^{(1)}\theta_t$。这表明透射波为倏逝波，即入射波被全反射。

对于斜入射 EWGM 1 的入射波，如图 5-3 所示，根据式(5.1)和式(5.2)，可得理论折射角 ${}^{(1)}\theta_t$ 为

$${}^{(1)}\theta_t=\arcsin\left(\sin{}^{(1)}\theta_i-\frac{\lambda}{W_1}\right) \tag{5.5}$$

式中：${}^{(1)}\theta_i$ 为斜入射 EWGM 1 的入射波的入射角。当入射角 ${}^{(1)}\theta_i$ 满足关系

$$\arcsin\left(\frac{\lambda}{W_1}-1\right)<{}^{(1)}\theta_i<90° \tag{5.6}$$

时，根据式(5.4)～式(5.6)，可得折射角 ${}^{(1)}\theta_t$ 为负数。这表明透射波会发生负折射，即入射波和透射波在法线的同侧，如图 5-3 所示。

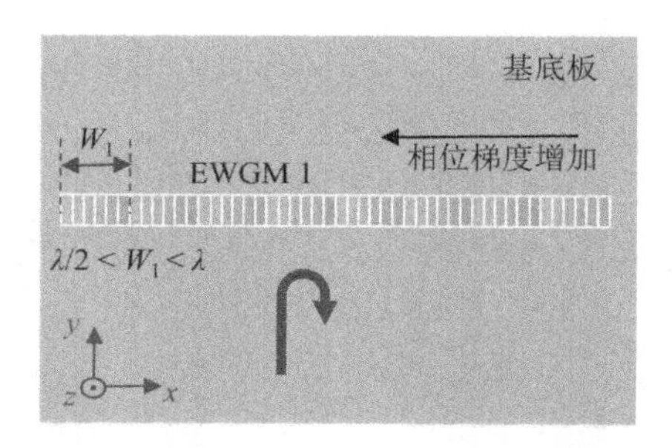

图 5-2　垂直于 EWGM1 入射的全反射波

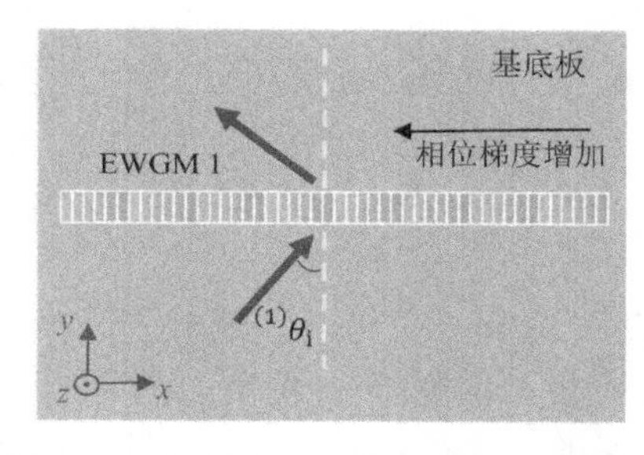

图 5-3　传播路径为负折射的斜入射波

因此可以总结为，对于超胞宽度满足式(5.4)的 EWGM 1，垂直的入射波会发生全反射，而以满足式(5.6)的入射角斜入射的入射波会发生负折射。当考虑 EWGM 1 和 EWGM 2 共同作用时，如图 5-1 所示，EWGM 2 的作用是使垂直于 EWGM2 的入射波偏折再入射到 EWGM 1。设 EWGM 2 中透射波的相位跳变沿 x 轴正方向线性增加，根据式(5.3)，对于垂直于 EWGM 2 的入射波，可得其理论的折射角 ${}^{(2)}\theta_t$ 为

$$ {}^{(2)}\theta_t = \arcsin\left(\frac{\lambda}{W_2}\right) \tag{5.7} $$

式中：W_2 为 EWGM 2 中超胞的宽度。

如图 5-1 所示，由几何关系可得，EWGM 2 的偏折角等于 EWGM 1 的入射角，即

$$ {}^{(2)}\theta_t = {}^{(1)}\theta_i \tag{5.8} $$

据式(5.6)～式(5.8)可得，当 EWGM 2 的超胞宽度 W_2 满足关系

$$ \lambda < W_2 < \frac{\lambda W_1}{\lambda - W_1} \tag{5.9} $$

时，透过 EWGM 2 的透射波再透过 EWGM 1，最终透射波会在 EWGM 1 发生负折射，如图 5-1 中带箭头的虚线所示。另外，根据式(5.4)，垂直于 EWGM 1 的入射波发生全反射，如图 5-1 中带箭头的实线所示。

至此，我们从理论上证明了，由超胞长度分别满足 $\lambda/2 < W_1 < \lambda$ 和 $\lambda < W_2 < \lambda W_1/(\lambda - W_1)$ 的双层 EWGM 构成的 AFWC 可以实现入射波的非对称传输。应该指出的是，EWGM 1 和 EWGM 2 之间的距离 S 不能小于一个波长。这是因为 EWGM 1 使入射波全反射，会伴随诱导出表面倏逝波，如果 EWGM 1 和 EWGM 2 之间的距离 S 小于一个波长，EWGM 1 表面处的表面倏逝波会与 EWGM 2 相互作用，转换为传播波，这将使 AFWC 失去非对称传输特性。因此，本节将 EWGM 1 和 EWGM 2 之间的距离设为一个波长。

为了实现图 5-1 中的 AFWC，选用 4.1 节中有缝的柱状弹性波超构表面作为 EWGM。如图 5-4 中三视图所示，EWGM 1 和 EWGM 2 的超胞是由 6 种不同高度的柱子与基板连接后组成的。这 6 种不同高度的柱子构成 6 种单胞，能够使透射波的相位跳变跨越 2π 全相位范围，且透射波有高透射率，详情见 4.1.1 小节。柱子和基板的材料均为铝合金，弹性模量为 E_{alu} = 70 GPa，泊松比为 ν_{alu} = 0.33，密度为 ρ_{alu} = 2 700 kg/m^3。设激励频率为 6 000 Hz，在厚度为 d = 1 mm 的基板中，弯曲波的波长为 λ = 40 mm[114]。表 5-1 列出了超构表面结构的详细几何参数值。EWGM 1 和 EWGM 2 的超胞长度分别为 $W_1 = \sqrt{2}\lambda/2$ 和 $W_2 = \sqrt{2}\lambda$，满足式(5.4)和式(5.9)中的理论设计值。应该指出的是，实现 AFWC 并不局限于柱状弹性波超构表面，也可以采用迷宫波导等其他类型的弹性波超构表面[51]。此外，上面实现非对称传输的方法也适用于光学和声学超构表面。

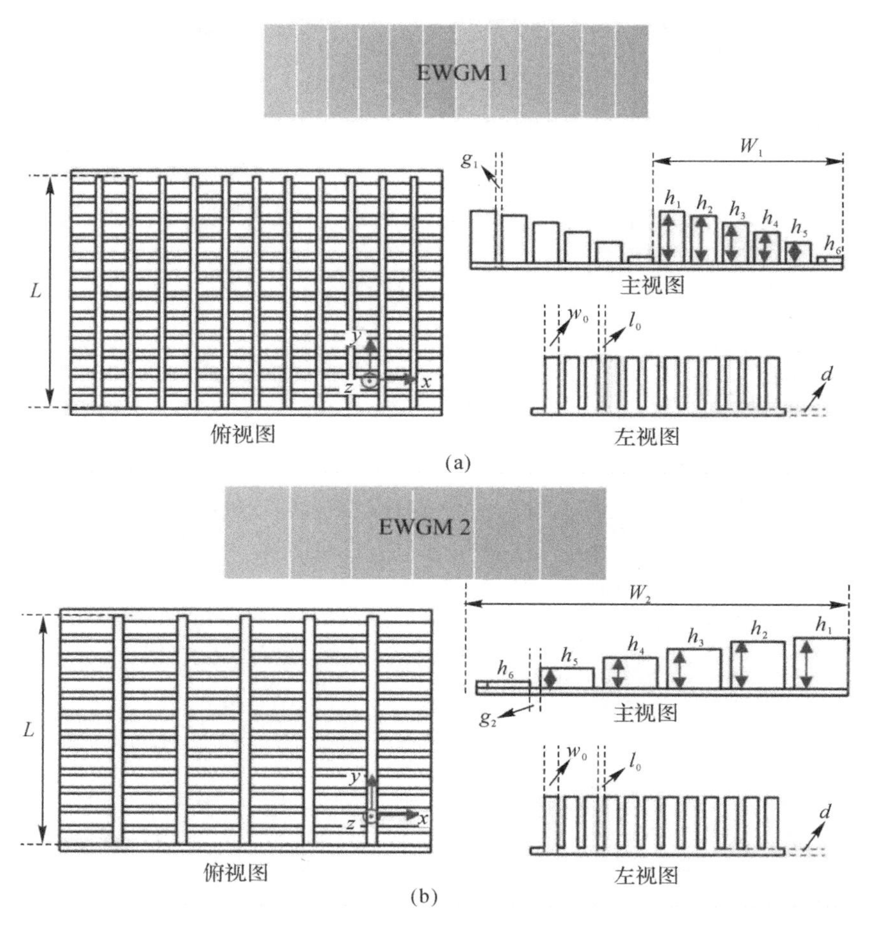

图 5-4 EWGM 1 和 EWGM 2 超胞的三视图

(a)EWGM1;(b)EWGM2

表 5-1 EWGM 1 和 EWGM 2 的几何参数

单位:mm

参数	h_1	h_2	h_3	h_4	h_5	h_6	d
取值	8.0	7.4	6.2	4.8	3.2	1.0	1.0
参数	w_0	l_0	W_1	g_1	W_2	g_2	L
取值	2.0	1.0	$\sqrt{2}\lambda/2$	1.0	$\sqrt{2}\lambda$	1.5	36

下面采用有限元软件进行数值仿真,验证 AFWC 的非对称性能。根据表 5-1 中的几何参数建立 AFWC 模型,详细的建模过程参考 4.1.4 小节。将模型的所有边界设为完美匹配层(PML),来避免波在模型边界处的反射。仿真的位移场如图 5-5(a)(b)所示。定义入射波从下向上和从上向下传播分别为"正"方向和"负"方向传播。在图 5-5(a)中,入射波从正方向入射,传播方向如白色箭头所示,图上方的透射区域存在明显的位移场。在图 5-5(b)中,入射波从负方向入射,图下方的透射区域中位移幅值几乎为 0。图 5-5(a)(b)中两透射区域位移场

的差异性，体现了 AFWC 的非对称传输特性，与图 5-1 中理论分析结果吻合良好。

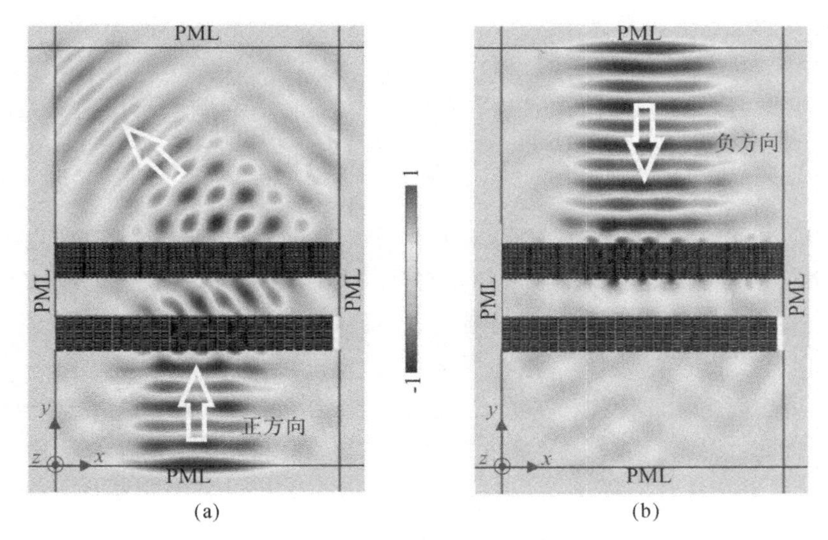

图 5-5　入射波分别沿正方向和负方向入射 AFWC 时仿真的归一化透射场

（定义从下向上和从上向下传播分别为正方向和负方向传播）

(a)沿正方向入射；(b)治负方向入射

5.1.2　实验验证与讨论

采用加工精度为 0.05 mm 的数控铣床，从厚度为 10 mm 的 5020 合金铝板中，铣出 AFWC 试件的整体结构，如图 5-6 所示。所加工的基板的长度、宽度和厚度分别为 800 mm、800 mm 和 1 mm。两个平行的 EWGM 总长度均为 396 mm，它们之间的距离为 41.4 mm。试件中柱体的几何尺寸与表 5-1 一致。EWGM 1 和 EWGM 2 的局部放大图如图 5-6 中黄色箭头指向的黑方框所示。

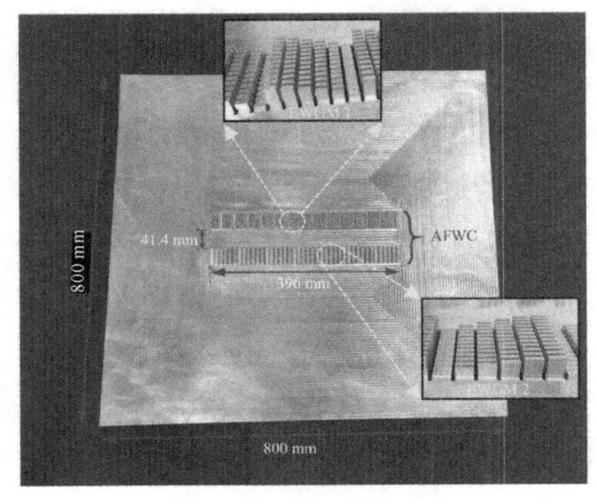

图 5-6　制造的 AFWC 试件

（黄色箭头指示 EWGM 1 和 EWGM 2 的局部放大图）

在离 EWGM 1 上边界和 EWGM 2 下边界各 4.5λ 距离处，分别将 4 个压电片粘贴在基板的上表面，如图 5－7(a)(b)所示，激发从上向下(负方向)和从下向上(正方向)传播的弯曲波高斯波束[53]。在波形编辑器的控制下，信号发生器(Agilent 33220A)激发 5 波峰脉冲调制信号。利用扫描式激光多普勒测振仪(PSV－400)的“FFT”测量模式测量全波场。在试件四周边缘粘上一层蓝丁橡胶，以避免波在试件边界的反射。弹性波调控实验的测试平台和详细测试流程见 4.1.5 小节。

在图 5－7(a)中，下方和上方的压电片阵列分别为通电和断电，以激发出正方向传播的弯曲波。从测试的全波场可以看出，入射和透射区域的位移场几乎接近，其最大位移幅值均近似为 10 μm。这表明正方向的入射波能透过 AFWC，并有高的透射率。在图 5－7(b)中，下方和上方的压电片阵列分别为断电和通电，以激发出负方向传播的弯曲波。从测试的全波场可以看出，透射区域的位移几乎为 0。这表明 AFWC 阻挡从负方向传播的入射波，使其全反射。实验测试的结果，尤其在波传播的路径上，与图 5－5 中的仿真结果和图 5－1 中的理论分析结果吻合良好。这种正方向入射和负方向入射的透射场中明显的位移幅值差异，证实了所设计的 AFWC 具有良好的非对称传输性能。

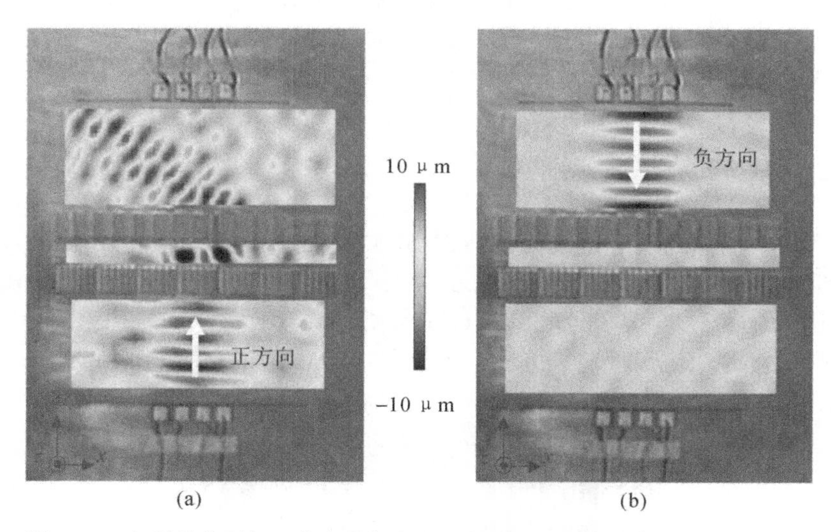

图 5－7　入射波分别沿正方向和负方向入射到 AFWC 时实验测试的全波场

(a)沿正方向入射；(b)沿负方向入射

下面分析基于双层 EWGM 的 AFWC 的有效工作频带确定方法。由于 EWGM 的性能依赖于其单胞的线性相位分布和均一的高透射率，因此，可以通过分析其单胞的透射系数和相位跳变，来分析 AFWC 的有效工作频带。如图 5－4 所示，EWGM 模型由 6 种不同柱高的单胞构成。采用有限元方法，获得该 6 种单胞的相位跳变和透射系数随频率变化的仿真解，分别如图 5－8(a)(b)所示。图 5－8 中，h/d 的值分别为 1.03、3.20、4.84、6.23、7.39 和 8.00，代表图 5－4 中的 6 种单胞。

相关研究已经表明[170]，当 EWGM 中一个超胞内单胞的相位跳变跨度达到 2π 的 80％～

100%时，这些单胞能够产生有效的相位梯度，来保持EWGM调控波的良好性能。从图5-8(a)中灰色区域可以看到，在中心频率 $f_0=6\ 000$ Hz附近($f\in[5\ 152,\ 6\ 651]$Hz频率范围内)，相位跳变跨度达到2π的80%~100%。同样在图5-8(b)中，用灰色区域标注出 $f\in[5\ 152,\ 6\ 651]$Hz频率范围，可以看到在该频带内透射系数均能超过0.8。因此，在 $f\in[5\ 152,\ 6\ 651]$Hz频带范围内，单胞的有效相位梯度和均一高透射率，能够使EWGM保持好的性能，从而使得基于双层EWGM的AFWC也能保持良好的非对称性能。

为了验证预测的有效工作宽带，下面进行相应的测试实验。首先，在实验件中激励出沿正方向传播的入射波，在透射场中距离AFWC上表面两个波长处，取平行于AFWC的直线 l_1，在直线 l_1 上选择20个测试点。在PSV-400激光扫描多普勒测振仪中，相应的操作是，在测试的位置画出网格，设置20个网格点。使用多普勒测振仪，在"time"测量模式下，通过激光扫描头来拾取这20个测试点的幅值响应。由于每个测试点的传输能量与瞬态信号的位移幅值[171]的二次方成正比，因此以幅值的二次方来表征测试点的透射能量。得到所有测试点随频率变化的透射能量后，将所有测试点的透射能量沿直线 l_1 积分，作为正方向的总透射能量 E_P。同理，激励沿负方向传播的入射波，在透射场中距离AFWC下表面两个波长处，取平行于AFWC的直线 l_2，在直线 l_2 上选择20个测试点，将所有测试点的透射能量沿直线 l_2 积分，作为负方向的总透射能量 E_N。

为了定量表征非对称传输的性能，基于上面测试的正方向总透射能量 E_P 和反方向总透射能量 E_N，定义正反方向的能量比：

$$\text{Con}=\frac{E_P-E_N}{E_P} \tag{5.10}$$

基于式(5.10)，在实验中测量出正反方向的能量比，结果如图5-8(c)所示。从图中可以看到，正反方向的能量比超过0.8的频率范围是 $f\in[5\ 180,6\ 735]$ Hz，如图5-8(c)中灰色区域所示。这表明在该频率范围内，AFWC具有良好的非对称传输性能。特别是在中心频率 $f_0=6\ 000$ Hz处，正反方向的能量比达到0.9。该实验测量得到的有效工作频带和仿真仿真的频带 $f\in[5\ 152,\ 6\ 651]$ Hz吻合良好，证实AFWC具有宽频特性。

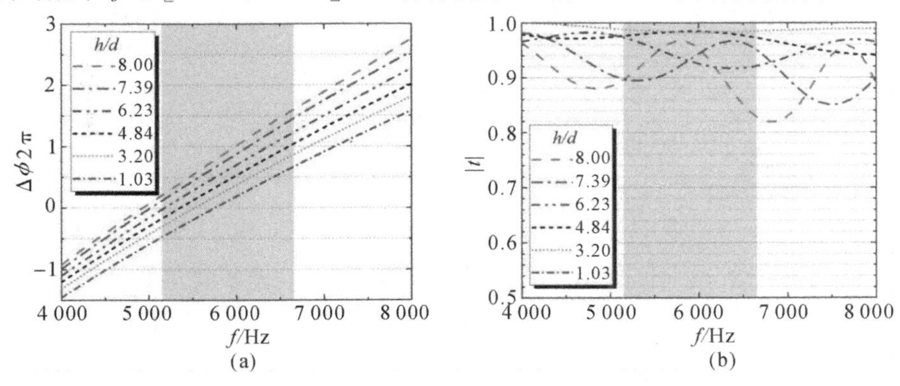

图5-8 采用仿真方法得到的图5-4中单胞的透射系数和相位跳变以及实验测试正反方向的能量比

(a)相位跳变；(b)透射系数

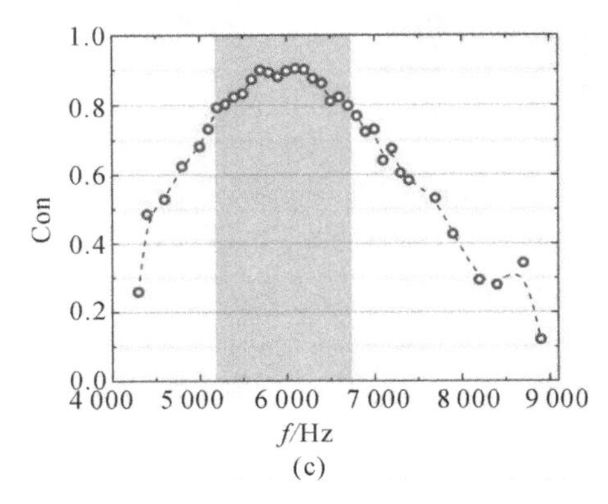

续图 5-8 采用仿真方法得到的图 5-4 中单胞的透射系数和相位跳变以及实验测试正反方向的能量比

(c)正反方向的能量比

5.2 弹性波超构表面实现弯曲波的低频宽带耗散

与声波的黏滞耗散不同，固体材料的小阻尼特性使得固体结构中弹性波的耗散可以忽略不计。因此，引入了约束阻尼层(丁基橡胶和铝箔分别作为阻尼层和约束层)损耗系统，将丁基橡胶作为阻尼层，铝箔作为约束层，将其应用于超构表面单胞，构成了损耗单胞，从而设计损耗梯度弹性波超构表面(Lossy Gradient Elastic Metasurface, LGEM)。对于损耗单胞，建立等效模型来解析地求解反射波的振幅和相位。通过理论分析，讨论了影响超构表面的弯曲波耗散性能的主要因素，进而提出一种减小单胞尺寸的设计方法，其能够在保持超构表面高效耗散性能的同时减小单胞结构尺寸，以实现减振结构的轻质化。最后，通过实验验证所设计的超构表面结构在低频范围内具有宽频且高效的弯曲波耗散性能。

5.2.1 损耗弹性波超构表面的单胞结构

图 5-9 为在厚度 $d_0=3$ mm 的基板中设计的 LGEM 的几何结构示意图。它是由宽度为 g 的超胞周期地排列组成的，其中包括 J 个不同长度 $h_j(j=1,2,\cdots,J)$ 的单胞(在图 5-9 中，$J=4$)。宽度为 $p_0=1$ mm 的狭缝将这些宽度为 p 的相邻单胞分开。在图 5-10(a)中，类似于梁的结构可以分为基板区域和单胞区域，分别标记为(Ⅰ)区域和(Ⅱ)区域。(Ⅰ)区域的条状基板，其 y 轴方向的两长边为周期边界。从图中可以看到，单胞是由三层复合结构组成，从上至下依次为基板、阻尼层和约束层，厚度分别为 d_0、d_1 和 d_2。阻尼层的材料是丁基橡胶，从而将损耗介质引入到单胞结构中。基板和约束层的材料均是铝合金，相对于丁基橡胶，其阻尼非常小，可以忽略。铝箔约束层的作用是使板中的能量主要以剪切变

形来耗散，从而增强阻尼层的能量耗散。

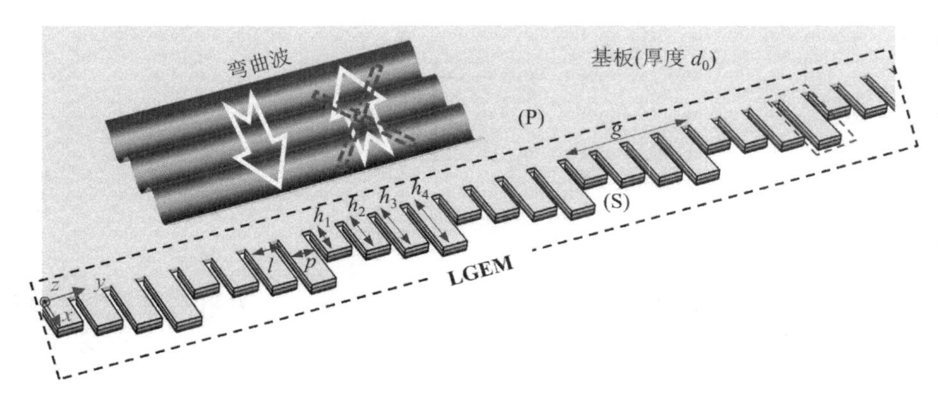

图 5-9　LGEM 结构的示意图

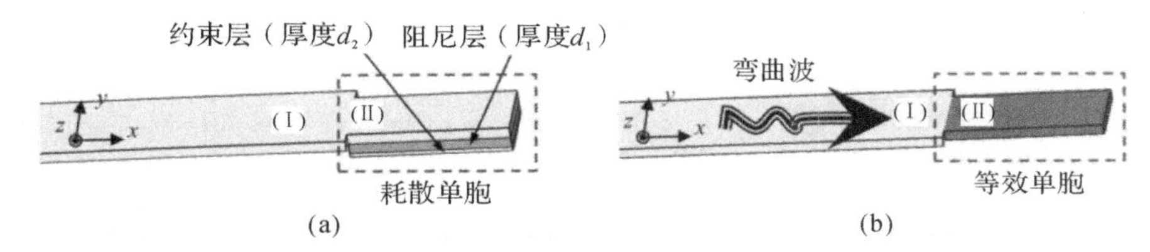

图 5-10　由阻尼层、约束层和基板组成的损耗单胞示意图和等效模型

(a)损耗单胞示意图；(b)等效模型

1. 单胞的等效解析模型

首先，研究无阻尼层和约束层的无损耗单胞，即 $d_1=d_2=0$。（Ⅰ）区域和（Ⅱ）区域的基板中弯曲波的一维控制方程可表示为

$$D_0\frac{\partial^4 w(x,t)}{\partial x^4}+\rho_0 d_0\frac{\partial^2 w(x,t)}{\partial t^2}=0 \tag{5.11}$$

式中：D_0 为基板的弯曲刚度，$D_0=E_0 d_0{}^3/12(1-\nu_0{}^2)$，其中 E_0 为基板材料的弹性模量，d_0 为基板的厚度，υ_0 为基板材料的泊松比；ρ_0 为基板材料的密度。

弯曲波的一维控制方程是一个四阶偏微分方程，有 4 个波数解，即 2 个实波数 $\pm k_0$ 和 2 个纯虚波数 $\pm\mathrm{i}\cdot k_0$。实波数和纯虚波数分别为弯曲波的传播模式和倏逝模式，相应的物理含义分别为在空间中弯曲波以简谐运动传播和以指数衰减传播。因此，控制方程的位移通解为

$$w_0(x,t)=(A\mathrm{e}^{-\mathrm{i}k_0x}+B\mathrm{e}^{\mathrm{i}k_0x}+C\mathrm{e}^{-k_0x}+D\mathrm{e}^{k_0x})\mathrm{e}^{\mathrm{i}\omega t} \tag{5.12}$$

式中：A、B、C、D 为待定复系数，$A\mathrm{e}^{-\mathrm{i}k_0x}$ 为正向弯曲波传播模式，$B\mathrm{e}^{\mathrm{i}k_0x}$ 为负向弯曲波传播模式，$C\mathrm{e}^{-k_0x}$ 为正向弯曲波倏逝模式，$D\mathrm{e}^{k_0x}$ 为负向弯曲波倏逝模式，其中 k_0 为实波数，$k_0=\left(\frac{\rho_0 d_0\omega^2}{D_0}\right)^{1/4}$；$\omega$ 为圆频率，$\omega=2\pi f$。

图 5-10(a)所示为含有阻尼层和约束层的损耗单胞。为了简化，将该三层复合结构的

损耗单胞等效为均匀材料的单胞，即各向同性板，如图 5-10(b)所示。基板、阻尼层和约束层的弯曲刚度分别为

$$\left.\begin{aligned}\hat{D}_0&=\frac{E_0 d_0^3}{12(1-\nu_0^2)}\\\hat{D}_{c1}&=\frac{E_{c1} d_1^3}{12(1-\nu_1^2)}\\\hat{D}_2&=\frac{E_2 d_2^3}{12(1-\nu_2{}^2)}\end{aligned}\right\}\tag{5.13}$$

式中：E_{c1} 为阻尼层材料的复弹性模量，$E_{c1}=E_1^{Re}(1+i\cdot\eta)$，$E_1^{Re}$ 为阻尼层材料的复弹性模量的实部，η 为阻尼层材料的损耗因子；ν_1 为阻尼层材料的泊松比；E_2 为约束层材料的弹性模量；ν_2 为约束层材料的泊松比。

基板、阻尼层和约束层的拉伸刚度分别为

$$\left.\begin{aligned}K_0&=E_0 d_0/(1-\nu_0^2)\\K_{c1}&=E_{c1} d_1/(1-\nu_1^2)\\K_2&=E_2 d_2/(1-\nu_2^2)\end{aligned}\right\}\tag{5.14}$$

损耗单胞的等效弯曲刚度可以表示为[173]

$$\begin{aligned}D_{eff}=&(\hat{D}_0+\hat{D}_{c1}+\hat{D}_2)+[K_0 d_c^2+K_{c1}(d_{20}-d_c)^2+K_2(d_{30}-d_c)^2]-\\&\left[K_{c1}\left(\frac{d_1}{12}+\frac{d_{20}-d_c}{2}\right)+K_2(d_{30}-d_c)\right]\frac{d_{30}-d_c}{1+g_c}\end{aligned}\tag{5.15}$$

式中：d_c 为等效模型的中性面位置，且有

$$d_c=\frac{K_{c1}\left(d_{20}-\dfrac{d_{30}}{2}\right)+(K_{c1}d_{20}+K_2 d_{30})g_c}{K_0+\dfrac{K_{c1}}{2}+(K_0+K_{c1}+K_2)g_c}$$

$$d_{20}=\frac{d_0+d_1}{2}$$

$$d_{30}=\frac{d_0+2d_1+d_2}{2}$$

$$g_c=\frac{E_{c1}}{(1+\nu_1)K_2 d_1 k_{eff}{}^2}$$

损耗单胞的等效面密度表示为

$$m_{eff}=m_0+m_1+m_2\tag{5.16}$$

式中：m_0 为基板的面密度，$m_0=\rho_0 d_0$；m_1 为阻尼层的面密度，$m_1=\rho_1 d_1$；m_2 为约束层的面密度，$m_2=\rho_2 d_2$；ρ_1 为阻尼层材料的密度；ρ_2 为约束层材料的密度。

等效波数可以表示为

$$k_{eff}=(m_{eff}\omega^2/D_{eff})^{1/4}\tag{5.17}$$

根据式(5.15)～式(5.17)，可以计算出等效波数 k_{eff} 和等效刚度 D_{eff}。由于阻尼层的耗散特性，所求解的等效波数是一个复数，可以表示为 $k_{eff}=k_{eff}^{Re}-i\cdot k_{eff}^{Im}$，其中 k_{eff}^{Re} 和 k_{eff}^{Im} 分别

是实部和虚部。在损耗单胞中正向弯曲波传播模式的位移可以表示为

$$A_1 e^{-i(k_{eff}^{Re}-i\cdot k_{eff}^{Im})x}=A_1 e^{-ik_{eff}^{Re}x}e^{-k_{eff}^{Im}x} \tag{5.18}$$

式中：$e^{-ik_{eff}^{Re}x}$ 为在空间中弯曲波以简谐运动形式传播的位移；$e^{-k_{eff}^{Im}x}$ 为在空间中弯曲波以指数衰减形式传播的位移。

因此，k_{eff}^{Re} 和 k_{eff}^{Im} 分别与损耗单胞中反射波的相位跳变和幅值相关。

为了获得所设计损耗单胞的等效力学参数，通过动态热机械分析仪（Dynamical Mechanical Analysis，DMA）测量阻尼层材料（丁基橡胶）的储能模量（弹性模量的实部）E_1^{Re}（GPa）和损耗因子 η。测试装置如图 5 - 11 所示，丁基橡胶试样如图中左下角所示。本实验中采用的 DMA 的测量频率范围是 0～1 000 Hz。

储能模量和损耗因子的实验测试结果如图 5 - 12 所示。为使用方便，对图中的数据曲线进行拟合，得到相应的拟合函数为

$$\left.\begin{aligned}E_1^{Re}(f)&=2.315\times10^{-8}\cdot f^3-3.648\times10^{-5}\cdot f^2+2.714\times10^{-2}\cdot f+6.372\\&\qquad(200\leqslant f\leqslant 1\,000\ \text{Hz})\\\eta(f)&=-2.713\times10^{-12}\cdot f^4+6.139\times10^{-9}\times f^3-4.917\times10^{-6}\cdot f^2+\\&\quad 1.754\times10^{-3}\cdot f+0.224\,7\qquad(200\leqslant f\leqslant 1\,000\ \text{Hz})\end{aligned}\right\} \tag{5.19}$$

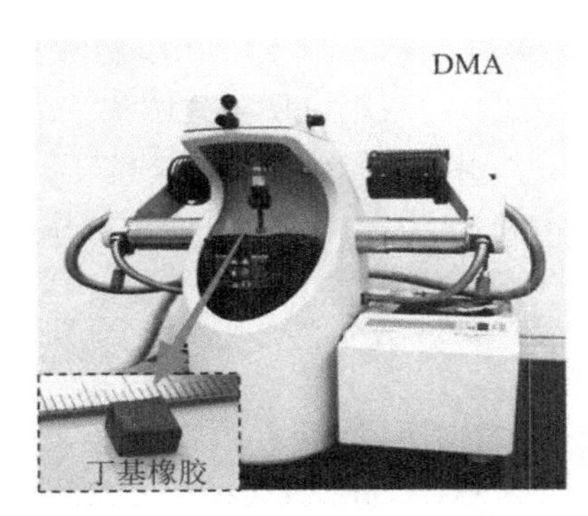

图 5 - 11　动态热机械分析仪

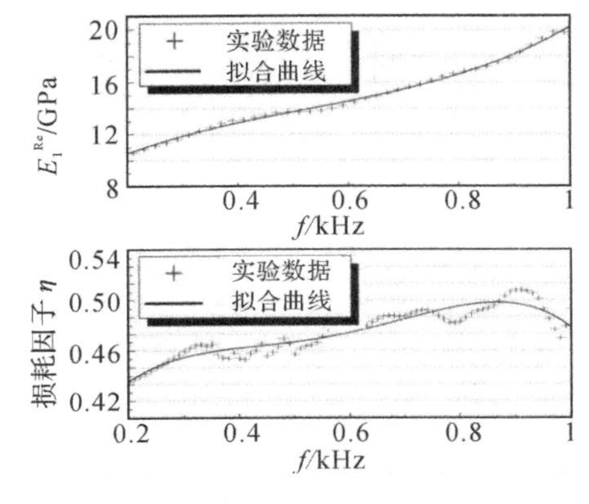

图 5 - 12　试验测试储能模量和损耗因子数据的拟合曲线

2. 约束层和阻尼层参数对单胞中反射波幅值和相位的影响

在建立起损耗单胞的等效解析模型后，就要研究约束层和阻尼层参数对单胞调控反射波性能的影响。首先，对于不考虑约束层和阻尼层的单胞，我们可以通过调节第 j 个单胞的长度 h_j 来调节反射波的相位跳变 $\phi_j=2k_0h_j$。当 J 个单胞中反射波的相位跳变沿空间近似为线性变化时，这些单胞的长度满足[46]

$$h_j=\frac{j\lambda_0}{2J}+h_0 \quad (j=1,2,\cdots,J) \tag{5.20}$$

式中：λ_0为当频率为中心频率时入射波的波长，$\lambda_0=2\pi/k_0$；h_0 为单胞的附加固定长度，表示所有单胞长度相等的部分，它的变化不会影响梯度相位的分布，仅有调节单胞耗散强弱的作用。

基于这些单胞，通过广义斯涅尔定律和衍射定理，可以调控无损耗梯度弹性波超构表面(Gradient Elastic Metasurface, GEM)中的反射波。

当频率为 f 时，在这 J 个单胞中，第 1 个和第 J 个单胞之间的相位跳变差最大，即

$$\text{Max}(\phi)=2(h_J-h_1)k_f \tag{5.21}$$

式中：k_f 为波数。将约束阻尼层引入到单胞后，最大的相位跳变差 Max(ϕ)成为

$$\text{Max}(\phi)_{\text{loss}}=2(h_J-h_1)k_f^{\text{Re}} \tag{5.22}$$

式中：k_f^{Re} 是频率为 f 时等效波数的实部。当无损耗单胞和损耗单胞的相位分辨率之差小于 0.32%·2π(约 0.02 rad)时[170]，约束阻尼层导致的相位跳变偏差可以忽略不计。因此，为了独立研究外部阻尼和相位对耗散的影响，即引入约束阻尼层后单胞中反射波的相位跳变近似不变，对于 J 个单胞，Max(ϕ)和 Max$(\phi)_{\text{loss}}$ 的差值需要满足：

$$\Delta\phi=\left|\text{Max}(\phi)-\text{Max}(\phi)_{\text{loss}}\right|<0.02(J-1) \tag{5.23}$$

根据式(5.20)～式(5.23)，可得波数变化量为

$$\Delta k_f^{\text{Re}}=\left|k_f^{\text{Re}}-k_f\right|<\frac{0.02J}{\lambda_0} \tag{5.24}$$

当满足式(5.24)时，按中心频率 f_0 设计的单胞，工作频率从 f_0 变为 f，引入的约束阻尼层仍不会导致相位偏差。不失一般性，设中心频率 f_0 为 600 Hz，相应的波长 λ_0 为 221.2 mm，单胞的数量和式(5.20)中附加固定长度分别为 $J=12$ 和 $h_0=\lambda_0/2$。根据式(5.24)，可得

$$\Delta k_f^{\text{Re}}<0.02J/\lambda_0\approx 1.08 \tag{5.25}$$

为了定量评估阻尼层厚度 d_1 和约束层厚度 d_2 对 $f_{\min}\leqslant f\leqslant f_{\max}$ 频率范围 k_{eff} 实部和虚部的影响，定义影响系数为

$$\Delta\bar{k}_f^{\text{Re}}(d_1,d_2)=\frac{1}{f_{\max}-f_{\min}}\int_{f_{\min}}^{f_{\max}}\Delta k_f^{\text{Re}}(d_1,d_2,f)\,\mathrm{d}f \tag{5.26}$$

$$\bar{k}_f^{\text{Im}}(d_1,d_2)=\frac{1}{f_{\max}-f_{\min}}\int_{f_{\min}}^{f_{\max}}k_{\text{eff}}^{\text{Im}}(d_1,d_2,f)\,\mathrm{d}f \tag{5.27}$$

式中：$f_{\min}$ 和 $f_{\max}$ 分别为所考虑的频率范围内的下限(本书为 200 Hz)和上限(本书为 1 000 Hz)。$\Delta\bar{k}_f^{\text{Re}}$ 和 $\bar{k}_f^{\text{Im}}$ 的解析解分别如图 5-13(a)(b)所示。在图 5-13(a)(b)中，根据式(5.25)，阻尼层和约束层的厚度分别选为 3 mm 和 0.15 mm，相应的影响系数 $\Delta\bar{k}_f^{\text{Re}}$ 为 0.9。

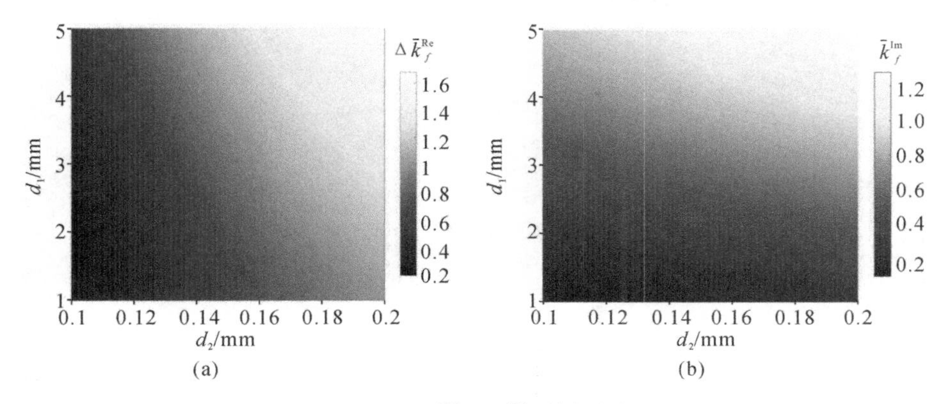

图 5－13　$\Delta\bar{k}_f^{Re}$ 和 $\bar{k}_f^{Im}$ 的解析解

（分别定量评估阻尼层厚度 d_1 和约束层厚度 d_2 对 k_{eff} 实部和虚部的影响）

3. 单胞中反射波的反射系数和相位跳变

对于前面选定了约束层和阻尼层厚度的单胞，随着频率的变化，系数 Δk_f^{Re} 和 k_{eff}^{Im} 的解析解如图 5－14 所示。从图中可以看到，在整个频率范围内，波数变化量 Δk_f^{Re} 的值小于 1.08，证实所设计的约束阻尼层所导致的相位跳变偏差可以忽略。进而，我们来求解无损耗单胞和损耗单胞中反射波的反射系数和相位跳变。将（Ⅰ）区域和（Ⅱ）区域中的位移 w、转角 φ、弯矩 M 和剪力 V 组合为状态向量

$$\boldsymbol{v}=[w \quad \varphi \quad M \quad V]^{\mathrm{T}} \tag{5.28}$$

将（Ⅰ）区域和（Ⅱ）区域中的待定复系数 A、B、C 和 D 组合为系数向量

$$\boldsymbol{k}=[A \quad B \quad C \quad D]^{\mathrm{T}} \tag{5.29}$$

转角 φ、弯矩 M 和剪力 V 与位移之间的关系分别为

$$\left.\begin{aligned} \varphi&=w' \\ M&=EIw'' \\ V&=-EIw''' \end{aligned}\right\} \tag{5.30}$$

根据式(5.12)和式(5.28)～式(5.30)，得到（Ⅰ）区域和（Ⅱ）区域中的状态向量和系数向量之间的关系为

$$\left.\begin{aligned} \boldsymbol{v}^{(\mathrm{I})}&=\boldsymbol{T}_1\cdot\boldsymbol{k}^{(\mathrm{I})} \\ \boldsymbol{v}^{(\mathrm{II})}&=\boldsymbol{T}_2\cdot\boldsymbol{k}^{(\mathrm{II})} \end{aligned}\right\} \tag{5.31}$$

式中：$\boldsymbol{T}_1$ 为（Ⅰ）区域中状态向量和系数向量之间的传递矩阵，且有

$$\boldsymbol{T}_1=\begin{bmatrix} 1 & 1 & 1 & 1 \\ -\mathrm{i}k_0 & \mathrm{i}k_0 & -k_0 & k_0 \\ -D_0k_0^{\ 2} & -D_0k_0^{\ 2} & D_0k_0^{\ 2} & D_0k_0^{\ 2} \\ -\mathrm{i}D_0k_0^{\ 3} & \mathrm{i}D_0k_0^{\ 3} & D_0k_0^{\ 3} & -D_0k_0^{\ 3} \end{bmatrix} \tag{5.32}$$

$\boldsymbol{T}_2$ 为（Ⅱ）区域中状态向量和系数向量之间的传递矩阵，且有

$$\boldsymbol{T}_2=\begin{bmatrix} 1 & 1 & 1 & 1 \\ -\mathrm{i}k_{\mathrm{eff}} & \mathrm{i}k_{\mathrm{eff}} & -k_{\mathrm{eff}} & k_{\mathrm{eff}} \\ -D_{\mathrm{eff}}k_{\mathrm{eff}}^{\ 2} & -D_{\mathrm{eff}}k_{\mathrm{eff}}^{\ 2} & D_{\mathrm{eff}}k_{\mathrm{eff}}^{\ 2} & D_{\mathrm{eff}}k_{\mathrm{eff}}^{\ 2} \\ -\mathrm{i}D_{\mathrm{eff}}k_{\mathrm{eff}}^{\ 3} & \mathrm{i}D_{\mathrm{eff}}k_{\mathrm{eff}}^{\ 3} & D_{\mathrm{eff}}k_{\mathrm{eff}}^{\ 3} & -D_{\mathrm{eff}}k_{\mathrm{eff}}^{\ 3} \end{bmatrix} \tag{5.33}$$

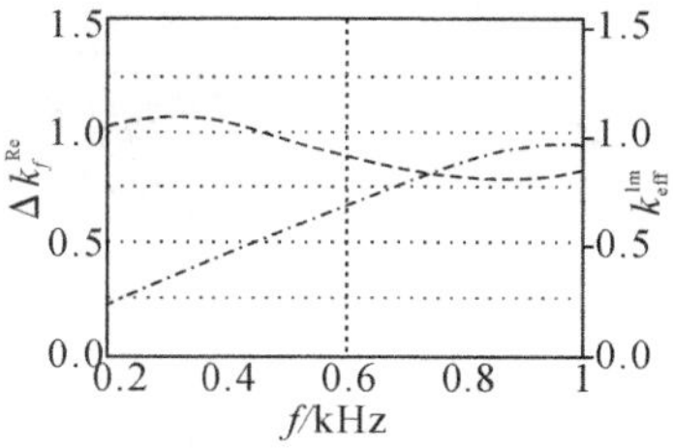

图 5-14　当阻尼层和约束层厚度分别为 3 mm 和 0.15 mm 时，Δk_f^{Re}（虚线）和 $k_{\mathrm{eff}}^{\mathrm{Im}}$（点划线）的解析解

如图 5-15 所示，在（Ⅰ）区域和（Ⅱ）区域之间的界面处，标注弯矩 M 和剪力 V 的正方向，可以得到该界面处的边界条件为

$$\left.\begin{array}{c} w_{\mathrm{R}}^{(\mathrm{I})}=w_{\mathrm{L}}^{(\mathrm{II})} \\ \varphi_{\mathrm{R}}^{(\mathrm{I})}=\varphi_{\mathrm{L}}^{(\mathrm{II})} \\ M_{\mathrm{R}}^{(\mathrm{I})}=\begin{cases} M_{\mathrm{L}}^{(\mathrm{II})}, & |y-y_j|<p \\ 0, & \text{其他} \end{cases} \\ V_{\mathrm{R}}^{(\mathrm{I})}=\begin{cases} V_{\mathrm{L}}^{(\mathrm{II})}, & |y-y_j|<p \\ 0, & \text{其他} \end{cases} \end{array}\right\} \tag{5.34}$$

式中：y_j 为第 j 个单胞中心位置的纵坐标。

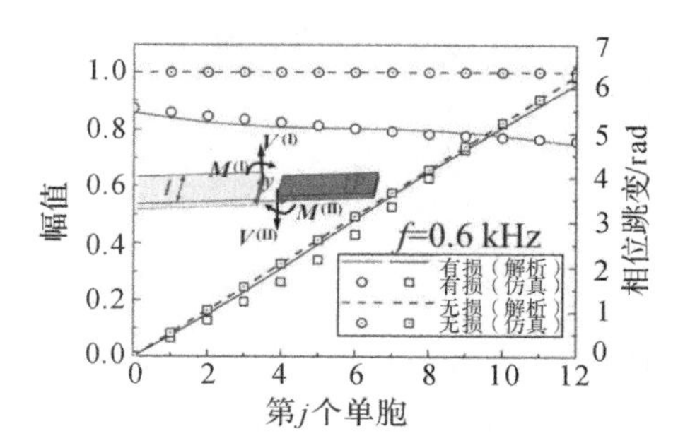

图 5-15　中心频率为 600 Hz 时，损耗单胞和无损耗单胞中反射波的反射系数和相位跳变的解析解和仿真解（解析模型如图中小图所示）

在 $y<y_j+|l/2|$ 范围，将式(5.34)沿 y 轴积分，得到（Ⅰ）区域右端和（Ⅱ）区域左端之间状态向量的传递方程：

$$\boldsymbol{v}_{\mathrm{L}}^{(\mathrm{II})}=\begin{bmatrix} 1 & 0 & 0 & 0 \\ 0 & 1 & 0 & 0 \\ 0 & 0 & \varepsilon & 0 \\ 0 & 0 & 0 & \varepsilon \end{bmatrix}\boldsymbol{v}_{\mathrm{R}}^{(\mathrm{I})}=\boldsymbol{T}_3\boldsymbol{v}_{\mathrm{R}}^{(\mathrm{I})} \tag{5.35}$$

式中：ε 为常数，$\varepsilon = l/p$；l 为单胞及单胞间开缝的总宽度。

根据式(5.31)和式(5.35)，可以得到

$$\boldsymbol{k}_{\mathrm{L}}^{(\mathrm{II})} = \boldsymbol{T}_2^{-1} \boldsymbol{T}_3 \boldsymbol{T}_1 \boldsymbol{k}_{\mathrm{R}}^{(\mathrm{I})} = \boldsymbol{T}_{\mathrm{t}} \boldsymbol{k}_{\mathrm{R}}^{(\mathrm{I})} \tag{5.36}$$

可以看出，当系数向量的传递矩阵 $\boldsymbol{T}_{\mathrm{t}}$ 为单位矩阵时，(Ⅰ)区域和(Ⅱ)区域之间界面处阻抗匹配，这意味着不会有任何反射波。

另外，(Ⅱ)区域右端为自由端，即剪力和弯矩都为零，相应的矩阵形式表示为

$$\boldsymbol{T}_4 \boldsymbol{k}_{\mathrm{L}}^{(\mathrm{II})} = 0 \tag{5.37}$$

式中

$$\boldsymbol{T}_4 = \begin{bmatrix} -D_{\mathrm{eff}} k_{\mathrm{eff}}^2 \mathrm{e}^{-\mathrm{i}k_{\mathrm{eff}} h_j} & -D_{\mathrm{eff}} k_{\mathrm{eff}}^2 \mathrm{e}^{\mathrm{i}k_{\mathrm{eff}} h_j} & D_{\mathrm{eff}} k_{\mathrm{eff}}^2 \mathrm{e}^{-k_{\mathrm{eff}} h_j} & D_{\mathrm{eff}} k_{\mathrm{eff}}^2 \mathrm{e}^{k_{\mathrm{eff}} h_j} \\ -\mathrm{i} D_{\mathrm{eff}} k_{\mathrm{eff}}^3 \mathrm{e}^{-\mathrm{i}k_{\mathrm{eff}} h_j} & \mathrm{i} D_{\mathrm{eff}} k_{\mathrm{eff}}^3 \mathrm{e}^{\mathrm{i}k_{\mathrm{eff}} h_j} & D_{\mathrm{eff}} k_{\mathrm{eff}}^3 \mathrm{e}^{-k_{\mathrm{eff}} h_j} & -D_{\mathrm{eff}} k_{\mathrm{eff}}^3 \mathrm{e}^{k_{\mathrm{eff}} h_j} \end{bmatrix} \tag{5.38}$$

(Ⅰ)区域中波场可以表示为

$$w^{(\mathrm{I})}(x) = \mathrm{e}^{-\mathrm{i}k_{\mathrm{b1}} x} + r_{\mathrm{b}} \mathrm{e}^{\mathrm{i}k_{\mathrm{b1}} x} + r_{\mathrm{b}}^{*} \mathrm{e}^{k_{\mathrm{b1}} x} \tag{5.39}$$

式中：$\mathrm{e}^{-\mathrm{i}k_{\mathrm{b1}} x}$ 是幅值为 1 的入射波；r_{b} 和 r_{b}^{*} 分别为反射波传播模式和倏逝模式的反射系数。因此，可以得到系数向量

$$\boldsymbol{k}_{\mathrm{R}}^{(\mathrm{I})} = [1 \quad r_{\mathrm{b}} \quad 0 \quad r_{\mathrm{b}}^{*}]^{\mathrm{T}} \tag{5.40}$$

根据式(5.36)和式(5.37)，得到

$$\boldsymbol{T}_4 \boldsymbol{T}_{\mathrm{t}} \boldsymbol{k}_{\mathrm{R}}^{(\mathrm{I})} = \boldsymbol{T}_5 \boldsymbol{k}_{\mathrm{R}}^{(\mathrm{I})} = 0 \tag{5.41}$$

式中：$\boldsymbol{T}_5$ 为损耗单胞的传递矩阵。

在(Ⅰ)区域远场中反射波传播模式的反射系数和相位可以通过式(5.41)求解[88,95]。所有单胞的相位跳变是它们的相位与第 1 个单胞的相位之间的差值。当 k_{eff} 和 D_{eff} 分别等于 k_0 和 D_0 时，损耗单胞的传递矩阵 $\boldsymbol{T}_5$ 将退化为无损耗单胞的传递矩阵。中心频率为 600 Hz 时，损耗单胞中反射波的反射系数和相位跳变解析解，分别如图 5-15 中红实线和蓝实线所示。从图中可以看出，解析解与仿真解吻合良好，均显示损耗单胞与无损耗单胞中反射波的相位跳变几乎相同，无损耗单胞中反射波的反射系数始终为 1，而损耗单胞中反射波的平均反射系数降低到 80%。进一步分析不同频率时，损耗单胞和无损耗单胞中反射波的相位跳变和反射系数，如图 5-16(a)～(d)所示。从图中可以看到，在整个频率范围内，损耗与无损耗单胞中反射波的相位跳变几乎相同，而损耗单胞中反射波的反射系数随频率的增加而减小。这再次验证了单胞中引入外部阻尼所导致的相位跳变偏差可以忽略，从而能够独立地研究阻尼和相位对弯曲波耗散的影响。

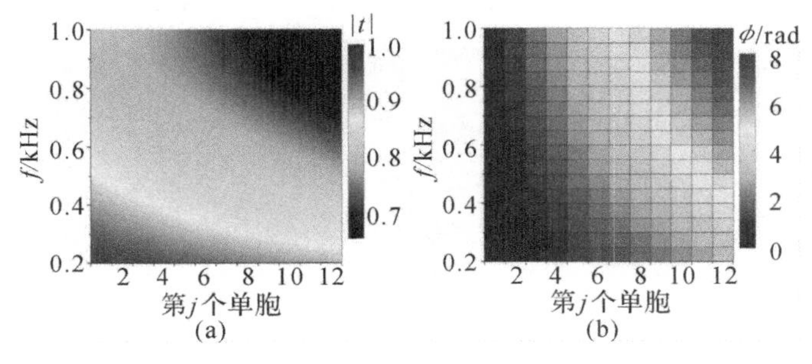

图 5-16　随频率的变化，损耗单胞和无损耗单胞反射系数和相位跳变的解析解

(a)损耗单胞反射系数；(b)损耗单胞相位跳变

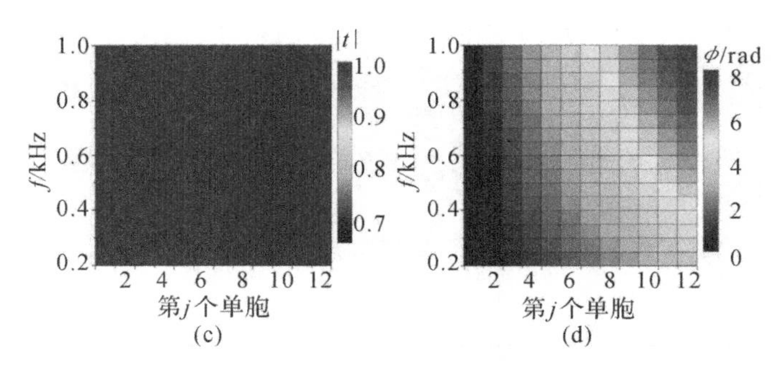

续图 5-16 随频率的变化，损耗单胞和无损耗单胞相位跳变和反射系数的解析解

(c)无损耗单胞反射系数；(d)无损耗单胞相位跳变

5.2.2 弯曲波的衍射机理

1. 弯曲波的模式耦合方法

基于前面所设计的单胞，将它们周期性地排列组合为 LGEM。如图 5-9 所示，入射波传播到 LGEM 时发生衍射，这些衍射波的反射角可以根据如下的衍射定理来计算：

$$k_{yn}=k_y^{\text{in}}+n\gamma \tag{5.42}$$

式中：k_y^{in} 为入射波在 y 方向的波数，$k_y^{\text{in}}=k_0\sin\theta_{\text{in}}$；$\theta_{\text{in}}$ 为入射波的入射角；k_{yn} 为第 n 阶衍射波在 y 方向的波数，$k_{yn}=k_0\sin\theta_r^n$，θ_r^n 为第 n 阶衍射波的反射角；γ 为 LGEM 的相位梯度，$\gamma=2\pi/g$，g 为超胞的宽度。

当 $n=1$ 时，式(5.42)退化为 $k_{yn}=k_y^{\text{in}}+\gamma$，即所谓的广义斯涅尔定律。根据式(5.42)，可以求得第 n 阶衍射波的反射角为

$$\theta_r^n=\arcsin\left(\sin\theta_{\text{in}}+n\frac{\gamma}{k_0}\right) \tag{5.43}$$

现在用拓展的模式耦合方法来解析计算这些衍射波的反射系数。将基板和 LGEM 结构分别划分为(P)区域和(S)区域，如图 5-10(b)所示。为了使拓展的模式耦合方法更具普适性而对垂直入射 LGEM 和斜入射 LGEM 的入射波均适用，对于(P)区域，我们考虑二维板中弯曲波的控制方程：

$$D_0\left(\nabla^2\nabla^2+\rho_0 d_0\frac{\partial^2}{\partial t^2}\right)w^{(\text{P})}(x,y,t)=0 \tag{5.44}$$

式中

$$\nabla^2=\frac{\partial^2}{\partial x^2}+\frac{\partial^2}{\partial y^2}$$

(P)区域中包括所有衍射模式的总位移场可以表示为

$$w^{(\text{P})}(x,y)=\sum_{n=0}^{\pm\infty}\left(\delta_{n,0}\cdot A_i\mathrm{e}^{-\mathrm{i}k_{y0}\cdot y}\mathrm{e}^{-\mathrm{i}k_{x0}\cdot x}+A_n\mathrm{e}^{-\mathrm{i}k_{yn}\cdot y}\mathrm{e}^{\mathrm{i}k_{xn}\cdot x}+B_n\mathrm{e}^{-\mathrm{i}k_{yn}\cdot y}\mathrm{e}^{\hat{k}_{xn}\cdot x}\right) \tag{5.45}$$

式中：$\delta_{n,0}$ 为克罗内克函数；A_i 为入射波的幅值；A_n 为第 n 阶弯曲波衍射的传播模式的待

定复系数；B_n 为第 n 阶弯曲波衍射的倏逝模式的待定复系数；k_{xn} 为弯曲波衍射的传播模式的 x 波矢分量，$k_{xn}=\sqrt{k_0{}^2-k_{yn}{}^2}$；$\hat{k}_{xn}$ 为弯曲波衍射的倏逝模式的 x 波矢分量，$\hat{k}_{xn}=-\mathrm{i}\sqrt{-k_0{}^2-k_{yn}{}^2}$。

将式(5.45)中所有待定复系数组成系数向量：

$$\boldsymbol{T}_{\mathrm{r}}^{\mathrm{P}}=[\boldsymbol{e}_1 \quad \cdots \quad \boldsymbol{e}_n \quad \cdots \quad \boldsymbol{e}_N]^{\mathrm{T}} \tag{5.46}$$

式中：$\boldsymbol{e}_n=[A_n \quad B_n]$。根据正交关系，这些反射衍射模式的 y 波矢分量有如下关系：

$$\int_{-g/2}^{g/2}\psi_j\cdot\psi_n^*\,\mathrm{d}y=0 \quad (j\neq n) \tag{5.47}$$

式中：$\psi_n=\mathrm{e}^{-\mathrm{i}k_{yn}\cdot y}$。

回顾式(5.43)，如果相位梯度 γ 满足关系式：

$$\left|n\frac{\gamma}{k_0}\right|_{n=\hat{N}}<2 \tag{5.48}$$

则在 $-90°\sim90°$ 的范围内，总能找到一个入射角 θ_{in}，使第 $\hat{N}$ 阶衍射波的反射角存在($\hat{N}$ 是所有存在反射角的衍射波中最大的衍射阶数值)。也就是说，当相位梯度满足 $|\hat{N}|<2k_0/\gamma$ 时，存在从第 $-\hat{N}$ 阶至第 $\hat{N}$ 阶的弯曲波衍射传播模式，而其他阶衍射模式均为倏逝模式。因此，实际上式(5.45)仅仅包含有限个传播模式，其个数可以通过下式得到：

$$N=2\hat{N}+1=2\cdot\mathrm{roundup}(2k_0/\gamma)-1 \tag{5.49}$$

式中，roundup 函数是向上舍入的取整函数。式(5.49)表明反射场中这些衍射传播模式的个数是由相位梯度 γ 控制的。应该指出的是，该衍射传播模式的个数包含所有被耗散的传播模式个数。

在(S)区域中，由于单胞的宽度远小于入射波长，因此只需考虑纯波导模式，第 j 个单胞中弯曲波的位移场可以表示为

$$w_j^{(\mathrm{S})}(x)=a_j\mathrm{e}^{-\mathrm{i}k_{\mathrm{eff}}\cdot x}+b_j\mathrm{e}^{-k_{\mathrm{eff}}\cdot x}+c_j\mathrm{e}^{\mathrm{i}k_{\mathrm{eff}}\cdot x}+d_j\mathrm{e}^{k_{\mathrm{eff}}\cdot x} \tag{5.50}$$

式中：a_j、b_j、c_j 和 d_j 是待定复系数。定义(S)区域中纯波导模式的系数向量为

$$\boldsymbol{T}^{\mathrm{S}}=[\boldsymbol{k}_1 \quad \cdots \quad \boldsymbol{k}_j \quad \cdots \quad \boldsymbol{k}_J]^{\mathrm{T}} \tag{5.51}$$

式中：$\boldsymbol{k}_j=[a_j \quad b_j \quad c_j \quad d_j]$。

在图 5-9 二维基板模型中，转角 φ、弯矩 M 和剪力 V 的 x 轴分量与位移的关系分别为

$$\varphi_x^{(\mathrm{P})}=\frac{\partial w^{(\mathrm{P})}}{\partial x} \tag{5.52}$$

$$M_x^{(\mathrm{P})}=\begin{cases}D_0\left(\dfrac{\partial^2 w^{(\mathrm{P})}}{\partial x^2}+\nu\dfrac{\partial^2 w^{(\mathrm{P})}}{\partial y^2}\right), & |y-y_j|\leqslant p/2\\ 0, & |y-y_j-l/2|\leqslant(l-p)/2\end{cases} \tag{5.53}$$

$$V_x^{(\mathrm{P})}=\begin{cases}-D_0\left[\dfrac{\partial^3 w^{(\mathrm{P})}}{\partial x^3}+(2-\nu)\dfrac{\partial^3 w^{(\mathrm{P})}}{\partial x\partial y^2}\right], & |y-y_j|\leqslant p/2\\ 0, & |y-y_j-(l/2)|\leqslant(l-p)/2\end{cases} \tag{5.54}$$

式中：$y_j=(j-1)l$，剪力包括了扭矩产生的剪力[173]。

根据 $x=0$ 界面处位移 x 轴分量的连续条件，并在 $|y-y_j|\leqslant p/2$ 范围内沿 y 轴积分，

得到

$$\begin{bmatrix} {}_1P^1 \\ \vdots \\ {}_1P^j \\ \vdots \\ {}_1P^J \end{bmatrix} \boldsymbol{T}_{\mathrm{i}}^{\mathrm{P}} + \begin{bmatrix} {}_1\boldsymbol{H}_1^1 \cdots & {}_1\boldsymbol{H}_n^1 & \cdots & {}_1\boldsymbol{H}_N^1 \\ \vdots & \vdots & & \vdots \\ {}_1\boldsymbol{H}_1^j \cdots & {}_1\boldsymbol{H}_n^j & \cdots & {}_1\boldsymbol{H}_N^j \\ \vdots & \vdots & & \vdots \\ {}_1\boldsymbol{H}_1^J \cdots & {}_1\boldsymbol{H}_n^J & \cdots & {}_1\boldsymbol{H}_N^J \end{bmatrix} \boldsymbol{T}_{\mathrm{r}}^{\mathrm{P}} = \begin{bmatrix} {}_1\boldsymbol{q}^1 & & & & \\ & \ddots & & & \\ & & {}_1\boldsymbol{q}^j & & \\ & & & \ddots & \\ & & & & {}_1\boldsymbol{q}^J \end{bmatrix} \boldsymbol{T}^{\mathrm{S}} \tag{5.55}$$

式中

$${}_1\boldsymbol{H}_n^j(j,n) = \left[\mathrm{e}^{-\mathrm{i}k_{yn}\cdot y_j}\mathrm{sinc}(k_{yn}\cdot p/2) \quad \mathrm{e}^{-\mathrm{i}k_{yn}\cdot y_j}\mathrm{sinc}(k_{yn}\cdot p/2) \right] \tag{5.56}$$

$${}_1P^j(j) = \mathrm{e}^{-\mathrm{i}k_{y0}\cdot y_j}\mathrm{sinc}(k_{y0}\cdot p/2) \tag{5.57}$$

$${}_1\boldsymbol{q}^j = [1 \quad 1 \quad 1 \quad 1] \tag{5.58}$$

$\boldsymbol{T}_{\mathrm{i}}^{\mathrm{P}}$ 是元素都为 A_i 的列向量。同理，根据 $x=0$ 界面处转角 x 轴分量的连续条件，并在 $|y-y_{\mathrm{j}}|\leqslant p/2$ 范围内沿 y 轴积分，得到

$$\begin{bmatrix} {}_2P^1 \\ \vdots \\ {}_2P^j \\ \vdots \\ {}_2P^J \end{bmatrix} \boldsymbol{T}_{\mathrm{i}}^{\mathrm{P}} + \begin{bmatrix} {}_2\boldsymbol{H}_1^1 \cdots & {}_2\boldsymbol{H}_n^1 & \cdots & {}_2\boldsymbol{H}_N^1 \\ \vdots & \vdots & & \vdots \\ {}_2\boldsymbol{H}_1^j \cdots & {}_2\boldsymbol{H}_n^j & \cdots & {}_2\boldsymbol{H}_N^j \\ \vdots & \vdots & & \vdots \\ {}_2\boldsymbol{H}_1^J \cdots & {}_2\boldsymbol{H}_n^J & \cdots & {}_2\boldsymbol{H}_N^J \end{bmatrix} \boldsymbol{T}_{\mathrm{r}}^{\mathrm{P}} = \begin{bmatrix} {}_2\boldsymbol{q}^1 & & & & \\ & \ddots & & & \\ & & {}_2\boldsymbol{q}^j & & \\ & & & \ddots & \\ & & & & {}_2\boldsymbol{q}^J \end{bmatrix} \boldsymbol{T}^{\mathrm{S}} \tag{5.59}$$

式中

$${}_2\boldsymbol{H}_n^j(j,n) = \left[\mathrm{i}k_{xn}\mathrm{e}^{-\mathrm{i}k_{yn}\cdot y_j}\cdot\mathrm{sinc}(k_{yn}\cdot p/2) \quad \hat{k}_{xn}\mathrm{e}^{-\mathrm{i}k_{yn}\cdot y_j}\cdot\mathrm{sinc}(k_{yn}\cdot p/2) \right] \tag{5.60}$$

$${}_2P^j(j) = -\mathrm{i}k_{x0}\mathrm{e}^{-\mathrm{i}k_{y0}\cdot y_j}\cdot\mathrm{sinc}(k_{y0}\cdot p/2) \tag{5.61}$$

$${}_2\boldsymbol{q}^j = [-\mathrm{i}k_{\mathrm{eff}} \quad -k_{\mathrm{eff}} \quad \mathrm{i}k_{\mathrm{eff}} \quad k_{\mathrm{eff}}] \tag{5.62}$$

根据 $x=0$ 界面处弯矩 x 轴分量的连续条件和波矢的正交关系式(5.47)，并在 $0\leqslant y\leqslant g$ 范围内沿 y 轴积分，得到

$$\begin{bmatrix} {}_3P^1 \\ \vdots \\ {}_3P^n \\ \vdots \\ {}_3P^N \end{bmatrix} \boldsymbol{T}_{\mathrm{i}}^{\mathrm{P}} + \begin{bmatrix} {}_3\boldsymbol{H}_1 & & & & \\ & \ddots & & & \\ & & {}_3\boldsymbol{H}_n & & \\ & & & \ddots & \\ & & & & {}_3\boldsymbol{H}_N \end{bmatrix} \boldsymbol{T}_{\mathrm{r}}^{\mathrm{P}} = \begin{bmatrix} {}_3\boldsymbol{q}_1^1 \cdots & {}_3\boldsymbol{q}_1^j & \cdots & {}_3\boldsymbol{q}_1^J \\ \vdots & \vdots & & \vdots \\ {}_3\boldsymbol{q}_n^1 \cdots & {}_3\boldsymbol{q}_n^j & \cdots & {}_3\boldsymbol{q}_n^J \\ \vdots & \vdots & & \vdots \\ {}_3\boldsymbol{q}_N^1 \cdots & {}_3\boldsymbol{q}_N^j & \cdots & {}_3\boldsymbol{q}_N^J \end{bmatrix} \boldsymbol{T}^{\mathrm{S}} \tag{5.63}$$

式中

$${}_3P^n = D_0 g\cdot(-k_{x0}{}^2 - \nu k_{y0}{}^2) \tag{5.64}$$

$${}_3\boldsymbol{H}_n(n) = \left[D_0 g\cdot(-k_{xn}{}^2 - \nu k_{yn}{}^2) \quad \hat{k}_{xn}{}^2 - \nu k_{yn}{}^2 \right] \tag{5.65}$$

$${}_3\boldsymbol{q}_n^j(j,n) = [-\zeta_1 \quad \zeta_1 \quad -\zeta_1 \quad \zeta_1] \tag{5.66}$$

$$\zeta_1 = D_{\mathrm{eff}}pk_{\mathrm{eff}}{}^2\mathrm{sinc}(k_{yn}\cdot p/2)\cdot\mathrm{e}^{\mathrm{i}k_{yn}y_j} \tag{5.67}$$

同理，根据 $x=0$ 界面处剪力 x 轴分量的连续条件和波矢的正交关系式(5.47)，并在

$0 \leqslant y \leqslant g$ 范围内沿 y 轴积分，得到

$$\begin{bmatrix} {}_4P^1 \\ \vdots \\ {}_4P^n \\ \vdots \\ {}_4P^N \end{bmatrix} \boldsymbol{T}_{\mathrm{i}}^{\mathrm{P}} + \begin{bmatrix} {}_4\boldsymbol{H}_1 & & & & \\ & \ddots & & & \\ & & {}_4\boldsymbol{H}_n & & \\ & & & \ddots & \\ & & & & {}_4\boldsymbol{H}_N \end{bmatrix} \boldsymbol{T}_{\mathrm{r}}^{\mathrm{P}} = \begin{bmatrix} {}_4\boldsymbol{q}_1^1 \cdots & {}_4\boldsymbol{q}_1^j & \cdots & {}_4\boldsymbol{q}_1^J \\ \vdots & \vdots & & \vdots \\ {}_4\boldsymbol{q}_n^1 \cdots & {}_4\boldsymbol{q}_n^j & \cdots & {}_4\boldsymbol{q}_n^J \\ \vdots & \vdots & & \vdots \\ {}_4\boldsymbol{q}_N^1 \cdots & {}_4\boldsymbol{q}_N^j & \cdots & {}_4\boldsymbol{q}_N^J \end{bmatrix} \boldsymbol{T}^{\mathrm{S}} \tag{5.68}$$

式中

$${}_4P^n = D_0 g \cdot \left[\mathrm{i}k_{x0}^{\ 3} + (2-\nu)\mathrm{i}k_{x0}k_{y0}^{\ 2}\right] \tag{5.69}$$

$${}_4\boldsymbol{H}_n(n) = D_0 g \cdot \left[-\mathrm{i}k_{xn}^{\ 3} - (2-\nu)\mathrm{i}k_{xn}k_{yn}^{\ 2} \quad \hat{k}_{xn}^{\ 3} - (2-\nu)\hat{k}_{xn}k_{yn}^{\ 2}\right] \tag{5.70}$$

$${}_4\boldsymbol{q}_n^j(j,n) = [\mathrm{i}\cdot\zeta_2 \quad -\zeta_2 \quad -\mathrm{i}\cdot\zeta_2 \quad \zeta_2] \tag{5.71}$$

$$\zeta_2 = D_{\mathrm{eff}}\, p k_{\mathrm{eff}}^{\ 3} \operatorname{sinc}(k_{yn}\cdot p/2)\mathrm{e}^{\mathrm{i}k_{yn}y_j} \tag{5.72}$$

由于在单胞的右侧自由边界处，弯矩和剪力为零，从而得到

$$\begin{bmatrix} {}_5\boldsymbol{I}^1 & & & & \\ & \ddots & & & \\ & & {}_5\boldsymbol{I}^j & & \\ & & & \ddots & \\ & & & & {}_5\boldsymbol{I}^J \end{bmatrix} \boldsymbol{T}^{\mathrm{S}} = 0 \tag{5.73}$$

$$\begin{bmatrix} {}_6\boldsymbol{I}^1 & & & & \\ & \ddots & & & \\ & & {}_6\boldsymbol{I}^j & & \\ & & & \ddots & \\ & & & & {}_6\boldsymbol{I}^J \end{bmatrix} \boldsymbol{T}^{\mathrm{S}} = 0 \tag{5.74}$$

式中

$${}_5\boldsymbol{I}^j = \left[-\mathrm{e}^{-\mathrm{i}k_{\mathrm{eff}}h_j} \quad \mathrm{e}^{-k_{\mathrm{eff}}h_j} \quad -\mathrm{e}^{\mathrm{i}k_{\mathrm{eff}}h_j} \quad \mathrm{e}^{k_{\mathrm{eff}}h_j}\right] \tag{5.75}$$

$${}_6\boldsymbol{I}^j = \left[\mathrm{i}\mathrm{e}^{-\mathrm{i}k_{\mathrm{eff}}h_j} \quad -\mathrm{e}^{-k_{\mathrm{eff}}h_j} \quad -\mathrm{i}\mathrm{e}^{\mathrm{i}k_{\mathrm{eff}}h_j} \quad \mathrm{e}^{k_{\mathrm{eff}}h_j}\right] \tag{5.76}$$

式(5.55)、式(5.59)、式(5.63)、式(5.68)、式(5.73)和式(5.74)可以分别改写为如下形式：

$$\left.\begin{aligned} &\boldsymbol{P}_1\boldsymbol{T}_{\mathrm{i}}^{\mathrm{P}} + \boldsymbol{H}_1\boldsymbol{T}_{\mathrm{r}}^{\mathrm{P}} = \boldsymbol{Q}_1\boldsymbol{T}^{\mathrm{S}} \\ &\boldsymbol{P}_2\boldsymbol{T}_{\mathrm{i}}^{\mathrm{P}} + \boldsymbol{H}_2\boldsymbol{T}_{\mathrm{r}}^{\mathrm{P}} = \boldsymbol{Q}_2\boldsymbol{T}^{\mathrm{S}} \\ &\boldsymbol{P}_3\boldsymbol{T}_{\mathrm{i}}^{\mathrm{P}} + \boldsymbol{H}_3\boldsymbol{T}_{\mathrm{r}}^{\mathrm{P}} = \boldsymbol{Q}_3\boldsymbol{T}^{\mathrm{S}} \\ &\boldsymbol{P}_4\boldsymbol{T}_{\mathrm{i}}^{\mathrm{P}} + \boldsymbol{H}_4\boldsymbol{T}_{\mathrm{r}}^{\mathrm{P}} = \boldsymbol{Q}_4\boldsymbol{T}^{\mathrm{S}} \\ &\boldsymbol{Q}_5\boldsymbol{T}^{\mathrm{S}} = \boldsymbol{0} \\ &\boldsymbol{Q}_6\boldsymbol{T}^{\mathrm{S}} = \boldsymbol{0} \end{aligned}\right\} \tag{5.77}$$

根据式(5.77)，得到关于向量$\boldsymbol{T}_{\mathrm{r}}^{\mathrm{P}}$ 和$\boldsymbol{T}^{\mathrm{S}}$的线性方程：

$$\boldsymbol{G}_1 \cdot \begin{bmatrix} \boldsymbol{T}_r^P \\ \boldsymbol{T}^S \end{bmatrix} = \boldsymbol{G}_2 \cdot \boldsymbol{T}_i^P \tag{5.78}$$

式中：$\boldsymbol{T}_i^P$ 为 $(4J+2N)\times 1$ 的列向量，所有元素均为 A_i；$\boldsymbol{G}_1$ 为 $(4J+2N)\times(4J+2N)$ 的矩阵，且

$$\boldsymbol{G}_1 = \begin{bmatrix} -\boldsymbol{H}_1 & -\boldsymbol{H}_2 & -\boldsymbol{H}_3 & -\boldsymbol{H}_4 & \boldsymbol{0} & \boldsymbol{0} \\ \boldsymbol{Q}_1 & \boldsymbol{Q}_2 & \boldsymbol{Q}_3 & \boldsymbol{Q}_4 & \boldsymbol{Q}_5 & \boldsymbol{Q}_6 \end{bmatrix}^T \tag{5.79}$$

$\boldsymbol{G}_2$ 为 $(4J+2N)\times(4J+2N)$ 的矩阵，且

$$\boldsymbol{G}_2 = [\boldsymbol{P}_1 \quad \boldsymbol{P}_2 \quad \boldsymbol{P}_3 \quad \boldsymbol{P}_4 \quad \boldsymbol{0} \quad \boldsymbol{0}]^T \tag{5.80}$$

根据式(5.78)，可以计算出所有衍射模式的待定复系数。可以根据下式求得第 n 阶衍射模式的反射系数：

$$r_n = \frac{\sqrt{k_{xn}} \cdot |A_n|}{\sqrt{k_{x0}} \cdot |A_i|} \tag{5.81}$$

式中，反射系数 r_n^2 代表在 x 轴分量上 n 阶衍射模式的反射能量与入射波能量之比。应该指出的是，当 k_{eff} 和 D_{eff} 分别等于 k_0 和 D_0 时，可以通过式(5.78)和式(5.81)来计算不考虑损耗衍射模式的反射系数。

2. 各阶衍射波的响应分析

基于前面拓展的模式耦合方法，可以求解反射波的每一阶衍射模式的反射角和反射系数。首先，不失一般性，讨论相位梯度为 $\gamma = k_0$ 的无损耗 GEM。根据式(5.49)，可以预测出反射场中有三个衍射传播模式。通过式(5.43)，计算出这三个传播模式的反射角，结果如图 5-17(a)所示。根据式(5.78)和式(5.81)，计算各阶衍射模式的反射系数，结果如图 5-17(c)所示。从图中可以看到，当入射角较小时，第 1 阶或第 −1 阶模式的反射系数为 1；而当入射角增加时，第 0 阶衍射模式的反射系数随之逐渐增大。对于考虑损耗的 LGEM，通过式(5.43)、式(5.78)和式(5.81)，分别计算出各阶衍射模式的反射角和反射系数，结果如图 5-17(b)(d)所示。从图 5-17(d)可以看出，第 −1 阶衍射模式的反射系数变为 0。

为了直观地展示上述结果，基于弯曲波衍射的传播模式和倏逝模式的待定复系数，通过下式来解析求解(P)区域中的反射波场：

$$w_r(x, y) = \mathrm{Re}\left[\sum_n \left(A_n \mathrm{e}^{-\mathrm{i}k_{yn} \cdot y} \mathrm{e}^{\mathrm{i}k_{xn} \cdot x} + B_n \mathrm{e}^{-\mathrm{i}k_{yn} \cdot y} \mathrm{e}^{\hat{k}_{xn} \cdot x}\right)\right] \tag{5.82}$$

根据式(5.82)，计算 GEM 和 LGEM 操控的反射波场，结果分别如图 5-18(a)(b)所示。从图中可以看到，当入射角为 −30°和 30°时，GEM 操控的反射场幅值均为 1，而 LGEM 操控的反射场幅值分别接近 0.8 和 0。

为了对比，用有限元软件对相应的反射波场进行仿真，结果如图 5-18(a)(b)所示。仿真仿真与理论结果吻合良好，得到的反射波场幅值与图 5-17(c)(d)中的反射系数一致。

应该指出的是，对于不同的入射角，无损耗 GEM 中所有衍射传播模式的反射系数之和始终为 1，如图 5-17(c)所示。图 5-18(a)中反射波场的仿真和解析解也直观展示了反射系数为 1，这表明弯曲波的入射能量等于反射能量，进而可知，在无损耗 GEM 结构中没有模式转换导致的纵波。根据经典力学理论，我们知道结构中的损耗不会导致模式转换，因此，

在 LGEM 中也不存在模式转换。

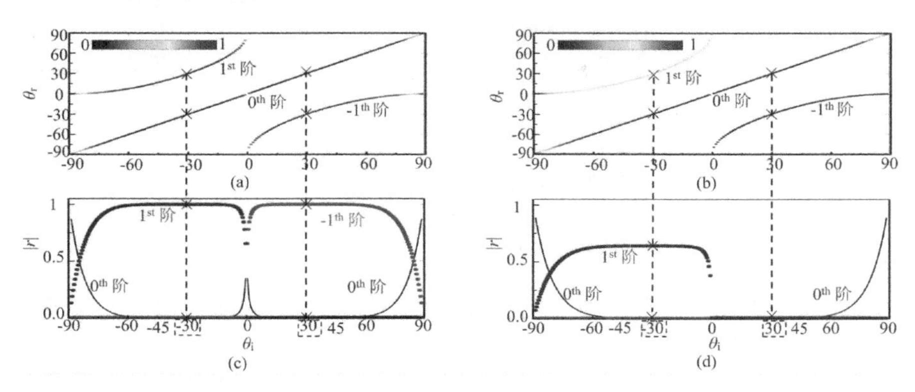

图 5-17　相位梯度为 $\gamma=k_0$ 时 GEM 和 LGEM 中各阶衍射传播模式的反射角和反射系数

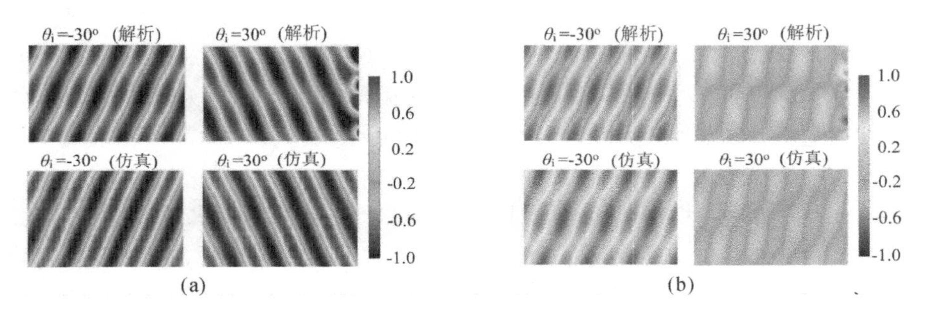

图 5-18　GEM 和 LGEM 操控反射场的解析归一化波场和仿真归一化波场

(a)GEM;(b)LGEM

5.2.3　准全向损耗弹性波超构表面设计及工作机理

1. 多重反射诱导的波耗散增强机理

为了揭示图 5-17(d)中第一1 阶衍射模式反射系数变为 0 的物理机制,我们来重新考察式(5.42)的衍射定理。式(5.42)中 $n\gamma=n\cdot 2\pi/g$ 的物理内涵为入射波波矢在 y 方向上的附加波矢分量,相应于第 n 阶衍射模式。例如,当 $n=1$ 时,附加波矢分量 γ 相应于第 1 阶衍射模式,式(5.42)退化为广义斯涅尔定律。根据广义斯涅尔定律可知,J 个单胞构成超胞的总相位跳变为 2π,入射波在单胞中一次反射产生的相位跳变为 $2\pi/J$。当 $n=N^*>0$ 时,附加波矢分量 $N^*\gamma$ 相应于第 N^* 阶衍射,超胞的总相位跳变需增大 N^* 倍来与附加波矢分量匹配,即 $N^*\cdot 2\pi$。从而,单胞的相位跳变增大 N^* 倍,即 $N^*\cdot 2\pi/J$。由于入射波在几何尺寸不变的单胞中一次反射产生的相位跳变 $2\pi/J$ 不变,因此,单胞的相位跳变 $N^*\cdot 2\pi/J$ 需要入射波在单胞中反射 N^* 次来产生,即第 N^* 阶衍射模式相应于单胞中入射波 N^* 次反射。

当 $n=N^*\leqslant 0$ 时,超胞的总相位跳变需增大 N^* 倍来与附加波矢分量匹配,单胞的相位

跳变是 $N^* \cdot 2\pi/J$。但是，此时相位跳变是一个负值，不符合物理实际。根据波的周期性，负的相位跳变等于 $2\pi+N^* \cdot 2\pi/J$。同理，该相位跳变需要入射波在单胞中 E 次反射来产生。回想到入射波在单胞中一次反射，产生的相位跳变为 $2\pi/J$，从而，我们可以得到

$$2\pi+\frac{N^* \cdot 2\pi}{J}=E \cdot \frac{2\pi}{J} \tag{5.83}$$

因此，第 N^* 阶衍射模式相应于单胞中的多重反射次数为

$$E=\begin{cases} N^*, & N^*>0 \\ J+N^*, & N^* \leqslant 0 \end{cases} \tag{5.84}$$

根据式(5.84)，可以计算出所有衍射传播模式在单胞中的多重反射次数。另外，衍射传播模式的多重反射次数越少，受到阻尼层的耗散越小。因此，在所有存在的衍射传播模式中，其多重反射次数最少的传播模式占主导。例如，图 5 - 17(c)中第 −1 阶、第 0 阶和第 1 阶衍射模式的多重反射次数分别为 11、12 和 1。当入射角为正时，存在的传播模式为第 −1 阶和第 0 阶模式。第 −1 阶传播模式的多重反射次数小于第 0 阶传播模式的多重反射次数，因此第 −1 阶衍射模式占主导。同理，当图 5 - 17(c)中入射角为负值时，第 1 阶衍射模式占主导。在图 5 - 17(d)中，当考虑超构表面中含阻尼层且入射角为正时，第 −1 阶衍射模式占主导，其相应的 11 次多重反射极大地增强了阻尼层对弯曲波的耗散。因此考虑阻尼的耗散后，第 −1 阶衍射模式的反射系数变为 0。

为了验证图 5 - 17(d)中第 −1 阶衍射模式被 LGEM 耗散是由多重反射导致的，建立图 5 - 19 所示的 LGEM 模型。设入射角和相位梯度保持不变，分别为 30°和 $\gamma=k_0$，模型中第 −1 阶衍射模式始终占主导。当改变单胞个数时，根据式(5.20)来改变相应的单胞长度 h_1，h_2，…，h_{J-1} 和 h_J。为了定量表征耗散所有衍射模式的整体性能，定义吸收系数为

$$\alpha=1-\sum_{n=0}^{\pm\infty}|r_n|^2 \tag{5.85}$$

根据式(5.78)、式(5.81)和式(5.85)，计算 LGEM 的吸收系数，结果如图 5 - 20 所示。从图中可以看到，随着单胞个数 J 增大，LGEM 的吸收系数变大。这表明单胞数目增多，LGEM 中多重反射的次数也相应增多，从而增强约束阻尼层的耗散。

为了进一步验证第 −1 阶衍射模式被 LGEM 耗散是由于 $J-1$ 次多重反射所导致的，建立图 5 - 21 的参考模型，单胞和超胞的宽度始终与 LGEM 保持一致，且其所有单胞的长度均相等。将该模型命名为损耗均匀弹性波表面(Lossy Uniform Elastic Surface，LUES)。当 LUES 与 LGEM 的阻尼层面积相同时，根据几何关系，LUES 的单胞长度满足

$$\bar{h}=\frac{1}{J}\sum_{j=1}^{J}h_j \tag{5.86}$$

此时，如果入射波在 LGEM 中仅仅发生一次反射，LGEM 和 LUES 的吸收系数相同。

然而，式(5.84)表明，第 −1 阶衍射模式会诱导出 $J-1$ 次多重反射，使 LGEM 的吸收系数显著增大。因此，将 LUES 的单胞长度修正为 $(J-1)\cdot\bar{h}$。根据式(5.78)、式(5.81)和式(5.85)，计算修正 LUES 的吸收系数，结果如图 5 - 20 中实心圆所示。从图中可以看到，不同单胞数目的 LUES 与 LGEM 的吸收系数几乎相同。这表明 LGEM 的吸收系数和单胞长度为 $(J-1)\cdot\bar{h}$ 的 LUES 的吸收系数相同，换句话说，LGEM 的吸收系数是单胞长度为

$\bar{h}$ 的 LUES 的吸收系数的($J-1$)倍。而单胞长度为 $\bar{h}$ 的 LUES 的吸收系数正是只考虑入射波在 LGEM 中仅仅发生一次反射时 LGEM 的吸收系数。因此，证实了 LGEM 对第一1 阶衍射模式的高效耗散，是由于入射波($J-1$)次多重反射导致的，与式(5.84)中衍射阶数和多重反射次数的关系表达式一致。

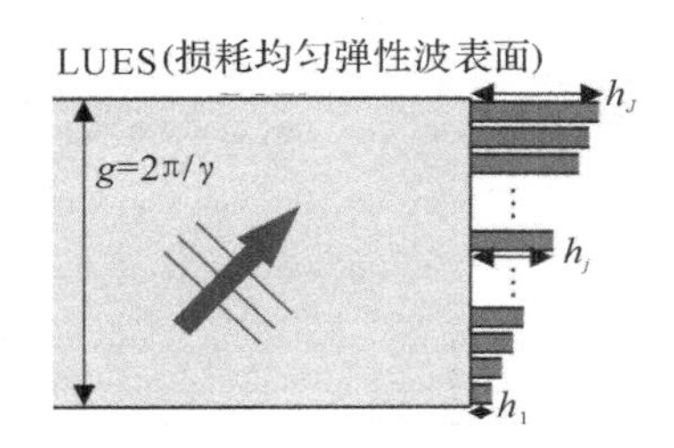

图 5-19　由 J 个单胞组成的 LGEM 的超胞

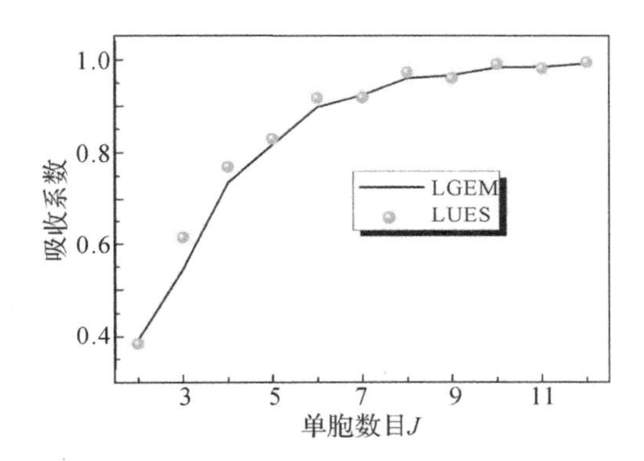

图 5-20　LGEM 和 LUES 吸收系数的解析解

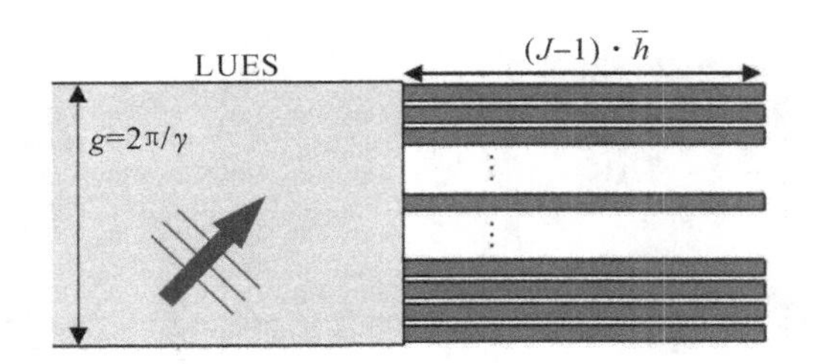

图 5-21　由相同长度($J-1$)·$\bar{h}$ 的单胞构成的 LUES 的超胞

2. 准全向损耗弹性波超构表面设计

根据式(5.84)可知，所有传播模式中第 0 阶衍射模式有最大的多重反射次数，即 J 次。这表明第 0 阶衍射模式相应的多重反射对弯曲波耗散的增强作用最大。由式(5.43)和式(5.49)可知，当 LGEM 的相位梯度为 $\gamma>2k_0$ 时，对于任意入射角的入射波，在反射场中均只存在最易于耗散的第 0 阶衍射传播模式。因此，相位梯度为 $\gamma>2k_0$ 的 LGEM，理论上能够高效率耗散任意入射角的弯曲波，是理想的全向弯曲波耗散器件。

作为典型的案例，我们来设计相位梯度为 $\gamma=2.1k_0$、中心频率为 600 Hz 的 LGEM ($J=12$)。首先，在不考虑阻尼的情况下，根据式(5.78)和式(5.81)，分别计算各阶衍射模式的反射角和反射系数，结果如图 5－22(a)(c)所示。从图中可以看到，对于所有入射角，仅仅存在第 0 阶衍射模式，其反射系数始终为 1。考虑阻尼后，根据式(5.82)，分别计算各阶衍射模式的反射角和反射系数，结果如图 5－22(b)(d)所示。从图中可以看到，第 0 阶衍射模式的反射系数从 1 变为 0，实现了高效率的耗散，尽管当入射角的绝对值大于 46°时，反射系数逐渐变大，但是设计的 LGEM 仍然实现了宽入射角范围的准全向耗散。进而，为了直观地展示高效耗散性能，根据式(5.82)，当入射角为 0°时，分别求解 GEM 和 LGEM 调控的反射波场，解析解分别如图 5－23(a)(b)所示。为了便于对比，图 5－23 也展示了相应的仿真波场。从图中可以看到，GEM 和 LGEM 调控反射场的幅值分别近似为 1 和 0，与图 5－22(c)(d)中反射系数吻合。在本节后面的内容中，超构表面均使用该相位梯度为 $\gamma=2.1k_0$ 的准全向耗散 LGEM。这里的“准全向耗散”是因为 LGEM 对大入射角的入射波耗散性能差，不能实现理想的全方向耗散，其原因将在 5.2.5 小节进行详细的讨论。

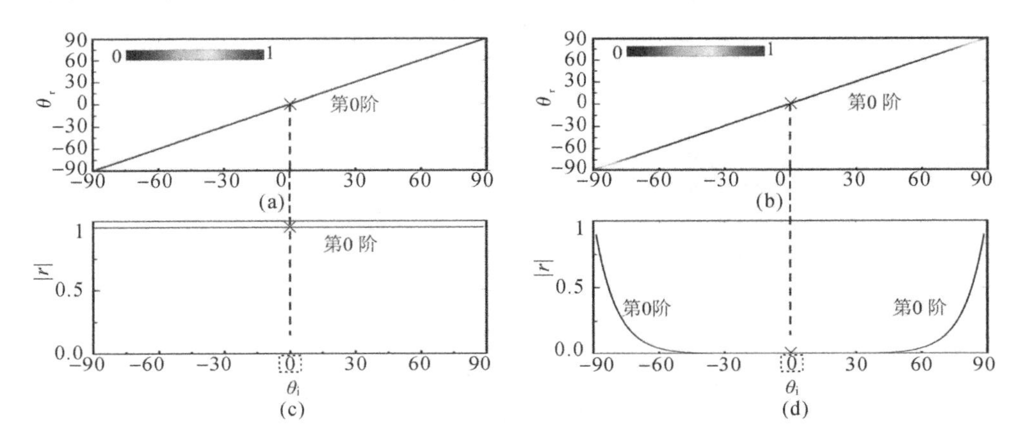

图 5－22　GEM 和 LGEM 中各阶衍射模式的反射角和反射系数

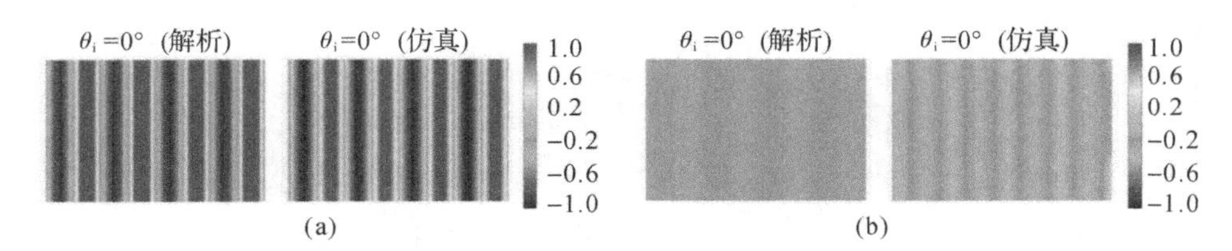

图 5－23　入射角为 0°时 GEM 和 LGEM 调控反射场的解析归一化波场和仿真归一化波场

(a)GEM；(b)LGEM

现在通过时域信号分析，直观地展示准全向 LGEM 中入射波的多重反射。首先，不考虑前面所设计的准全向 LGEM 的阻尼，建立 GEM 的超胞模型，如图 5－24(a)所示。为了通过对比来体现多重反射，同时建立无损耗均匀弹性波表面(Uniform Elastic Surface，UES)的超胞模型，如图 5－24(b)所示。UES 模型的所有单胞长度相等，为图 5－24(a)中模型所有单胞长度的平均值。除了单胞长度，这两种模型的其他几何参数均相同。在两个超胞模型的两个长边上施加周期边界条件，将其等效为板模型。图中 E 和 F 点分别为信号激发点和接收点。

在 E 点处施加 5 周期的脉冲调制信号，其时间函数为

$$w_t=A_0\left[1-\cos(2\pi f_c t/5)\right]\sin(2\pi f_c t) \tag{5.87}$$

式中：f_c=600 Hz，为中心频率。

在两个超胞模型的 F 点处，分别拾取位移响应，位移信号如图 5－25 所示，其中信号①和信号②分别是入射信号和反射信号。从图中可以看到，GEM 中的反射信号相对于 UES 中的反射信号存在明显的延迟。这证明在 GEM 中存在多重反射，从而导致了反射波的延迟。

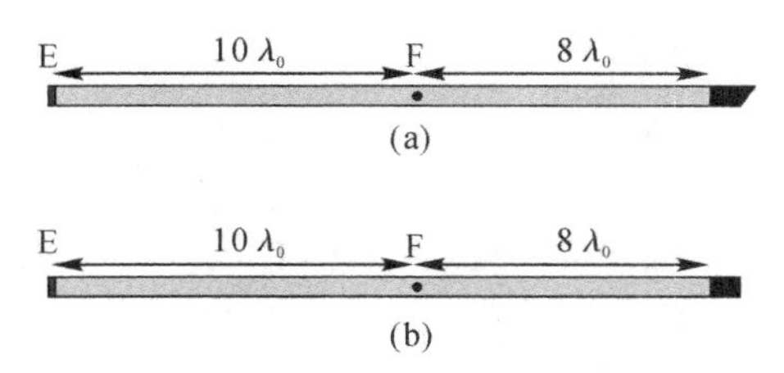

图 5－24　GEM 和 UES 的超胞模型

(a)GEM；(b)UES

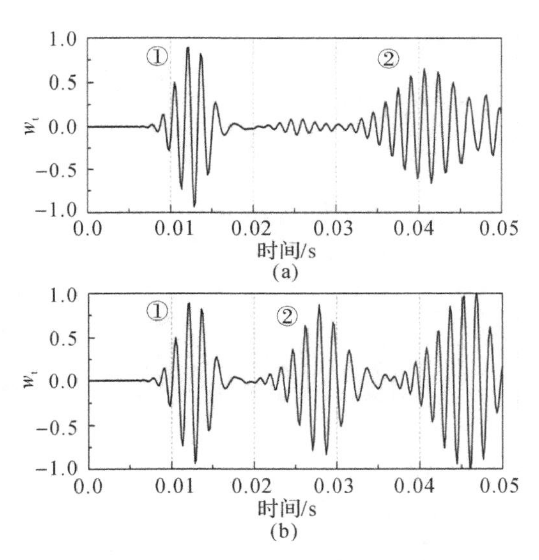

图 5－25　超胞模型中 F 点接收到的随时间变化的位移信号

5.2.4　准全向 LGEM 的耗散性能分析和讨论

为了定量分析 LGEM 的准全向耗散性能，根据式(5.78)、式(5.81)和式(5.85)，得到随频率和入射角变化的吸收系数，结果如图 5－26(a)所示。将吸收系数为 $\alpha=0.8$ 的等值线在图中用白线标注。从图中可以看到，在入射角为－75°～75°且频率为 343～1 000 Hz 的大范围内吸收系数均超过 0.8。图 5－26(a)中耗散性能差的区域可以划分为三个，即左上角区域、大入射角区域和低频区域。下面我们将分别揭示导致这三个区域耗散性能差的原因。

1. 一阶衍射模式诱导的低效率耗散

为了研究图 5－26(a)左上角区域波耗散性能差的原因，不考虑阻尼，计算在不同的频率和入射角时，第 0 阶、第－1 阶和第 1 阶衍射模式的反射系数，结果分别如图 5－26(d)～

(f)所示。从图中可以看到,第一1 阶和第 1 阶衍射模式分别在右上角和左上角区域占主导,而第 0 阶衍射模式在其余区域占主导。

反射场出现第一1 阶和第 1 阶衍射模式,其原因是当频率大于 660 Hz 时,准全向 LGEM 的相位梯度 $\gamma<2k_0$,根据式(5.49),在$-90°\sim90°$的入射角范围内,传播模式的数量增加到 3 个。换句话说,当频率大于 660 Hz 时,反射场中除了第 0 阶衍射传播模式外,还会增加其他的传播模式。例如,由式(5.43)可知,当入射角为正值(右上角区域)和负值(左上角区域)时,增加的传播模式分别为第一1 阶和第 1 阶模式。通过对比可以发现,图 5-26(a)中弯曲波耗散性能差的左上角区域与图 5-26(f)中第 1 阶,衍射占主导的区域一致。5.2.4 从小节的分析可知:第 0 阶和第一1 阶衍射模式由于有多重反射,可以被显著耗散;而第 1 阶衍射由于只有单次反射,仅被微弱耗散。因此,在图 5-26(a)中左上角区域弯曲波耗散性能差的主要原因是在该区弱耗散性能的第 1 阶衍射模式占主导。

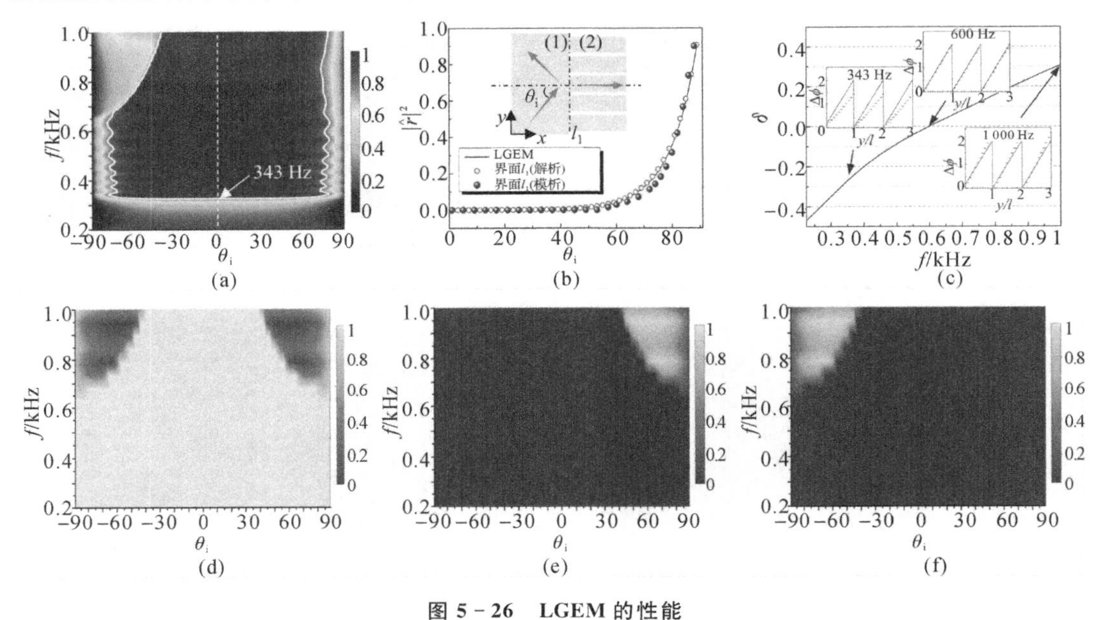

图 5-26　LGEM 的性能

(a)随频率和入射角变化的 LGEM 吸收系数;(b)在界面 l_1 处阻抗失配导致反射波的反射系数;(c)超胞的相位跳变随频率的变化率(小图分别展示 343 Hz、600 Hz 和 1 000 Hz 频率时所有单胞的相位跳变);(d)第 0 阶衍射模式的反射系数;(e)第一1 阶衍射模式的反射系数;(f)第 1 阶衍射模式的反射系数

2. 界面的阻抗失配

从图 5-26(a)可以看到,当入射角大于 75°时,吸收系数急剧下降。为了揭示这一现象,建立图 5-26(b)所示的解析模型。分别标记基板区域为(1)区域、波导单胞区域为(2)区域,两个区域之间的界面为虚线 l_1。模型的左、右两端是无反射边界。(1)区域和(2)区域中的系数向量可以表示为

$$\left.\begin{aligned}\hat{e}_1&=\begin{bmatrix}\hat{A}_1 & \hat{B}_1 & \hat{C}_1 & \hat{D}_1\end{bmatrix}^{\mathrm{T}}\\ \hat{e}_2&=\begin{bmatrix}\hat{A}_2 & \hat{B}_2 & \hat{C}_2 & \hat{D}_2\end{bmatrix}^{\mathrm{T}}\end{aligned}\right\}\tag{5.88}$$

在界面 l_1 处,根据边界条件式(5.34),可以得到

$$\hat{\boldsymbol{e}}_1=\hat{\boldsymbol{T}}_1\hat{\boldsymbol{e}}_2 \tag{5.89}$$

然后，根据 $p\approx l$，可通过推导和简化得到

$$[\hat{A}_2 \quad \hat{C}_1]^{\mathrm{T}}=\hat{\boldsymbol{T}}_2[\hat{A}_1 \quad \hat{C}_2]^{\mathrm{T}} \tag{5.90}$$

式中：$\hat{\boldsymbol{T}}_2$ 是能量守恒互易系统[51]的散射矩阵，已经包含倏逝波的信息。

结合能量守恒系统的 2×2 阶散射矩阵的一般形式[51]，从式(5.90)可以得到界面处阻抗的解析表达式为

$$Z=\frac{2(\nu_0-1)k_0k_{y0}{}^2+4\nu_0k_0{}^3+(\nu_0-1)^2k_{y0}{}^2\hat{k}_{x0}}{4\nu_0k_0{}^2k_{x0}-(\nu_0-1)^2k_{y0}{}^2k_{x0}} \tag{5.91}$$

反射系数和阻抗的关系为

$$\hat{r}=\frac{Z-1}{Z+1} \tag{5.92}$$

根据式(5.91)和式(5.92)，反射系数可以表示为

$$|\hat{r}|=\frac{2(\nu_0-1)k_0k_{y0}{}^2+4\nu_0k_0{}^2(k_0-k_{x0})+(\nu_0-1)^2k_{y0}{}^2(\hat{k}_{x0}+k_{x0})}{2(\nu_0-1)k_0k_{y0}{}^2+4\nu_0k_0{}^2(k_0+k_{x0})+(\nu_0-1)^2k_{y0}{}^2(\hat{k}_{x0}-k_{x0})} \tag{5.93}$$

根据式(5.93)，计算出在阻抗失配的界面处产生的反射波的反射系数，结果如图 5 - 26(b)中圆圈所示，相应的仿真结果用圆点表示，与解析结果吻合良好。为了比较，将图 5 - 22(d)中 LGEM 的反射系数曲线添加到图 5 - 26(b)中，如黑色实线所示。从图中可以看到，LGEM 的反射系数与界面的反射系数几乎相同。该一致性表明，对于入射角大于 75°的入射波，在基板和波导单胞之间的界面处阻抗严重失配，从而被界面反射，不能进入单胞内被阻尼层耗散，这些被界面反射的入射波正是 LGEM 未耗散的波。因此，对于大入射角的入射波，LGEM 的吸收系数急剧下降。

3. 低频段的相位梯度减小

应该注意的是，从图 5 - 26(d)中可以看到，第 0 阶衍射模式在 200～343 Hz 的频率范围内占主导，但吸收系数在该频率范围内急剧下降[见图 5 - 26(a)]。为了解释这一现象，定义随频率变化的超胞相位跳变的变化率：

$$\delta(f)=\frac{\hat{\phi}(f)-\hat{\phi}_0}{\hat{\phi}_0} \tag{5.94}$$

式中：$\hat{\phi}_0$ 为中心频率为 600 Hz 时超胞的相位跳变，$\hat{\phi}_0=2\pi$。

通过$|\delta|$的值，可以量化线性相位梯度的减小。例如，当$|\delta|=0$时，超胞的相位跳变 $\hat{\phi}(f)$为 2π，表明存在一个完美的线性梯度。$|\delta|$的值越大，超胞的相位跳变 $\hat{\phi}(f)$与 2π 相差越大，表明相位梯度的减小程度越高。根据式(5.41)和式(5.94)，求得随着频率 f 的变化时超胞相位跳变的变化率 δ，如图 5 - 26(c)所示。从图中可以看到，频率越小，$|\delta|$的值越大，相位梯度的减小程度越高。

作为三个典型的例子，将频率设为 343 Hz、600 Hz 和 1 000 Hz，分别求得单胞中反射波的相位跳变，结果如图 5 - 26(c)中的小图所示。从小图中可以看到，当频率为 343 Hz 时，所有单胞的相位跳变都减小，单胞的线性相位梯度也明显变小。又因为频率越小，线性梯度的减小程度越高(这表明，在 343 Hz 以下频率范围内，单胞的相位梯度均已减小，从而

导致第 0 阶衍射模式强度变弱，不会引起单胞中相应的 J 次多重反射)，所以，吸收系数在 343 Hz 以下频率范围急剧下降。

5.2.5 减小损耗梯度弹性波超构表面尺寸的设计方法

前面设计的准全向耗散 LGEM 的中心频率为 600 Hz。注意，本书中所说的减小超构表面的尺寸，均指减小在传播方向上超构表面的纵向尺寸。根据式(5.20)，在传播方向 LGEM 的纵向尺寸由最大的单胞长度 $h_{12}=\lambda|_{f=600\text{ Hz}}$ 确定，即等于频率为 600 Hz 时入射波波长。因此，在 343～600 Hz 的频率范围内，LGEM 的纵向尺寸均小于入射波波长。在该频率范围内，LGEM 的纵向尺寸为最大波长的 0.76 倍。为了在 343～1 000 Hz 整个频率范围内使 LGEM 结构更紧凑，现在提出一种能够在保持其高效率耗散的同时减小其纵向尺寸的设计方法。

为了便于理解，首先考虑由 13 个单胞组成的超胞，记为 C1，如图 5-27(a)所示。与前面设计的 LGEM 相比，该超胞具有相同的单胞宽度 p 和开缝宽度 p_0。根据式(5.20)，重新设计所有单胞的长度，以保证反射波的相位线性变化。由式(5.84)可知，C1 中第 0 阶衍射模式诱导的多重反射次数增加到 13。由于反射次数的微小增加，相应的吸收系数几乎与图 5-26(a)中的吸收系数相同。此外，调整单胞沿 y 轴的排列顺序，相应的模型如图 5-27(b)所示，记为 C2。图 5-28 展示了沿 y 轴相邻单胞间的相位跳变值。从图中可以看到，由于波的周期性，C2 单胞的相位跳变仍保持线性变化，但相对于 C1、C2 的超胞总相位跳变增加到 2 倍，从而其相位梯度也增大到 C1 的 2 倍。根据式(5.49)，在 343～1000 Hz 的频率范围内，衍射传播模式的数量减少为一个。这表明，在整个频率范围内，只存在第 0 阶衍射模式，而诱导低效率耗散的第 1 阶衍射模式被抑制。C2 相应的吸收系数如图 5-29(a)所示。从图中可以看到，图 5-26(a)中左上角的低吸收系数区域消失。

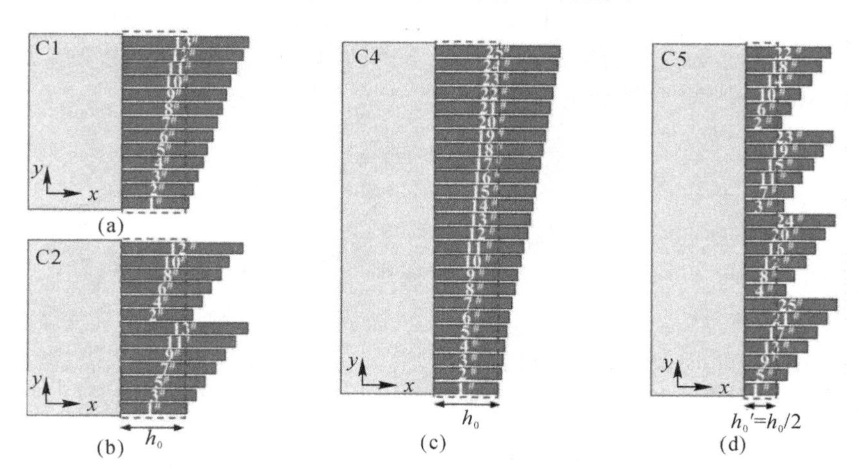

图 5-27 C1、C2、C4、C5 超胞

(a)C1;(b)C2;(c)C4;(d)C5

改变单胞的排列顺序，由于波的周期性，相位梯度可以增加任意正整数倍而保持线性。例如，通过调整单胞的排列顺序，相对于 $C1$ 的相位梯度增加了 3 倍，记为 C3，相应的单胞沿 y 轴的排列顺序和相位跳变分别如表 5－2 和图 5－28 所示。尽管加倍的相位梯度能够抑制高频中的第 1 阶衍射，但以这种方式使相位梯度加倍时，并不是倍数越大越好。因为在相位梯度加倍的同时，相位分辨率会以相应的倍数降低。例如，对于本例，C3 的相位分辨率会相对于 C1 的降低 3 倍，即 $\zeta=6\pi/13\approx\pi/2$。对 C3 相应的吸收系数进行计算，结果显示，在 700 Hz 以上的高频范围内吸收系数会减小，这表明低相位分辨率也会影响耗散效率。这是因为基于相位跳变来操控弹性波，需要高的相位分辨率[174]，低的相位分辨率会削弱第 0 阶衍射模式的多重反射。另外，需要注意的是，对于单胞数目为偶数的超胞，通过上述方法改变单胞排列顺序后，相位分布会出现小的不连续。然而，当相位分辨率远高于 $\pi/2$ 时，这种影响可以忽略。

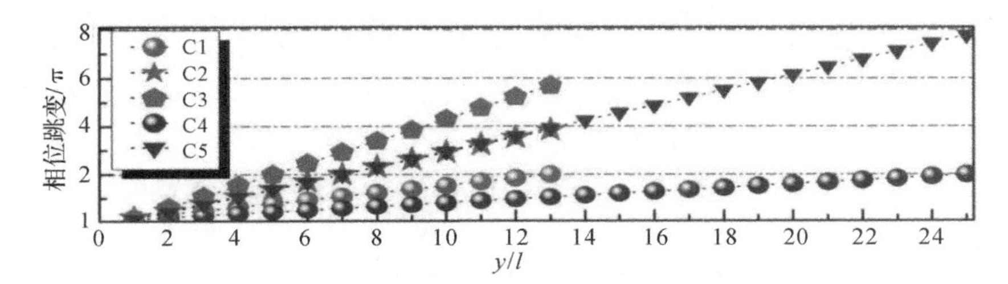

图 5－28　5 个案例中单胞沿 y 轴的相位跳变

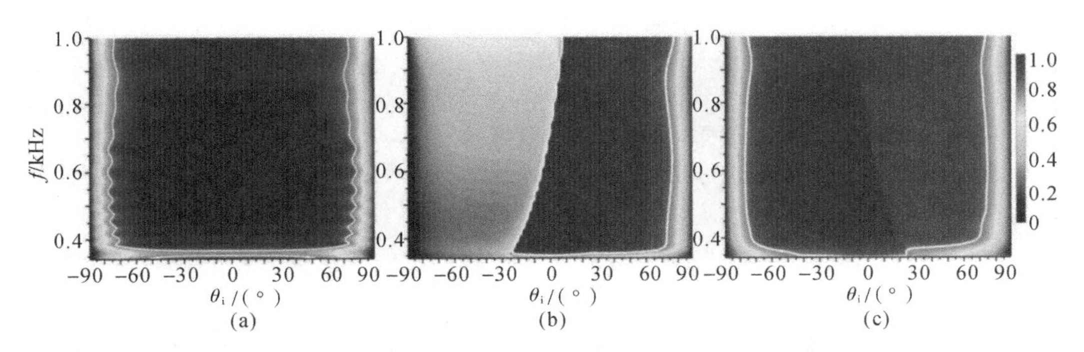

图 5－29　随着频率和入射角的变化 C2、C4 和 C5 的吸收系数

(a)C2；(b)C4；(c)C5

表 5－2　沿 y 轴超胞内单胞的排列顺序

	1	2	3	4	5	6	7	8	9	10	11	12	13	14	15
C1	1#	2#	3#	4#	5#	6#	7#	8#	9#	10#	11#	12#	13#	—	—
C2	1#	3#	5#	7#	9#	11#	13#	2#	4#	6#	8#	10#	12#	—	—
C3	1#	4#	7#	10#	13#	3#	6#	9#	12#	2#	5#	8#	11#	—	—
C4	1#	2#	3#	4#	5#	6#	7#	8#	9#	10#	11#	12#	13#	14#	15#
C5	1#	5#	9#	13#	17#	21#	25#	4#	8#	12#	16#	20#	24#	3#	7#

续表

	16	17	18	19	20	21	22	23	24	25	ζ	γ
C1	—	—	—	—	—	—	—	—	—	—	$2\pi/13$	$2.1k_0$
C2	—	—	—	—	—	—	—	—	—	—	$4\pi/13$	$4.2k_0$
C3	—	—	—	—	—	—	—	—	—	—	$6\pi/13$	$6.3k_0$
C4	16#	17#	18#	19#	20#	21#	22#	23#	24#	25#	$2\pi/25$	$1.05k_0$
C5	11#	15#	19#	23#	2#	6#	10#	14#	18#	22#	$8\pi/25$	$4.2k_0$

通过以上三个案例，发现调整超胞中单胞的排列顺序，可以增大相位梯度从而抑制第1阶衍射传播模式来增强耗散，同时也需要考虑相位分辨率的弱化。在此基础上，介绍如何在保持高效率耗散的前提下，进一步减小LGEM的纵向尺寸。

由于LGEM的纵向尺寸是由最大单胞长度确定的，因此可以通过减小单胞的长度来减小LGEM的纵向尺寸。由式(5.20)可知，单胞长度由两部分组成：第一部分是$j\lambda_0/2J$，主要产生线性的相位梯度分布；第二部分是附加固定长度h_0，主要增强多次反射的耗散强度。本小节主要描述通过减少第二部分长度的方法来减小LGEM的尺寸。

以C1为参考，将超胞中单胞数目增加$\hat{a}$倍，保持单胞宽度、开缝宽度和附加固定长度不变，且根据式(5.20)重新设计单胞长度使其相位仍为线性分布。根据式(5.84)可知，对于第0阶衍射模式，多重反射次数增加$\hat{a}$倍，从而耗散强度增加$\hat{a}$倍。耗散强度增大是我们需要的效果，但同时反射波的相位梯度γ会减小$\hat{a}$倍。根据式(5.49)可知，如果减小的相位梯度$\gamma/\hat{a}<2k_0$，将会诱导出低效率耗散的第1阶衍射模式。例如，将C1的单胞数目增加到$\hat{a}\approx2$倍，即单胞数目为$J'=25$，如图5-27(c)所示，记为C4。反射波的相位梯度减小为$\gamma_4=1.05k_0<2k_0$，C4的吸收系数如图5-29(b)所示。从图中可以看到，当入射角为负值时，在343～1 000 Hz整个频率范围内，第1阶衍射模式占主导，从而导致低效率的耗散。

根据上述分析可知，超胞中单胞数目增多后，第0阶衍射模式的耗散强度会变大，但是会伴随产生低效率耗散的第1阶衍射模式。下面通过本小节前面介绍的调整单胞排列顺序方法，来修正超胞，使其相位梯度相对于C1的增加$\hat{b}$倍，来抑制第1阶衍射模式。相对于含J个单胞的C1，修正超胞的相位梯度和相位分辨率分别改写为

$$\left.\begin{aligned}\hat{\gamma}&=\frac{\hat{b}\gamma}{\hat{a}}\\ \zeta^*&=\frac{2\hat{b}\pi}{\hat{a}J}\end{aligned}\right\}\tag{5.95}$$

首先，由式(5.49)可知，增加$\hat{b}/\hat{a}$倍的相位梯度$\hat{\gamma}$能够在更高频率范围内满足$\hat{\gamma}>2k_0$，来抑制第1阶衍射，从而使高频范围内始终仅存第0阶衍射模式，这样类似于图5-26中高频范围的低效率耗散可得以消除。于是有

$$\hat{b}>\hat{a}\tag{5.96}$$

其次，ζ^*的相位分辨率需要大于$\pi/2$，来确保优良的衍射性能，根据式(5.95)，可知相位梯度增加的倍数需满足

$$\hat{b}<\hat{a}J/4\tag{5.97}$$

根据式(5.96)和式(5.97)，当 $\hat{b}$ 满足

$$\hat{a}<\hat{b}<\frac{\hat{a}J}{4}\quad(\hat{a},\ \hat{b}\in\mathbf{N}^*)\tag{5.98}$$

可以使第 0 阶衍射模式的耗散强度相对于 C1 的增加 $\hat{a}$ 倍的同时，抑制高频中低效率耗散的第 1 阶衍射模式。这是由于第 0 阶衍射模式的耗散强度相对于 C1 的增加 $\hat{a}$ 倍，当附加的固定长度 h_0 减少为 C1 的 $1/\hat{a}$ 时，仍能保持高效率的耗散。

例如，根据式(5.98)，将单胞数目相对于 C1 增加 $\hat{a}\approx2$ 倍，并改变单胞排序使相梯度增加 $\hat{b}=4$ 倍，此时高频中低效率耗散的第 1 阶衍射模式会被抑制，且第 0 阶衍射模式的耗散强度会增加 $\hat{a}\approx2$ 倍。同时，将附加的固定长度修正为 $h_0'=h_0/2$，记为 C5，如图 5-27(d)所示。C5 的吸收系数如图 5-29(c)所示。从图中可以看到，修正的超胞在 343～1 000 Hz 的整个频率范围内均可获得高效率耗散，消除了图 5-26 中高频范围的低效率耗散。重要的是，与 C1 相比，修正的超胞纵向尺寸更小，在整个频率范围内均小于波长，并仅为最大波长的 0.57 倍。

现在总结减小 LGEM 尺寸的设计方法，具体为：先将超胞中单胞的数目增大 $\hat{a}$ 倍，使第 0 阶衍射模式的耗散强度增 $\hat{a}$ 倍，再通过改变单胞的排列顺序来抑制第 1 阶衍射传播模式，使更宽的频带内只存在这种耗散强度加倍的第 0 阶衍射模式，从而能够使单胞的固定附加长度减小为原来的 $1/\hat{a}$，而保持 LGEM 的高效耗散。利用该设计方法，可以减小 LGEM 结构的尺寸，使之更轻薄，为使用小尺寸超构表面调控低频中大波长的弹性波提供新的策略。

5.2.6　损耗弹性波超构表面的宽带耗散实验

为了验证 LGEM 的宽带耗散效果，采用 5.2.4 小节中设计的 LGEM 来进行实验。首先，采用加工精度为 0.05 mm 的电火花线切割机床，切割一块 2 000 mm×1 000 mm×3 mm 的薄铝合金基板，制造出边界为梯度条状波导的基板，其超胞由 12 个不同的单胞组成，如图 5-30 所示。制造工艺流程如图 5-31 所示。图 5-30 中的试件背面如图 5-31 所示。将厚度为 3 mm 的丁基橡胶阻尼层粘贴在条状波导的背面，然后将厚度为 0.15 mm 的铝箔约束层粘结到阻尼层的上表面。

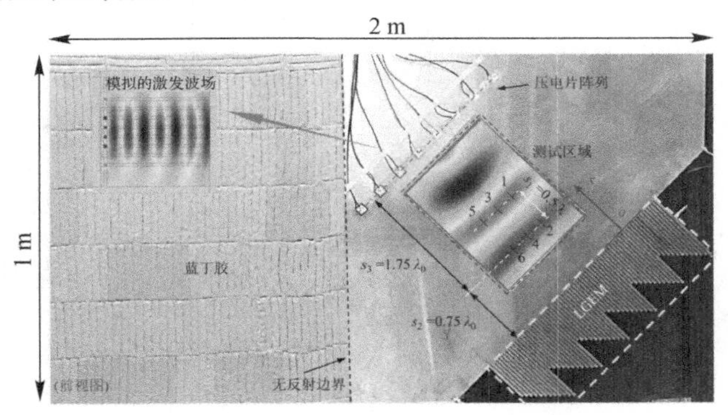

图 5-30　制造的 LGEM 结构

(左上角的小图是模拟的激发波场)

在距离 LGEM 为 2.5λ 处的基板表面粘贴 8 个 PZT-5H 压电片(20 mm×20 mm×0.3mm)。将 LGEM 和压电片阵列设计为平行,如图 5-30 所示。压电片阵列激发的弯曲波,一部分传播进入 LGEM,另一部分沿反方向传播,通过基板边界反射进入左侧区域的蓝丁胶[51]。反射的弯曲波会被大面积粘贴的蓝丁胶完全耗散。位于基板中间,粘贴蓝丁胶区域的边界(用虚线标注),可以视为无反射边界,如图 5-30 所示。

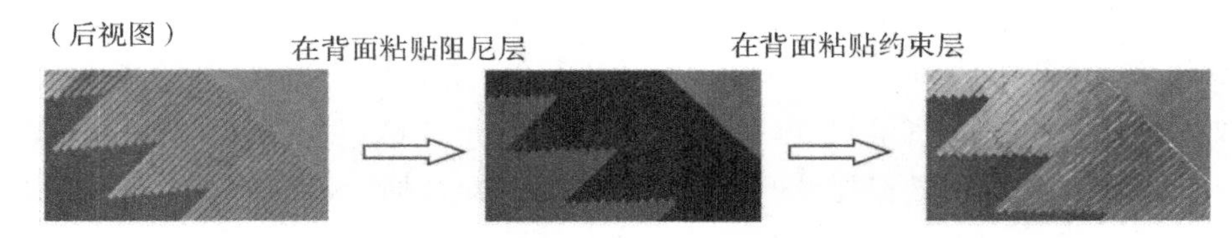

图 5-31 制造 LGEM 试件的工艺流程

(视图均为图 5-30 中试件的背面)

通过 PSV-400 扫描式激光测振仪中内置信号发生器产生的稳态正弦激励信号,经过 HVPA05 功率放大器放大,再输入 PZT-5H 压电片阵列在基板中激发出弯曲波。在进行实验前,采用有限元软件,仿真压电片激发弯曲波高斯波束来指导实验。例如,对于中心频率为 600 Hz 的情况,当中间 6 个压电片输入的放大电压是外端 2 个压电片输入电压的 2 倍,且压电片间距为压电片宽度的 2.5 倍时,压电片阵列可以激发出理想的弯曲波波束,中间的场近似为平面波场,相应的仿真结果如图 5-30 中左上角小图所示。需要注意的是,对于不同的激励频率,需要调整压电片的间距来保持弯曲波波束的理想效果。在每次测试 LGEM 吸收系数前,通过 PSV-400 扫描式激光测振仪测试出整个基板右侧区域(没有蓝丁胶区域)中测点的位移场。测试结果表明,在 300~1 000 Hz 的测试频率范围内,图中测量区域内的波场强度比右上边界和下边界的波场强度大一个数量级,间接表明在板上粘贴大面积的蓝丁胶等效为无反射边界的有效性。关于弹性波调控实验测试平台和更多相关测试细节可见 4.1.5 小节。

如图 5-30 所示,在测量区域选取 6 个测量点。这些测量点分为三组:点 1 和点 2、点 3 和点 4、点 5 和点 6。它们所在位置均大于 0.75 倍波长,符合远场假设[175]。因此,在这些点处弯曲波倏逝模式可以忽略,波场可以很好地近似为入射的第 0 阶衍射传波模式和反射的第 0 阶衍射传播模式的叠加场。在 PSV-400 扫描式激光测振仪的频域模式下,测量出这些点的面外复位移,复位移包含测点处波的幅值和相位信息。为了保证信号质量,在测试区域粘贴反光纸,以增强信号强度,并对每个测量点均采用 50 个样本平均。

首先,对于点 1 和点 2,激光测振仪测试的复位移响应可以分别表示为

$$w^1 = W_\mathrm{I} \cdot \mathrm{e}^{\mathrm{i}(s_1+s_2)\cdot k} + W_\mathrm{R} \cdot \mathrm{e}^{-\mathrm{i}(s_1+s_2)\cdot k} \tag{5.99}$$

$$w^2 = W_\mathrm{I}\mathrm{e}^{\mathrm{i}s_2\cdot k} + W_\mathrm{R}\mathrm{e}^{-\mathrm{i}s_2\cdot k} \tag{5.100}$$

通过式(5.99)和式(5.100),可以得到弯曲波从点 1 传播到点 2 的传递函数为

$$H_{12} = w^2/w^1 = (\mathrm{e}^{\mathrm{i}ks_2} + \tilde{r}\mathrm{e}^{-\mathrm{i}ks_2})/[\mathrm{e}^{\mathrm{i}k(s_1+s_2)} + \tilde{r}\mathrm{e}^{-\mathrm{i}k(s_1+s_2)}] \tag{5.101}$$

式中:$\tilde{r}$ 为反射系数,$\tilde{r} = W_\mathrm{R}/W_\mathrm{I}$。

根据式(5.101),可以求得反射系数为

$$\tilde{r} = (H_{12} - \mathrm{e}^{-\mathrm{i}ks_1}) \cdot \mathrm{e}^{2\mathrm{i}(s_1+s_2)\cdot k}/(\mathrm{e}^{\mathrm{i}ks_1} - H_{12}) \tag{5.102}$$

式中：s_1 为测试点间距，如图 5－30 所示；s_2 为测试点与试件的距离，如图 5－30 所示；k 为波数。实验测试的吸收系数可以表示为

$$\hat{\alpha}=1-|\tilde{r}|^2 \tag{5.103}$$

对于另外两组测试点，也可以用同样的方法求得吸收系数。取三组实验测试的吸收系数平均值作为反射系数，实验结果如图 5－32 中实心圆所示。为了比较，计算了相应的吸收系数解析结果和仿真结果，分别如图 5－32 中实线和空心小圆圈所示。从图中可以看到，实验测试结果与理论分析、数值仿真均吻合良好，且在 343～1 000 Hz 频率范围内有高效率的耗散。特别指出，图 5－32 中，当频率小于 300 Hz 时，较大的测试偏差主要是由蓝丁橡胶对波的不完全耗散导致的。

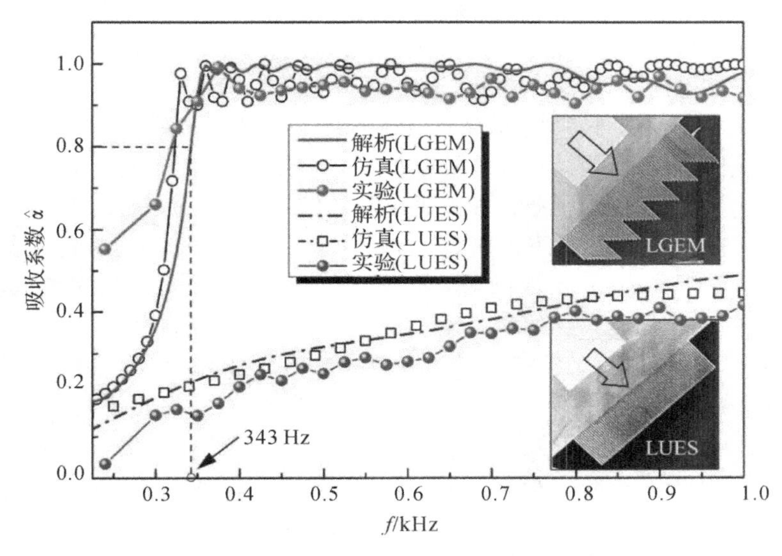

图 5－32　通过实验、解析和仿真方法得到的 LGEM 和 LUES 的吸收系数

为了比较，对 LUES 也进行了实验，测试其对弯曲波的吸收系数。如图 5－32 中小图所示，LUES 的加工试件由等长度的波导单胞构成，其背面也粘贴有约束阻尼层[与图 5－31(c)中类似]。由于 LUES 的波导单胞长度没有梯度，LUES 内部的衍射模式不会存在多重反射，其耗散弯曲波的方式类似于传统的约束阻尼层减振技术。测试的 LUES 吸收系数如图 5－32 中绿色实心圆所示。相应的吸收系数的解析结果和仿真结果分别如图 5－32 中蓝色虚线和空心小方框所示。从图中可以看到，实验测试结果和理论分析与数值仿真的结果吻合良好，LUES 的平均吸收系数仅为 0.3。LUES 和 LGEM 的吸收系数之间的这种大差异，证实了本节中设计的 LGEM 比传统的约束阻尼层技术具有更高的耗散能力。

第 6 章　连续体束缚态弹性波超构表面

连续体中的束缚模式(Bound state In the Continuum,BIC[176-184])是近年来在光子和等离子体领域兴起的一个研究热点。对 BIC 概念的广泛关注是由于这些束缚模式能够被完全限制在连续谱中,并在理论上能够产生无限大的品质因子(又称 Q 因子)。这种由 BIC 导致超高品质因子的机制已经应用于不同的领域,特别是在光学领域,如激光器[185-189]、光学传感器[190-192]和光学滤波器件[193-195]的设计。本章将 BIC 概念引入弹性波动力学体系,建立统一的封闭解析模型。模型的结构尺寸可以小于被调控波的波长,属于亚波长尺寸,这是超构表面的典型特征。本章对小于波长和大于波长的结构均做相应的研究,以保证研究的普适性。因此,为了表述的一致性,下面将设计的结构统称为"基于 BIC 的超构表面"。6.1 节中,采用基于 BIC 的超构表面,实现板类结构中弯曲波和纵波之间的完美模式转换,并揭示其完美模式转换的工作机理。这种新的弹性波完美模式转换机制丰富了弹性波能量流的形式,具有广泛的应用场景,例如:①将面内的待测试振动信号或振动能量完美地转换为面外的振动信号或振动能量,方便了无损检测或能量采集的实施;②将面外振动模式完美地转换为面内振动模式,可以实现新型的振动控制技术。另外,根据提出的 BIC 理论模型可以实现传统弹性波系统从未有过的高 Q 因子,有望将其应用于高灵敏度力学传感器或振动信号滤波等技术。6.2 节中,采用基于 BIC 的超构表面,利用微弱材料阻尼实现弯曲波的完美耗散。整体上设计出的结构厚度尺寸仅为被耗散弯曲波波长的 1/4,极小结构尺寸的超构表面能够应用于对轻质结构(如薄壁板)的低频振动抑制,而且由于设计的结构无需外部附加阻尼材料,适用于高温或低温等极端环境中的壁板减振。

6.1　基于连续体束缚态超构表面的完美模式转换

6.1.1　理论模型

为了在准 BIC 和理想 BIC 的弹性波系统中清楚地展示伴随完美模式转换的局部捕获模式(Trapping Modes with Perfect mode Conversion, TMPC),研究了一种具有法诺共振特性的典型结构。如图 6-1(a)所示,该结构由位于基板边缘长度为 s 的周期波导谐振体和与其相连的高度为 h 的单边耦合柱状谐振体组合而成。波导(z 轴方向)和柱状谐振体(x 轴方向)的厚度 d 相对于整个研究频率范围内被调控波的波长而言为深亚波长尺度。因此，理论模型中只涉及弯曲波和纵波的最低阶模式。

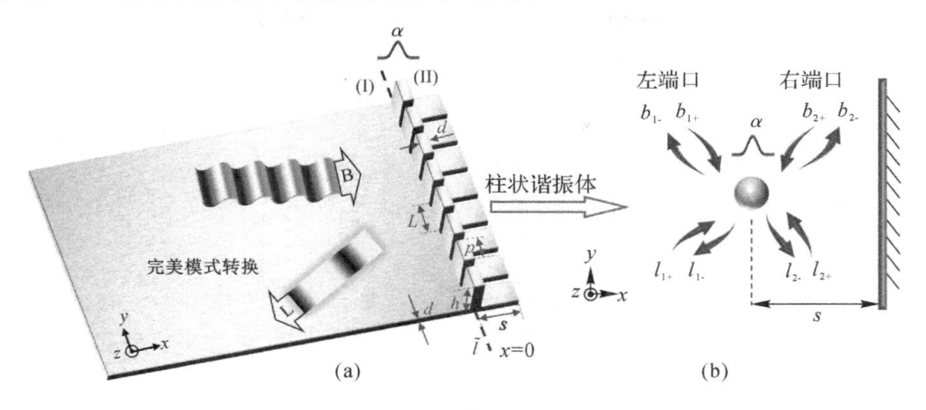

图 6-1　弹性波法诺共振的模型和单胞中柱状谐振体的局部共振模式的散射模型

B—法诺共振耦合 xOz 平面偏振的弯曲波；L—xOy 平面偏振的纵波

［幅值为 a 的局部模式使入射弯曲波、入射纵波、透射弯曲波和透射纵波杂化，它们的幅值分别为 $b_{1+}(b_{2+})$、$l_{1+}(l_{2+})$、$b_{l-}(b_{2-})$和 $l_{1-}(l_{2-})$］

1. 单边耦合柱状谐振体

首先，考虑弯曲波垂直入射，如图 6-1(a)所示，图中右侧边界为无限大(即无波导谐振体)。当单胞中开缝的填充率 $\hat{\eta}=(L-p)/L$ 是一个非常小的值(这里，$\hat{\eta}=1/17$)时，模型可以等效为无缝的一维平面应变模型。基板中弯曲波和纵波的运动控制方程分别表示为

$$\left(D\frac{\partial^4}{\partial x^4}+\rho d\frac{\partial^2}{\partial t^2}\right)w(x,t)=0 \tag{6.1}$$

$$\left(\frac{12}{\beta^4 d^2}\frac{\partial^2}{\partial x^2}-\frac{\partial^2}{\partial t^2}\right)u(x,t)=0 \tag{6.2}$$

式中：ρ 为基板材料的密度；D 为基板的弯曲刚度，$D=\dfrac{Ed^3}{12(1-\nu^2)}$；$d$ 为基板的厚度；β 为弯曲波的传播常数，$\beta^4=\rho d/D$。

基板中弯曲波的运动控制方程式(6.1)的位移解为

$$w(x,t)=(\tilde{A}\mathrm{e}^{-\mathrm{i}k_b x}+\tilde{B}\mathrm{e}^{\mathrm{i}k_b x}+\tilde{C}\mathrm{e}^{-k_b x}+\tilde{D}\mathrm{e}^{k_b x})\mathrm{e}^{\mathrm{i}\omega t} \tag{6.3}$$

式中：$\tilde{A}\mathrm{e}^{-\mathrm{i}k_b x}$ 为正向传播弯曲波模式；$\tilde{B}\mathrm{e}^{\mathrm{i}k_b x}$ 为负向传播弯曲波模式；$\tilde{C}\mathrm{e}^{-k_b x}$ 为正向倏逝弯曲波模式；$\tilde{D}\mathrm{e}^{k_b x}$ 为负向倏逝弯曲波模式；k_b 为弯曲波波数，$k_b=\beta\sqrt{\omega}$；$\tilde{A}$、$\tilde{B}$、$\tilde{C}$ 和 $\tilde{D}$ 均为待定复系数。

基板中纵波的运动控制方程式(6.2)的位移解为

$$u(x,t)=(\tilde{P}\mathrm{e}^{-\mathrm{i}k_1 x}+\tilde{Q}\mathrm{e}^{\mathrm{i}k_1 x})\mathrm{e}^{\mathrm{i}\omega t} \tag{6.4}$$

式中：$\tilde{P}$、$\tilde{Q}$ 均为待定复系数；k_1 为纵波波数，$k_1=(\sqrt{3}/6)\beta^2\omega d$。

同理，对于柱状谐振体，其中的弯曲波和纵波运动控制方程的位移解分别为

$$\left.\begin{aligned}w^{(\mathrm{P})}(z,t)&=(A^{(\mathrm{P})}\mathrm{e}^{-\mathrm{i}\tilde{k}_b z}+B^{(\mathrm{P})}\mathrm{e}^{\mathrm{i}\tilde{k}_b z}+C^{(\mathrm{P})}\mathrm{e}^{-\tilde{k}_b z}+D^{(\mathrm{P})}\mathrm{e}^{\tilde{k}_b z})\mathrm{e}^{\mathrm{i}\omega t}\\u^{(\mathrm{P})}(z,t)&=(P^{(\mathrm{P})}\mathrm{e}^{-\mathrm{i}\tilde{k}_1 z}+Q^{(\mathrm{P})}\mathrm{e}^{\mathrm{i}\tilde{k}_1 z})\mathrm{e}^{\mathrm{i}\omega t}\end{aligned}\right\} \tag{6.5}$$

式中，上标(P)表示柱状谐振体。

当考虑位移为 $1\cdot e^{i\omega t}$ 的弯曲波从柱状谐振体底部的左侧入射时，柱状谐振体底部的左界面和右界面的波场可以表示为(w_L, u_L)和(w_R, u_R)，其分量可表示为

$$\left.\begin{aligned} w_L(x,t)&=(1+r_b+r_{bb^*})e^{i\omega t}\\ u_L(x,t)&=r_{bl}e^{i\omega t}\\ w_R(x,t)&=(t_b+t_{bb^*})e^{i\omega t}\\ u_R(x,t)&=t_{bl}e^{i\omega t}\end{aligned}\right\} \tag{6.6}$$

式中：t 为透射复系数；r 为反射复系数；下标b 和 b* 分别代表传播弯曲波模式和倏逝弯曲波模式；下标l 代表纵波模式；下标bl 和 lb 分别代表从弯曲波到纵波的模式转换和其逆过程；下标bb* 和b* b 分别代表从传播弯曲波到倏逝弯曲波的模式转换和其逆过程。因此，柱状谐振体底部两侧的系数向量$\boldsymbol{k}_L$ 和$\boldsymbol{k}_R$ 可以表示为

$$\left.\begin{aligned} \boldsymbol{k}_L&=[1\quad r_b\quad 0\quad r_{bb^*}\quad 0\quad r_{bl}]^T\\ \boldsymbol{k}_R&=[t_b\quad 0\quad t_{bb^*}\quad 0\quad t_{bl}\quad 0]^T\end{aligned}\right\} \tag{6.7}$$

转角 φ、弯矩 M 和剪力 V 与位移 w 的关系分别为 $\varphi=w'$、$M=Dw''$和 $V=-Dw'''$。轴力 F 与位移 u 的关系为 $F=12\rho u'/(\beta^4 d^2)$。柱状谐振体底部的两界面处必须满足位移、转角、弯矩、剪力和轴力的连续边界条件。根据这些边界条件，得到波的传递方程，同第 4 章方程(4.22)：

$$\boldsymbol{k}_L=\boldsymbol{N}_5\boldsymbol{k}_R \tag{6.8}$$

式中：$\boldsymbol{N}_5$ 是 6×6 阶的参数矩阵。式(6.8)等价于 6 个方程构成的方程组，其中含有 r_b、r_{bb^*}、r_{bl}、t_b、t_{bb^*} 和 t_{bl}6 个未知数，因此，可以通过推导该方程组，得到 6 个未知数的表达式，即

$$r_b=\frac{-8\Gamma_1-8\Gamma_1\cdot\chi_1-(4\Gamma_1+8\Gamma_2)\cdot\chi_2+(4\Gamma_1+8\Gamma_2)\cdot\chi_3}{(4-4i)\cdot\chi_1-2i\cdot\chi_2+2i\cdot\chi_3+4-4i} \tag{6.9}$$

$$t_b=\frac{-\delta_1-\delta_1\cdot\chi_1-4i\Gamma_4\cdot\chi_2+4i\Gamma_4\cdot\chi_3+\Gamma_0}{(4-4i)\cdot(\chi_1-2i\cdot\chi_2+2i\cdot\chi_3+4-4i)} \tag{6.10}$$

$$t_{bl}=r_{bl}=\frac{(2-2i)\kappa\cdot\chi_4}{(4-4i+\kappa)\cdot\chi_1+(2\kappa+2i\kappa-2i)\cdot\chi_2+(2i+2\kappa+2i\kappa)\cdot\chi_3+4-4i-\kappa} \tag{6.11}$$

$$r_{bb^*}=\frac{\Gamma_3[8i\chi_1+(4+4i)\chi_2-(4+4\kappa+4i)\chi_3+8i]+\Gamma_4(8\chi_2-8\chi_3)}{(1-i)[8\chi_1+(2-2i+4i\kappa)\chi_2-(2-2i-4i\kappa)\chi_3+8]} \tag{6.12}$$

$$t_{bb^*}=\frac{-\Gamma_3[(2-2i)\chi_1+(a+ai)\chi_2+(a+ai)\chi_3+(4-4i)]-\Gamma_4(2+2i)(\chi_2-\chi_3)}{8\chi_1+(2-2i)\chi_2+(-2+2i+4ia)\chi_3+8} \tag{6.13}$$

式中

$$\delta_1=4i\Gamma_3+16i\Gamma_4$$

$$\kappa=\frac{k_1}{k_b}$$

$$\Gamma_0=\frac{(2\kappa+2\mathrm{i}\kappa)\cdot\sin(k_\mathrm{b}h)\cdot\cosh(k_\mathrm{b}h)}{1+(2\kappa-2\mathrm{i}\kappa)\cdot\cos(\kappa k_\mathrm{b}h)}$$

$$\Gamma_1=\frac{1}{2+(4-4\mathrm{i})\kappa\cot(\kappa k_\mathrm{b}h)}$$

$$\Gamma_2=\frac{1}{2\tan(\kappa k_\mathrm{b}h)/\kappa+(4-4\mathrm{i})}$$

$$\Gamma_3=\frac{\sin(\kappa k_\mathrm{b}h)}{\sin(\kappa k_\mathrm{b}h)+\kappa(2-2\mathrm{i})\cos(\kappa k_\mathrm{b}h)}$$

$$\Gamma_4=\frac{\kappa\cos(\kappa k_\mathrm{b}h)}{\sin(\kappa k_\mathrm{b}h)+\kappa(2-2\mathrm{i})\cos(\kappa k_\mathrm{b}h)}$$

$$\chi_1=\cos(k_\mathrm{b}h)\cosh(k_\mathrm{b}h)$$

$$\chi_2=\cos(k_\mathrm{b}h)\sinh(k_\mathrm{b}h)$$

$$\chi_3=\sin(k_\mathrm{b}h)\cosh(k_\mathrm{b}h)$$

$$\chi_4=\sin(k_\mathrm{b}h)\sinh(k_\mathrm{b}h)$$

同理，当考虑位移为 $1\cdot e^{\mathrm{i}\omega t}$ 的纵波正向入射柱状谐振体底部的左侧时，谐振体底部的左界面和右界面的波场可以分别表示为$(\widetilde{w}_\mathrm{L},\widetilde{u}_\mathrm{L})$和$(\widetilde{w}_\mathrm{R},\widetilde{u}_\mathrm{R})$，其分量为

$$\left.\begin{aligned}\widetilde{w}_\mathrm{L}(x,t)&=(r_\mathrm{lb}+r_{\mathrm{lb}^*})e^{\mathrm{i}\omega t}\\ \widetilde{u}_\mathrm{L}(x,t)&=(1+r_\mathrm{l})\cdot e^{\mathrm{i}\omega t}\\ \widetilde{w}_\mathrm{R}(x,t)&=(t_\mathrm{lb}+t_{\mathrm{lb}^*})e^{\mathrm{i}\omega t}\\ \widetilde{u}_\mathrm{R}(x,t)&=t_\mathrm{l}e^{\mathrm{i}\omega t}\end{aligned}\right\}\tag{6.14}$$

柱状谐振体底部两界面的矢量$\boldsymbol{k}_\mathrm{L}$ 和$\boldsymbol{k}_\mathrm{R}$ 可以表示为

$$\left.\begin{aligned}\boldsymbol{k}_\mathrm{L}&=[0\quad r_\mathrm{lb}\quad 0\quad r_{\mathrm{lb}^*}\quad 1\quad r_\mathrm{l}]^\mathrm{T}\\ \boldsymbol{k}_\mathrm{R}&=[t_\mathrm{lb}\quad 0\quad t_{\mathrm{lb}^*}\quad 0\quad t_\mathrm{l}\quad 0]^\mathrm{T}\end{aligned}\right\}\tag{6.15}$$

同理，根据式(6.8)推导，分别得到以下反射和透射系数表达式：

$$r_\mathrm{l}=\frac{-\kappa\chi_1-(2\kappa+2\kappa\mathrm{i})\chi_3-(2\kappa+2\kappa\mathrm{i})\chi_2+\kappa}{(4+\kappa-4\mathrm{i})\chi_1+(2\kappa+2\kappa\mathrm{i}-2\mathrm{i})\chi_2+(2\kappa+2\mathrm{i}+2\kappa\mathrm{i})\chi_3+4-4\mathrm{i}-\kappa}\tag{6.16}$$

$$t_\mathrm{l}=\frac{(4-4\mathrm{i})\chi_1-2\mathrm{i}\cdot\chi_2+2\mathrm{i}\cdot\chi_3+4-4\mathrm{i}}{(4-4\mathrm{i}+\kappa)\chi_1+(2\kappa+2\kappa\mathrm{i}-2\mathrm{i})\chi_2+(2\mathrm{i}+2\kappa+2\kappa\mathrm{i})\chi_3+4-4\mathrm{i}-\kappa}\tag{6.17}$$

$$r_\mathrm{lb}=-t_\mathrm{lb}=\frac{2\chi_4}{(8+\kappa+\kappa\mathrm{i})\chi_1+(2-2\mathrm{i}+4\kappa\mathrm{i})\chi_2+(-2+2\mathrm{i}+4\kappa\mathrm{i})\chi_3+8-\kappa-\kappa\mathrm{i}}\tag{6.18}$$

$$r_{\mathrm{lb}^*}=\frac{(1+\mathrm{i})\chi_4}{-(4+4\mathrm{i})\chi_1+(2a-2-2a\mathrm{i})\chi_2+(2a+2-2a\mathrm{i})\chi_3-4-4\mathrm{i}}\tag{6.19}$$

$$t_{\mathrm{lb}^*}=\frac{2\chi_4}{8\chi_1+(2+4a\mathrm{i}-2\mathrm{i})\chi_2+(-2+2\mathrm{i}+4a\mathrm{i})\chi_3+8}\tag{6.20}$$

同理，当考虑位移为 $1\cdot e^{\mathrm{i}\omega t}$ 的倏逝弯曲波正向入射柱状谐振体底部的左侧时，得到系数 r_{b^*}、t_{b^*}、$r_{\mathrm{b}^*\mathrm{b}}$、$t_{\mathrm{b}^*\mathrm{b}}$、$r_{\mathrm{b}^*\mathrm{l}}$ 和 $t_{\mathrm{b}^*\mathrm{l}}$ 的表达式。

如图 6－1(b)所示，单边耦合的柱状谐振体使入射弯曲波(b_{1+},b_{2+})、入射纵波(l_{1+},l_{2+})、出射弯曲波(b_{1-},b_{2-})和出射纵波(l_{1-},l_{2-})杂化（不同模式间的一种耦合）。因此，

可以得到柱状谐振体在远场的散射方程为

$$\boldsymbol{S}^{-}=\begin{bmatrix} t_{\mathrm{b}} & r_{\mathrm{b}} & t_{\mathrm{lb}} & -r_{\mathrm{lb}} \\ r_{\mathrm{b}} & t_{\mathrm{b}} & r_{\mathrm{lb}} & -t_{\mathrm{lb}} \\ t_{\mathrm{bl}} & -r_{\mathrm{bl}} & t_{\mathrm{l}} & r_{\mathrm{l}} \\ r_{\mathrm{bl}} & -t_{\mathrm{bl}} & r_{\mathrm{l}} & t_{\mathrm{l}} \end{bmatrix}\boldsymbol{S}^{+}=\boldsymbol{M}_{\mathrm{P}}\cdot\boldsymbol{S}^{+} \tag{6.21}$$

式中：$\boldsymbol{S}^{-}$ 为出射波矢的散射矢量，$\boldsymbol{S}^{-}=[b_{2-}\quad b_{1-}\quad l_{2-}\quad l_{1-}]^{\mathrm{T}}$；$\boldsymbol{S}^{+}$ 为入射波矢的散射矢量，$\boldsymbol{S}^{+}=[b_{1+}\quad b_{2+}\quad l_{1+}\quad l_{2+}]^{\mathrm{T}}$；$\boldsymbol{M}_{\mathrm{P}}$ 为散射矩阵。

下面研究一个具有相同弯曲刚度(即相同厚度)的柱状谐振体和波导谐振体组合的模型，这两个谐振体具有强的杂化耦合。该模型的材料参数与实验模型的一致，即 3D 打印中常用的 PLA(聚乳酸)材料参数，测量的详细参数值见本小节后文所述。基于式(6.21)中的散射系数和全波场仿真，图 6-2(a)和(b)分别展示了入射弯曲波时散射矢量的无量纲能量曲线的解析解和仿真解，其一致性验证了解析模型的正确性。需要指出的是，通过有限元软件求得仿真解时，所有几何模型的外部边界均使用了 PML(理想匹配层)，来避免边界反射。

另外，可以从能量流的角度来验证解析模型的正确性。对于幅值为 $\bar{A}_{\mathrm{b}}$ 的弯曲波，其一个周期平均的能量强度表示为

$$e_{\mathrm{b}}=\omega D k_{\mathrm{b}}^{3}|\bar{A}_{\mathrm{b}}|^{2} \tag{6.22}$$

对于幅值为 $\bar{A}_{\mathrm{l}}$ 的纵波，其一个周期平均的能量强度表示为

$$e_{\mathrm{l}}=6\omega D k_{\mathrm{l}}|\bar{A}_{\mathrm{l}}|^{2}/d^{2} \tag{6.23}$$

对于位移为 $1\cdot\mathrm{e}^{\mathrm{i}\omega t}$ 的入射弯曲波，反射和透射弯曲波的无量纲能量可以分别表示为 $e_{r_{\mathrm{b}}}=|r_{\mathrm{b}}|^{2}$ 和 $e_{t_{\mathrm{b}}}=|t_{\mathrm{b}}|^{2}$。根据式(6.22)和式(6.23)，模式转换的反射和透射纵波的无量纲能量可以分别表示为 $e_{r_{\mathrm{bl}}}=\sqrt{3}|r_{\mathrm{bl}}|^{2}/k_{\mathrm{b}}d$ 和 $e_{t_{\mathrm{bl}}}=\sqrt{3}|t_{\mathrm{bl}}|^{2}/k_{\mathrm{b}}d$。因此，总的散射能量可以表示为 $e_{\mathrm{t}}=e_{r_{\mathrm{b}}}+e_{t_{\mathrm{b}}}+e_{r_{\mathrm{bl}}}+e_{t_{\mathrm{bl}}}$。根据建立的解析模型[式(6.21)中的散射系数]计算的总散射能量 e_{t} 恒为 1(如图 6-2 中灰点线所示)。无量纲总能量恒为 1 表明弹性波的能量流平衡，从而验证了解析模型的正确性。

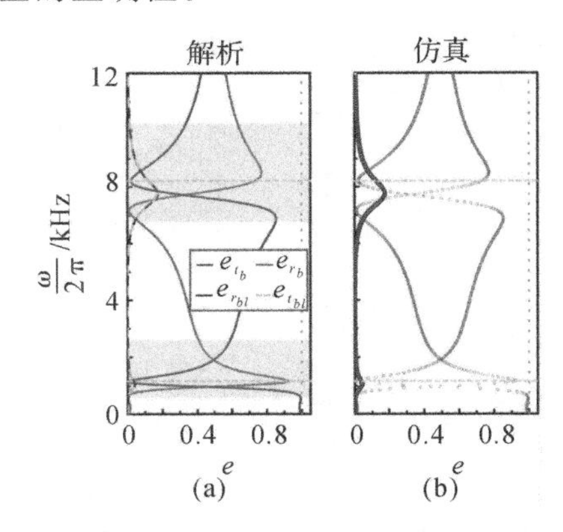

图 6-2 基于解析方法和仿真方法计算的入射弯曲波时散射矢量的无量纲能量曲线

(灰点线表示所有散射模式的无量纲能量总和，黄色虚线表示法诺共振频率)

(a)解析方法；(b)仿真方法

如图 6-2(a)所示，反射能量曲线 $e_{r_{\mathrm{b}}}$ 具有明确的法诺共振轮廓，这是法诺共振的一个

典型特征[196]。这里的法诺共振是柱状谐振体的弯曲共振与入射弯曲波之间干涉耦合的结果。以弯曲波主导的法诺共振,其共振频率 ω_0[在图 6-2(a)中用黄色虚线表示]近似满足超越方程[111]:

$$\cos(h\beta\sqrt{\omega_0})\cdot\cosh(h\beta\sqrt{\omega_0})=-1 \tag{6.24}$$

基于解析模型,可以得到柱状谐振体单胞的能带结构,从而直观地看到法诺共振诱导的弯曲波和纵波的杂化耦合。该单胞结构如图 6-3(a)中插图所示。$\hat{D}$ 是一个典型的周期,为第二阶法诺共振频率处波长的 1/4。由于周期 $\hat{D}$ 在一定频率范围内是亚波长尺寸,散射矩阵中需要考虑倏逝弯曲波模式及其模式转换,$\boldsymbol{M}_{\mathrm{P}}$ 被重写为

$$\widetilde{\boldsymbol{M}}_{\mathrm{P}}=\begin{bmatrix} t_{\mathrm{b}} & r_{\mathrm{b}} & t_{\mathrm{b^*b}} & r_{\mathrm{b^*b}} & t_{\mathrm{lb}} & -r_{\mathrm{lb}} \\ r_{\mathrm{b}} & t_{\mathrm{b}} & r_{\mathrm{b^*b}} & t_{\mathrm{b^*b}} & r_{\mathrm{lb}} & -t_{\mathrm{lb}} \\ t_{\mathrm{bb^*}} & r_{\mathrm{bb^*}} & t_{\mathrm{b^*b^*}} & r_{\mathrm{b^*b^*}} & t_{\mathrm{lb^*}} & -r_{\mathrm{lb^*}} \\ r_{\mathrm{bb^*}} & t_{\mathrm{bb^*}} & r_{\mathrm{b^*b^*}} & t_{\mathrm{b^*b^*}} & r_{\mathrm{lb^*}} & -t_{\mathrm{lb^*}} \\ t_{\mathrm{bl}} & -r_{\mathrm{bl}} & t_{\mathrm{b^*l}} & -r_{\mathrm{b^*l}} & t_{\mathrm{l}} & r_{\mathrm{l}} \\ r_{\mathrm{bl}} & -t_{\mathrm{bl}} & r_{\mathrm{b^*l}} & -t_{\mathrm{b^*l}} & r_{\mathrm{l}} & t_{\mathrm{l}} \end{bmatrix} \tag{6.25}$$

因此,同时包括原点相位[197]和倏逝弯曲波模式的散射矩阵$\widetilde{\boldsymbol{M}}_{\mathrm{P}}$ 可以表示为

$$\boldsymbol{M}_{\mathrm{P}}^{*}=\boldsymbol{\Upsilon}\widetilde{\boldsymbol{M}}_{\mathrm{P}}\boldsymbol{\Upsilon} \tag{6.26}$$

式中

$$\boldsymbol{\Upsilon}=\begin{bmatrix} \mathrm{e}^{-\mathrm{i}k_{\mathrm{b}}\hat{D}/2} & & & & & \\ & \mathrm{e}^{-\mathrm{i}k_{\mathrm{b}}\hat{D}/2} & & & & \\ & & \mathrm{e}^{-k_{\mathrm{b}}\hat{D}/2} & & & \\ & & & \mathrm{e}^{-k_{\mathrm{b}}\hat{D}/2} & & \\ & & & & \mathrm{e}^{-k_{\mathrm{l}}\hat{D}/2} & \\ & & & & & \mathrm{e}^{-k_{\mathrm{l}}\hat{D}/2} \end{bmatrix} \tag{6.27}$$

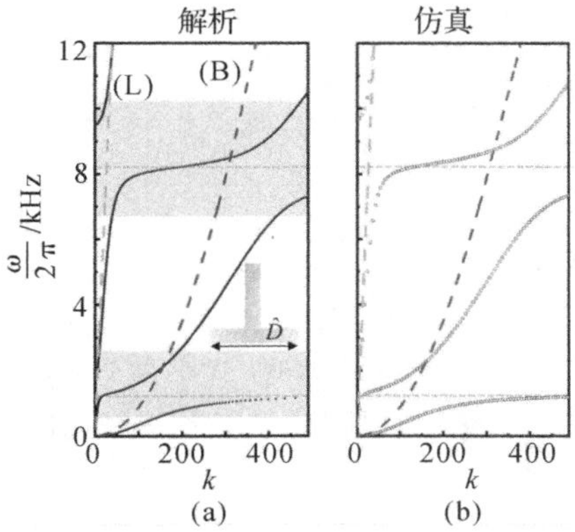

图 6-3 基于解析方法和仿真方法计算的柱状谐振体单胞的能带结构

[插图展示柱状谐振体单胞结构,同时添加了基板中弯曲波(绿色虚线)和纵波(粉色虚线)的色散曲线]

(a)解析方法;(b)仿真方法

周期结构的 Bloch(布洛赫)边界条件可以表示为

$$\boldsymbol{T}_{\mathrm{R}}=\mathrm{e}^{\mathrm{i}k\hat{D}}\boldsymbol{I}\cdot\boldsymbol{T}_{\mathrm{L}} \tag{6.28}$$

式中:$\boldsymbol{I}$ 为单位矩阵;$\boldsymbol{T}_{\mathrm{L}}$ 为考虑近场中的倏逝弯曲波模式柱状谐振体左侧的传递矢量,$\boldsymbol{T}_{\mathrm{L}}=[b_{1+}\quad b_{1-}\quad b^{*}{}_{1+}\quad b^{*}{}_{1-}\quad l_{1+}\quad l_{1-}]$;$\boldsymbol{T}_{\mathrm{R}}$为考虑近场中的倏逝弯曲波模式柱状谐振体右侧传递矢量,$\boldsymbol{T}_{\mathrm{R}}=[b_{2-}\quad b_{2+}\quad b^{*}{}_{2-}\quad b^{*}{}_{2+}\quad l_{2-}\quad l_{2+}]$。

根据式(6.26)和式(6.28),能带结构可通过下公式计算:

$$\left|\boldsymbol{M}_{\mathrm{P}}{}^{*}-\begin{pmatrix}\mathrm{e}^{\mathrm{i}k_{\mathrm{b}}\hat{D}} & & & & & \\ & \mathrm{e}^{-\mathrm{i}k_{\mathrm{b}}\hat{D}} & & & & \\ & & \mathrm{e}^{k_{\mathrm{b}}\hat{D}} & & & \\ & & & \mathrm{e}^{-k_{\mathrm{b}}\hat{D}} & & \\ & & & & \mathrm{e}^{-\mathrm{i}k_{\mathrm{l}}\hat{D}} & \\ & & & & & \mathrm{e}^{\mathrm{i}k_{\mathrm{l}}\hat{D}}\end{pmatrix}\right|=0 \tag{6.29}$$

基于式(6.29),图 6-3(a)展示了周期柱状谐振体单胞的能带结构(蓝线),这与图 6-3(b)中的仿真结果非常一致。同时,在图中增加了基板中弯曲波(绿色虚线)和纵波(粉色虚线)的色散曲线。在标记的第一和第二阶法诺共振频率附近处[图 6-2(b)中的灰色区域],能带结构具有典型的三个杂化分支(蓝线)[123]:右下和左上分支分别对应于弯曲波和纵波模式的杂化;中间的分支对应于第三种混合对称杂化。在柱状谐振体的法诺共振频率附近,出现三个杂化分支,表明共振诱导了弯曲波和纵波间的强模式耦合。

2. 波导谐振体诱导的耦合干涉

如图 6-1 所示,引入长度为 s 的波导谐振体,重塑入射弯曲波与散射场的干涉关系。考虑波导谐振体的长度大于对应共振频率的波长的一半,可以忽略倏逝弯曲波对散射场的影响。法诺共振的柱状谐振体,向左辐射弯曲波传播模式到基板(标注为通道 1),向右辐射弯曲波传播模式到波导谐振体,如图 6-1 所示。在波导谐振体中,向右传播的辐射弯曲波遇到右边界后,发生全反射而向左传播,然后遇到左边界,辐射弯曲波的一部分能量会透过柱状谐振体泄漏到基板(标注为通道 2),泄漏的弯曲波将会与通道 1 中的弯曲波场相互作用,产生耦合干涉。耦合干涉可以消除这两个通道中辐射的弯曲波,从而形成局部的捕获模式。

在上述对耦合干涉物理起源的直观解释中,共振体辐射模式之间的耦合是一个本质的要素。为了从理论上定量地探究弹性波系统中的耦合干涉,我们应用了光学中的时域耦合模式理论[198],该理论适用于所有经典波共振系统,为共振体的辐射波场和入射波场间的弱耦合提供了简易的解析表达。该理论应用于弹性波系统,式中矢量$\boldsymbol{s}_{-}$和$\boldsymbol{s}_{+}$同时包含弯曲波和纵波模式,如图 6-1(b)所示,在无入射波场的情况下,幅值为 a 的局部模式的辐射关系为

$$\mathrm{d}a/\mathrm{d}t=(-\mathrm{i}\omega_{0}-\gamma_{0})a \tag{6.30}$$

式中:ω_0 为局部模式的共振频率;γ_0 为局部模式的辐射衰减率。需注意,对于弹性波系统,波矢量$\boldsymbol{s}_{-}$和$\boldsymbol{s}_{+}$同时包含弯曲波和纵波模式,且耦合矢量 $\boldsymbol{d}$ 在弹性波系统具有不同的物理意义,考虑共振体、入射波场和辐射波场间耦合的时域耦合模式理论[198]来描述其关系:

$$\boldsymbol{s}_{-}=\boldsymbol{C}\cdot\boldsymbol{s}_{+}+a\cdot\boldsymbol{d} \tag{6.31}$$

式中：$\boldsymbol{s}_+$ 为入射场波矢量，如图 6-1(b)所示，$\boldsymbol{s}_+ = [b_{1+} \quad b_{2+} \quad l_{1+} \quad l_{2+}]^{\mathrm{T}}$；$\boldsymbol{s}_-$ 为共振体辐射波场的传输矢量，$\boldsymbol{s}_- = [b_{1-} \quad b_{2-} \quad l_{1-} \quad l_{2-}]^{\mathrm{T}}$；$\boldsymbol{d}$ 为入射场在共振体界面端口处的耦合矢量，$\boldsymbol{d} = [\bar{d}_1 \quad \bar{d}_2 \quad \bar{d}_3 \quad \bar{d}_4]^{\mathrm{T}}$，其中 $\bar{d}_1$ 为局部模式与入射弯曲波在其右端口处的耦合系数，$\bar{d}_2$ 为局部模式与入射弯曲波在其左端口处的耦合系数，$\bar{d}_3$ 为局部模式与入射纵波在其右端口处的耦合系数，$\bar{d}_4$ 为局部模式与入射纵波在其左端口处的耦合系数；$\boldsymbol{C}$ 为忽略共振耦合，通过直接路径，端口间入射波场和辐射波场间的关系矩阵，且有

$$\boldsymbol{C} = \begin{pmatrix} 0 & 1 & 0 & 0 \\ 1 & 0 & 0 & 0 \\ 0 & 0 & 0 & 1 \\ 0 & 0 & 1 & 0 \end{pmatrix} \tag{6.32}$$

如图 6-1(b)所示，根据式(6.31)，辐射波场 $\bar{d}_1 \cdot a$ 来自局部模式共振与入射弯曲波在右端口的耦合。该辐射波场将会泄漏到共振体左端口，包括弯曲波泄漏和模式转换产生的纵波泄漏。根据式(6.21)中的散射系数，左端口处弯曲波的泄漏和模式转换而来的纵波泄漏可分别表示为 $t_{\mathrm{b}} b_{2+} - b_{2+}$ 和 $t_{\mathrm{lb}} l_{2+}$。因此，得到局部模式共振与左端口处辐射波场间的关系为

$$\bar{d}_1 \cdot a = t_{\mathrm{b}} b_{2+} - b_{2+} + t_{\mathrm{lb}} l_{2+} \tag{6.33}$$

同理，得到局部模式共振与右端口处辐射波场间的关系为

$$\bar{d}_2 a = r_{\mathrm{b}} b_{2+} + r_{\mathrm{lb}} l_{2+} \tag{6.34}$$

不考虑入射波场 b_{1+}[176]，根据式(6.31)～式(6.34)、式(6.18)和传播关系式 $b_{2-} = \mathrm{e}^{-\mathrm{i}\phi} \cdot b_{2+}$，得到耦合干涉关系的解析表达式为

$$\mathrm{e}^{-i\phi} = t_{\mathrm{b}} + r_{\mathrm{b}} \tag{6.35}$$

式中：ϕ 为弯曲波在波导谐振体中一次往返的相位变化，$\phi = 2k_{\mathrm{b}} s - 3\pi/2$。

此外，考虑位移为 $1 \cdot \mathrm{e}^{\mathrm{i}\omega t}$ 的弯曲波入射，其在共振体处发生模式转换，产生的透射纵波和反射纵波具有反向的偏振。根据式(6.11)，这些纵波在共振体处干涉相消。因此，在共振体处，总散射场是具有同向偏振的透射和反射弯曲波的叠加，即 $r_{\mathrm{b}} + t_{\mathrm{b}}$。根据能量守恒定律，总散射场的能量等于入射波场的能量，即得到总散射场 $r_{\mathrm{b}} + t_{\mathrm{b}}$ 的振幅关系为

$$|r_{\mathrm{b}} + t_{\mathrm{b}}|^2 = 1 \tag{6.36}$$

根据式(6.36)，式(6.35)的幅值等式关系始终满足，式(6.35)可以退化为其相位等式关系：

$$2\beta\sqrt{\omega}s - \frac{3\pi}{2} = \arg(r_{\mathrm{b}} + t_{\mathrm{b}}) + 2n\pi \tag{6.37}$$

式中：n 为正整数。

应该指出的是，杂化耦合是形成这些独特局部模式的一个重要因素。这是因为，如果系统中的波场没有杂化耦合诱导的模式转换，从而转换出不同模式的波，系统中单一模式的波必然会泄漏。模式转换辐射的能量类似于光学共振系统中的耗散[176]，但本系统中的“耗散”可以通过波导谐振体定量调节，其对此将在 6.1.2 小节中详细讨论。

3. 组合共振系统

为了评估参数空间中所有可能的局部捕获模式，建立了柱状谐振体和波导谐振体组合共振系统的解析模型。如图 6-1(a)所示，基板、柱状谐振体和波导谐振体通过分界线 $\tilde{l}$ 分

为区域(Ⅰ)和区域(Ⅱ)。为了同时适用于斜入射与垂直入射的弹性波,区域(Ⅰ)板中弯曲波和纵波二维控制方程的位移解分别为

$$w^{(\mathrm{I})}(x,y)=A_0\mathrm{e}^{-\mathrm{i}k_b^y\cdot y}\mathrm{e}^{-\mathrm{i}k_b^x\cdot x}+R_b\mathrm{e}^{-\mathrm{i}k_b^y\cdot y}\mathrm{e}^{\mathrm{i}k_b^x\cdot x}+R_b^*\mathrm{e}^{-\mathrm{i}k_b^y\cdot y}\mathrm{e}^{\hat{k}_b^x\cdot x} \tag{6.38}$$

$$u^{(\mathrm{I})}(x,y)=R_{bl}\mathrm{e}^{-\mathrm{i}k_l^y\cdot y}\mathrm{e}^{\mathrm{i}k_l^x\cdot x} \tag{6.39}$$

式中:A_0 为入射弯曲波的幅值;R_b 为传播弯曲波模式的反射系数;R_b^* 为倏逝弯曲波模式的反射系数;R_{bl} 为纵波的反射系数;k_b^y 为传播弯曲波的 y 波矢分量,k_l^y 为纵波的 y 波矢分量,根据平行波矢量守恒,得 $k_l^y=k_b^y=\sin\theta_i\cdot k_b$;$k_b^x$ 为传播弯曲波的 x 波矢分量,$k_b^x=\sqrt{(k_b)^2-(k_b^y)^2}$;$\hat{k}_b^x$ 为倏逝弯曲波的 x 波矢分量,$\hat{k}_b^x=-\mathrm{i}\sqrt{-(k_b)^2-(k_b^y)^2}$;$k_l^x$ 为纵波的 x 分量波矢,$k_l^x=\sqrt{(k_l)^2-(k_l^y)^2}$。

区域(Ⅰ)中反射的散射场的系数矢量定义为

$$\boldsymbol{T}_r^{(\mathrm{I})}=[R_b\quad R_b^*\quad R_{bl}]^{\mathrm{T}} \tag{6.40}$$

组合谐振体共振系统中,由于波导和柱子的宽度 p 和厚度 d 均为深亚波长尺度,因此,只需考虑最低阶模式。波导谐振体左界面(分界线 $\tilde{l}$ 右侧)处波场的系数矢量定义为

$$\boldsymbol{T}^{(\mathrm{II})}=[a_2\quad b_2\quad c_2\quad d_2\quad e_2\quad f_2]^{\mathrm{T}} \tag{6.41}$$

式中:a_2 和 c_2 对应于波导谐振体中正向传播和倏逝弯曲波模式的待定复系数;b_2 和 d_2 对应于负向传播和倏逝弯曲波模式的待定复系数;e_2 和 f_2 分别对应正向和负向传播纵波的待定复系数。

在图 6-1(a)中的 x 方向,区域(Ⅰ)中二维薄板模型的转角 φ、弯矩 M、剪力 V 和轴力 F 表示为

$$\varphi_x^{(\mathrm{I})}=\frac{\partial w^{(\mathrm{I})}}{\partial x} \tag{6.42}$$

$$M_x^{(\mathrm{I})}=\begin{cases}D\left(\dfrac{\partial^2 w^{(\mathrm{I})}}{\partial x^2}+\nu\dfrac{\partial^2 w^{(\mathrm{I})}}{\partial y^2}\right), & |y-y_j|\leqslant p/2\\ 0, & |y-y_j+L/2|\leqslant(L-p)/2\end{cases} \tag{6.43}$$

$$V_x^{(\mathrm{I})}=\begin{cases}-D\left[\dfrac{\partial^3 w^{(\mathrm{I})}}{\partial x^3}+(2-\nu)\dfrac{\partial^3 w^{(\mathrm{I})}}{\partial x\partial y^2}\right], & |y-y_j|\leqslant p/2\\ 0, & |y-y_j+L/2|\leqslant(L-p)/2\end{cases} \tag{6.44}$$

$$F_x^{(\mathrm{I})}=\begin{cases}\dfrac{Ed}{1-\nu^2}\cdot\dfrac{\partial u^{(\mathrm{I})}}{\partial x}, & |y-y_j|\leqslant p/2\\ 0, & |y-y_j+L/2|\leqslant(L-p)/2\end{cases} \tag{6.45}$$

式中:$y_j=(j-1)L$,j 代表第 j 个单胞。坐标原点为第一个柱状谐振体底部板的中心,如图 6-1(a)所示。

在波导谐振体的左界面 $x=0$ 处,通过应用弯曲波位移 x 分量的连续边界条件,并在区域 $|y-y_j|\leqslant p/2$ 沿 y 方向积分得

$$\mu g\cdot A_0+[\mu g\quad \mu g\quad 0]\boldsymbol{T}_r^{(\mathrm{I})}=[1\quad 1\quad 1\quad 1\quad 0\quad 0]\boldsymbol{T}^{(\mathrm{II})} \tag{6.46}$$

式中:$g=\mathrm{sinc}(k_b^y\cdot p/2)$ 和 $\mu=\mathrm{e}^{-\mathrm{i}k_b^y\cdot y_j}$。同理,在波导谐振体的左界面 $x=0$ 处,通过应用弯曲波转角 x 分量的连续边界条件,在区域 $|y-y_j|\leqslant p/2$ 沿 y 方向积分得

$$-\mathrm{i}k_b^x\mu g A_0+[\mathrm{i}k_b^x\mu g\quad \hat{k}_b^x\mu g\quad 0]\boldsymbol{T}_r^{(\mathrm{I})}=[-\mathrm{i}k_b\quad \mathrm{i}k_b\quad -k_b\quad k_b\quad 0\quad 0]\boldsymbol{T}^{(\mathrm{II})} \tag{6.47}$$

同理,应用纵波位移 x 分量的连续边界条件,在区域 $|y-y_j|\leqslant p/2$ 沿 y 方向积分得

$$[0\quad 0\quad \mu_1\cdot\hat{g}]\boldsymbol{T}_{\mathrm{r}}^{(\mathrm{I})}=[0\quad 0\quad 0\quad 0\quad 1\quad 1]\boldsymbol{T}^{(\mathrm{II})}\tag{6.48}$$

式中:$\hat{g}=\mathrm{sinc}(k_1^y\cdot p/2)$,$\mu_1=\mathrm{e}^{-\mathrm{i}k_1^y\cdot y_j}$。

在波导谐振体的左界面 $x=0$ 处,采用弯曲波弯矩 x 分量的连续边界条件,并在区域 $|y-y_j|\leqslant L/2$ 沿 y 方向积分得

$$E_5A_0+[E_1\quad E_2\quad 0]\boldsymbol{T}_{\mathrm{r}}^{(\mathrm{I})}=[-\zeta_1\quad -\zeta_1\quad \zeta_1\quad \zeta_1\quad 0\quad 0]\boldsymbol{T}^{(\mathrm{II})}\tag{6.49}$$

式中:$E_1=L\cdot[-(k_{\mathrm{b}}^x)^2-\nu(k_{\mathrm{b}}^y)^2]$,$E_2=L[(\hat{k}_{\mathrm{b}}^x)^2-\nu(k_{\mathrm{b}}^y)^2]$,$\zeta_1=pk_{\mathrm{b}}{}^2g/\mu$,$E_5=L\cdot[-(k_b^x)^2-\nu(k_b^y)^2]$。$L$ 是单胞沿 y 方向的周期。由界面处剪力的连续边界条件,得

$$E_6A_0+[E_3\quad E_4\quad 0]\boldsymbol{T}_{\mathrm{r}}^{(\mathrm{I})}=[\mathrm{i}\cdot\zeta_2\quad -\mathrm{i}\cdot\zeta_2\quad -\zeta_2\quad \zeta_2\quad 0\quad 0]\boldsymbol{T}^{(\mathrm{II})}\tag{6.50}$$

式中:$E_3=L[-\mathrm{i}(k_{\mathrm{b}}^x)^3-(2-\nu)\mathrm{i}k_{\mathrm{b}}^x(k_{\mathrm{b}}^y)^2]$,$E_6=L[-\mathrm{i}(k_{\mathrm{b}}^x)^3-(2-\nu)\mathrm{i}k_{\mathrm{b}}^x(k_{\mathrm{b}}^y)^2]$,$\zeta_2=pk_{\mathrm{b}}{}^3g/\mu$,$E_4=L[(\hat{k}_{\mathrm{b}}^x)^3-(2-\nu)\hat{k}_{\mathrm{b}}^x(k_{\mathrm{b}}^y)^2]$。同理,由界面处轴力的连续边界条件,得

$$[0\quad 0\quad Lk_1^x]\boldsymbol{T}_{\mathrm{r}}^{(\mathrm{I})}=[0\quad 0\quad 0\quad 0\quad -pk_1\mu_1\hat{g}\quad pk_1\mu_1\hat{g}]\boldsymbol{T}^{(\mathrm{II})}\tag{6.51}$$

这里,μ 和 μ_1 是坐标转换系数。为了简化,在该研究模型中仅仅考虑一类单胞,即,$y_j=0$。因此,$\mu=\mu_1=0$。

根据式(6.8),得柱状谐振体右界面波场的系数矢量

$$\boldsymbol{T}_{\mathrm{R}}^{(\mathrm{P})}=\boldsymbol{N}_1\boldsymbol{T}_{\mathrm{L}}^{(\mathrm{P})}=\boldsymbol{N}_1\boldsymbol{T}^{(\mathrm{II})}\tag{6.52}$$

由于在波导谐振体的右端自由边界处,弯矩、剪力和轴力均为 0,得到

$$\boldsymbol{N}_4\boldsymbol{N}_3\boldsymbol{T}_{\mathrm{R}}^{(\mathrm{P})}=\boldsymbol{N}_4\boldsymbol{N}_3\boldsymbol{N}_1\boldsymbol{T}^{(\mathrm{II})}=\boldsymbol{N}_5\boldsymbol{T}^{(\mathrm{II})}=0\tag{6.53}$$

式中:$\boldsymbol{N}_3$ 是传递矩阵,其表达式为

$$\boldsymbol{N}_3=\begin{bmatrix}\mathrm{e}^{-\mathrm{i}k_{\mathrm{b}}s}&&&&&\\&\mathrm{e}^{\mathrm{i}k_{\mathrm{b}}s}&&&&\\&&\mathrm{e}^{-k_{\mathrm{b}}s}&&&\\&&&\mathrm{e}^{k_{\mathrm{b}}s}&&\\&&&&\mathrm{e}^{-\mathrm{i}k_1s}&\\&&&&&\mathrm{e}^{\mathrm{i}k_ls}\end{bmatrix}\tag{6.54}$$

边界状态矩阵 $\boldsymbol{N}_4$ 可表示为

$$\boldsymbol{N}_4=\begin{bmatrix}0&0&0&0&-\mathrm{i}&\mathrm{i}\\-\mathrm{i}&\mathrm{i}&1&-1&0&0\\-1&-1&1&1&0&0\end{bmatrix}\tag{6.55}$$

式(6.46)~式(6.51)和式(6.53)可以依次整理为

$$\left.\begin{aligned}&P_1+\boldsymbol{H}_1\boldsymbol{T}_{\mathrm{r}}^{(\mathrm{I})}=\boldsymbol{Q}_1\boldsymbol{T}^{(\mathrm{II})}\\&P_2+\boldsymbol{H}_2\boldsymbol{T}_{\mathrm{r}}^{(\mathrm{I})}=\boldsymbol{Q}_2\boldsymbol{T}^{(\mathrm{II})}\\&\boldsymbol{H}_3\boldsymbol{T}_{\mathrm{r}}^{(\mathrm{I})}=\boldsymbol{Q}_3\boldsymbol{T}^{(\mathrm{II})}\\&P_4+\boldsymbol{H}_4\boldsymbol{T}_{\mathrm{r}}^{(\mathrm{I})}=\boldsymbol{Q}_4\boldsymbol{T}^{(\mathrm{II})}\\&P_5+\boldsymbol{H}_5\boldsymbol{T}_{\mathrm{r}}^{(\mathrm{I})}=\boldsymbol{Q}_5\boldsymbol{T}^{(\mathrm{II})}\\&\boldsymbol{H}_6\boldsymbol{T}_{\mathrm{r}}^{(\mathrm{I})}=\boldsymbol{Q}_6\boldsymbol{T}^{(\mathrm{II})}\\&\boldsymbol{Q}_7\boldsymbol{T}^{(\mathrm{II})}=0\end{aligned}\right\}\tag{6.56}$$

例如，对比式(6.46)和式(6.53)得，$P_1=\mu g\cdot A_0$，$\boldsymbol{H}_1=[\mu g\quad \mu g\quad 0]$，$\boldsymbol{Q}_1=[1\quad 1\quad 1\quad 1\quad 0\quad 0]$。同理可得式(6.53)中其余系数和矩阵。

根据式(6.56)，可得到组合谐振体共振系统的散射方程为

$$\boldsymbol{G}_1\cdot\begin{bmatrix}\boldsymbol{T}_{\mathrm{r}}^{(\mathrm{I})}\\ \boldsymbol{T}^{(\mathrm{II})}\end{bmatrix}=\boldsymbol{G}_2 \tag{6.57}$$

式中

$$\boldsymbol{G}_1=\begin{bmatrix}-\boldsymbol{H}_1^{\mathrm{T}} & -\boldsymbol{H}_2^{\mathrm{T}} & -\boldsymbol{H}_3^{\mathrm{T}} & -\boldsymbol{H}_4^{\mathrm{T}} & -\boldsymbol{H}_5^{\mathrm{T}} & -\boldsymbol{H}_6^{\mathrm{T}} & \boldsymbol{0}\\ \boldsymbol{Q}_1^{\mathrm{T}} & \boldsymbol{Q}_2^{\mathrm{T}} & \boldsymbol{Q}_3^{\mathrm{T}} & \boldsymbol{Q}_4^{\mathrm{T}} & \boldsymbol{Q}_5^{\mathrm{T}} & \boldsymbol{Q}_6^{\mathrm{T}} & \boldsymbol{Q}_7^{\mathrm{T}}\end{bmatrix}^{\mathrm{T}} \tag{6.58}$$

$$\boldsymbol{G}_2=[P_1\quad P_2\quad 0\quad P_4\quad P_5\quad 0\quad 0\quad 0\quad 0]^{\mathrm{T}}$$

根据式(6.40)，式(6.57)可以变形为

$$\begin{bmatrix}[R_{\mathrm{b}}\quad R_{\mathrm{b}}^{*}\quad R_{\mathrm{bl}}]^{\mathrm{T}}\\ \boldsymbol{T}^{(\mathrm{II})}\end{bmatrix}=\boldsymbol{G}_1^{-1}\cdot\boldsymbol{G}_2=\boldsymbol{M}_{\mathrm{s}} \tag{6.59}$$

根据式(6.59)，得到弯曲波垂直入射时的传播弯曲波模式的无量纲反射能量系数$|R_{\mathrm{b}}|^2$随波导谐振体长度s/d和频率ω的变化情况，如图6-4所示。整个共振模型的散射方程是弹性波BIC系统的基础，因此，有必要通过全波场的有限元仿真来验证其正确性。反射能量系数$|R_{\mathrm{b}}|^2$的仿真结果展示于图6-5中。由于三维固体结构的有限元网格数量巨大，仿真计算耗时较长，仿真计算时，仅对变量s/d和ω使用较大的步长进行参数扫描。得到的仿真结果仍与图6-4和图6-5中总体结果分布趋势一致。

采用精细化网格进行仿真得到的结果，示于图6-5中蓝色框标注的小区域中，其与图6-4中的解析结果基本相同。为了更直观地展示解析解和仿真解的一致性，选择图6-5中线1和线2的仿真结果与图6-4中相应的解析结果进行比较，如图6-6所示。此外，根据式(6.59)、式(6.22)和式(6.23)，计算出组合共振系统反射弯曲波和模式转换的纵波模式的总能量强度为$e_{\mathrm{T}}=|R_{\mathrm{b}}|^2+\sqrt{3}|R_{\mathrm{bl}}|^2/k_{\mathrm{b}}d$，结果如图6-7所示。总能量$e_{\mathrm{T}}$恒为单位1，即能量流平衡，验证了解析模型的正确性。同时，表明在该系统中没有发生其他模式的波型转换，如生成SH波。

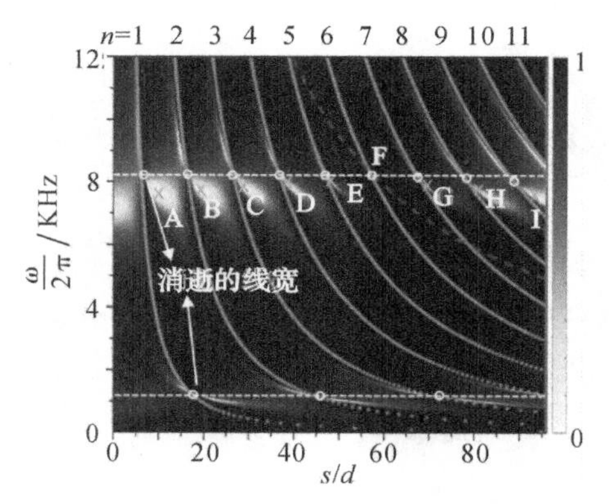

图6-4　弯曲波垂直入射时，传播弯曲波模式的无量纲反射能量系数$|R_{\mathrm{b}}|^2$的解析解随波导谐振体长度s/d和频率ω的变化

（绿色曲线和白色虚曲线分别对应于耦合干涉相消关系和法诺共振频率，白色圆圈和绿色十字分别标注消失的线宽和TMPC）

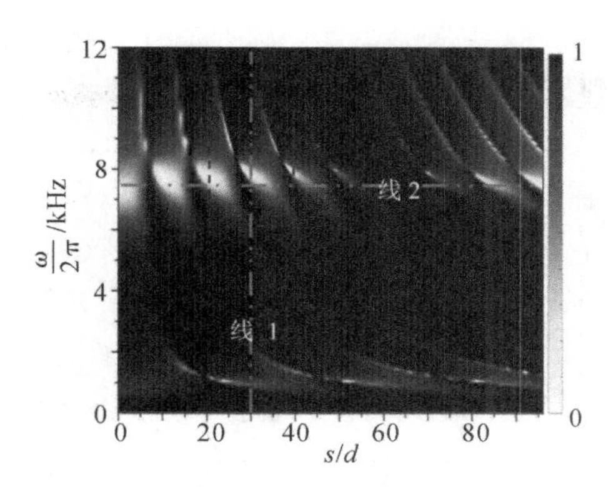

图6-5　s/d 和 ω 变量使用较大的步长进行参数扫描，仿真的无量纲反射能量系数 $|R_b|^2$

（蓝色框标注的小区域中为基于精细化可变网格的计算结果）

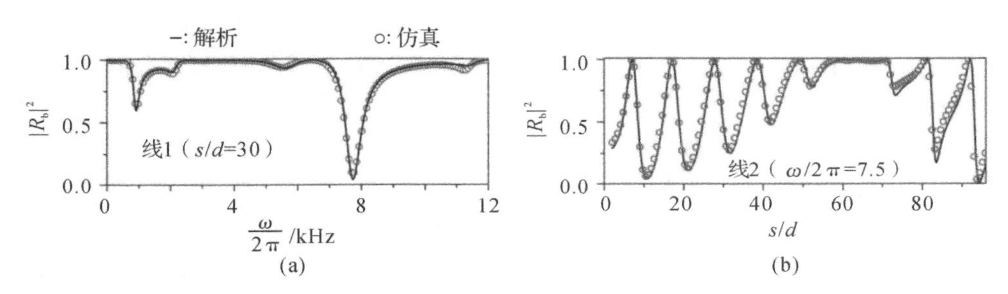

图6-6　仿真解与相应解析解的比较

(a)对应图6-5中线1；(b)对应图6-5中线2

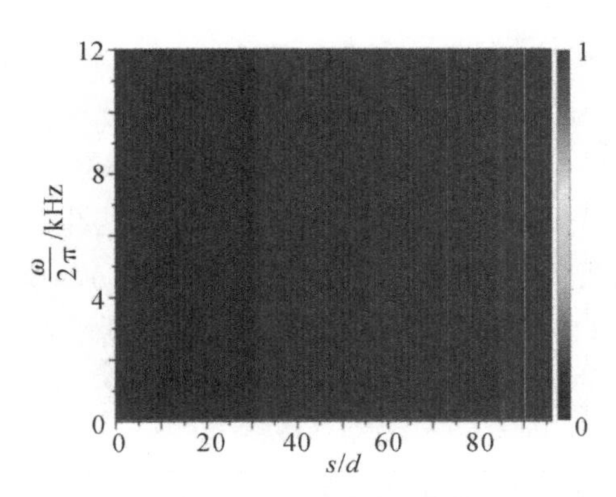

图6-7　组合共振系统反射弯曲波和模式转换的纵波模式的总能量

6.1.2　弹性波理想 BIC 与准 BIC

1. 弹性波理想 BIC 和准 BIC 的存在

如图6-4所示，根据式(6.24)和式(6.37)分别获得的白色虚曲线和绿色曲线，其对应于法诺共振频率和耦合干涉相消关系。两类曲线的交点精确地预测了白色圆圈标注的消失线宽(Vanishing Linewidth, VL)，位于连续谱中能量捕获区域处的间断的位置，这里线宽是指连续谱中捕获区域的频带。这些消失线宽是辐射波连续谱中零泄漏的理想局部捕获模式，即有无限大 Q 因子的理想 BIC。

这些处于图中标注消失线宽位置处的理想 BIC 与外部辐射通道完全隔离，无能量交换[176]。为了得到 TMPC，需要调整波导谐振体的长度 s，以弱化式(6.37)所描述的耦合干涉关系。这种弱化使得处于理想 BIC 状态的组合谐振体共振系统向基板泄漏少量弯曲波能量(辐射衰减率 γ_b)。泄漏的弯曲波能量将平衡来自法诺共振杂化耦合诱导的纵波能量(辐射衰减率 γ_l)，从而诱导出 TMPC。共振系统的平衡条件 $\gamma_b=\gamma_l$，类似于光学系统中所谓的临界耦合[199]，然而这里它是由不同的模式转换机制来实现的。基于式(6.59)，平衡条件诱导 TMPC 可以通过复频率平面内的$\lg|R_b|$分布来展示，相关详细描述见本小节后文所述。这样，入射弯曲波完全被捕获而没有任何反向散射($|R_b|^2=0$)，即系统调谐到捕获模式。该系统只允许转换后的纵波泄漏，这是完美模式转换产生的根本原因。本小节仅仅分析第二阶法诺共振频率附近的 TMPC，依次将其标注为 A 到 I 点(见图 6-4 中离散的绿色十字)。这些点中，A 点与相邻消失线宽的位置偏差最大。其原因是与 A 点相应的共振系统辐射纵波能量最大(相关解释见小节后文所述)，这需要更多地弱化耦合干涉来泄漏更多的弯曲波能量，从而与之平衡。

对于这些标注的 TMPC，系统的总辐射衰减率为 $\gamma=\gamma_b+\gamma_l=2\gamma_l$，其对应于系统的 Q 因子为 $Q=\bar{\omega}_0/2\gamma=\bar{\omega}_0/4\gamma_l$，其中 $\bar{\omega}_0=8.25$ kHz，约为第二阶法诺共振频率。因此，γ_l 决定了 Q 因子大小，γ_l 越小，Q 越大。我们将这些 Q 因子不是无限大的捕获模式称为准 BIC。当模式转换的纵波在波导谐振体右边界和左边界(界面 $\tilde{l}$)间一次往返满足法布里-珀罗共振条件时，由于发生共振，γ_l 接近零，其诱导了具有无限大 Q 因子的理想 TMPC。法布里-珀罗共振条件需要波导谐振体的长度满足如下关系：

$$2sk_l=m\pi \tag{6.60}$$

式中：m 是正整数。根据式(6.60)，得到法布里-珀罗共振频率为 $f_F=\sqrt{3}m/(2d\beta^2 s)$。计算出波导谐振体的第一阶共振频率($m=1$)随波导长度 s 变化，如图 6-4 中的红色虚线所示。红线几乎穿过 F 点附近的消失线宽，这表明在理想的局部模态附近，由于法布里-珀罗共振，γ_l 接近为零。泄漏弯曲波能量需要与泄漏纵波能量平衡，因此它也接近零。这样，TMPC 的位置几乎与理想的局域模态重叠，接近理想 BIC 点。在 F 点，有 TMPC 的系统的反射谱带宽非常窄，以至其在图 6-4 中无法分辨。

每个 TMPC 可以用复频率平面图中的零点(“Zero”)和极点(“Pole”)来描述，详细描述见本小节后文所述。“Pole”点的复频率为 $f_{Pole}=\mathrm{Re}(f_{Pole})+\mathrm{i}\cdot\mathrm{Im}(f_{Pole})$，其位置在复频率平面图实轴 $\mathrm{Re}(f_{Pole})$上。TMPC 具有衰减率 $\gamma=-\mathrm{Im}(f_{Pole})$[200]，其决定了含 TMPC 系统的反射谱的半带宽。极点“Pole”靠近实频轴的 TMPC 的 Q 因子可以定义为

$$Q=\frac{-\mathrm{Re}(f_{Pole})}{2\cdot\mathrm{Im}(f_{Pole})} \tag{6.61}$$

在该系统中，辐射衰减率 γ 包含弯曲波辐射率 γ_b 和模式转换的纵波辐射率 γ_l。

图 6-8(a)中，F 点的 Q 因子超过了 8 000(接近无限 Q 的理想 BIC)。其他 TMPC 离 F

点越近，其 Q 因子越大，γ 越低。选择两个具有不同辐射衰减率 γ 的 TMPC，分别对应于 A 点（$\gamma=0.06\bar{\omega}_0$）和 E 点（$\gamma=0.004\bar{\omega}_0$）。通过全波场仿真计算相应单胞结构[如图 6－8(a)的插图所示]中 x 分量的无量纲能量分布，可以清楚地看到，弯曲波的能量被捕获于柱状谐振体的顶部。此外，对于较低 γ 的 E 点，系统捕获更多的弯曲波能量（相对入射波能量，捕获的无量纲能量增强了 282 倍。γ 越低，共振系统捕获的弯曲波能量越多。需要指出的是，通过优化参数来同时满足式(6.24)、式(6.37)和式(6.60)，系统的 Q 因子可以进一步提高。因此，该系统存在无限大 Q 因子的理想 BIC。根据式(6.59)、式(6.22)和式(6.23)，绘出了这些 TMPC（从 A 到 F 点标注）的能量转换率 $\delta=\sqrt{3}\,|R_{\mathrm{bl}}|^2/k_b d$ 曲线，来验证其完美的模式转换，如图 6－8(b)所示。曲线的所有峰值都接近 1。对于 F 点，曲线的半带宽小于1 Hz，这与它的高 Q 因子一致。

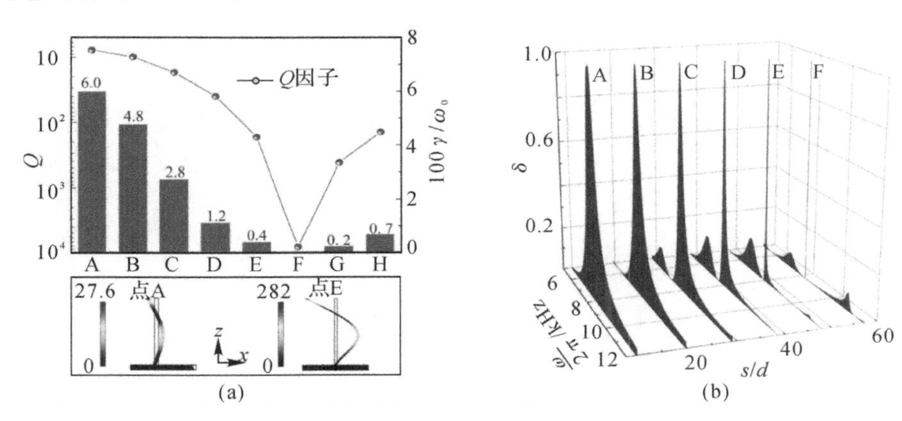

图 6－8　图 6－4 中点 A 到点 H 标注 TMPC 的总辐射衰减率 γ 的柱状图及其无量纲能量转换谱 $\delta=\sqrt{3}\,|R_{\mathrm{bl}}|^2/k_b d$

2. TMPC 的临界耦合

采用复频率平面图来分析 TMPC，并定性地分析它们不同的耦合特性。通过将频率替换为 $f'=\mathrm{Re}(f')+\mathrm{Im}(f')$ 代入组合谐振体系统的散射方程式(6.59)，反射系数 R_b 变为实频率 $\mathrm{Re}(f')$ 和虚频率 $\mathrm{Im}(f')$ 的函数。在复频率平面中，绘制反射系数 $\lg|R_b|$ 分布的彩色图谱，如图 6－9 所示。“Zero”点和“Pole”点是两个极值点，分别表示反射系数的最低值和最高值。

为了比较对称双柱谐振体与单柱谐振体在共振系统中的区别，建立了对称双柱谐振体模型，如图 6－10 所示。首先，对于其右边界为无限大的模型（即不考虑波导谐振体），根据图 6－10 中结构的对称性来修改边界条件，与 6.1.1 小节得到式(6.8)的方法相同，先得到传递方程，然后求解其散射矩阵中系数的解析表达式。图 6－11 展示了反射和透射弯曲波的无量纲能量曲线。总能量为单位 1（由图 6－11 中的点画线标注），这表明系统中只有弯曲波，没有杂化耦合诱导模式耦合产生的纵波。原因是上下对称的柱状谐振体分别产生的剪力平衡，导致了基板中的纵向轴力与柱状谐振体中的剪力解耦。然后，考虑引入长度为 s

的波导谐振体，得到组合谐振体系统的散射方程，计算得到，弯曲波的反射系数在整个频率范围内均为 1。图 6－12 展示了相应的复频率平面图。由于没有模式转换而来的纵波，"Zero"点和"Pole"点总是关于实频轴对称。

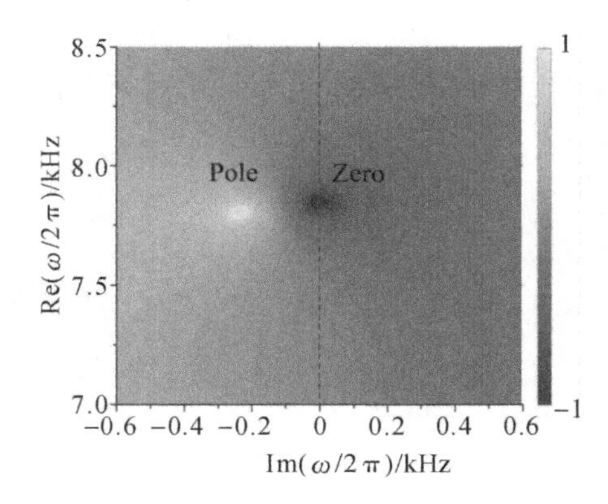

图 6－9　与图 6－4 中 C 点标注的含 TMPC 的系统相应的复频率平面图

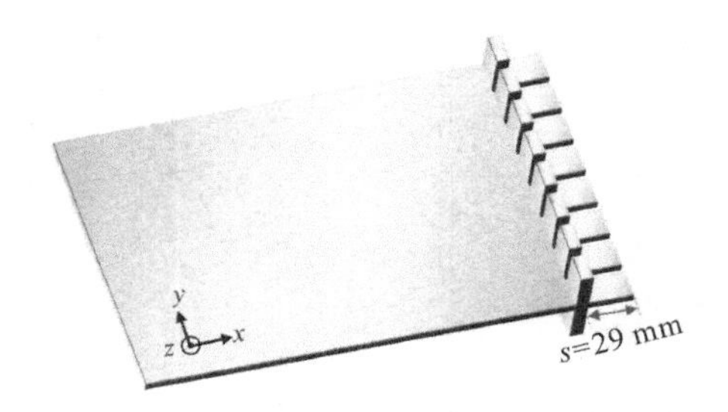

图 6－10　半无限板中的对称双柱谐振体与波导谐振体组合模型

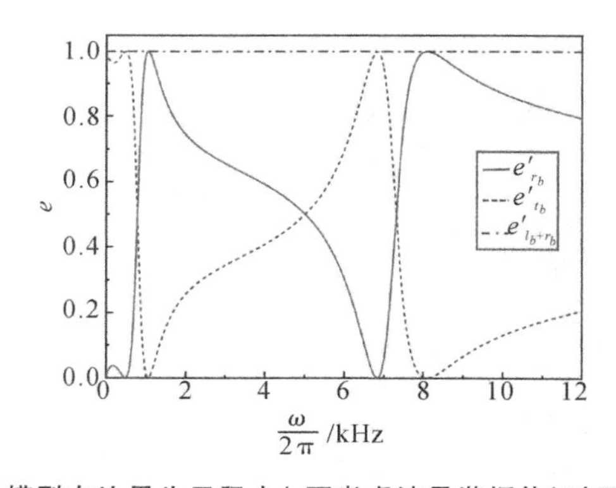

图 6－11　当图 6－10 中模型右边界为无限大(不考虑波导谐振体)时无量纲弯曲波反射能量 e_{r_b} 和弯曲波传输能量 e_{t_b} 的曲线

当系统中的谐振体为图 6－1(a)中的单边耦合柱状谐振体时，杂化耦合诱导的模式转换会产生泄漏的纵波。图 6－9 展示了相应的复频率平面图，其对应于图 6－4 中 C 点标注的 TMPC。与图 6－12 对比，图 6－9 中"Zero"点和"Pole"点向左移动，"Zero"点与实频率轴相交。该交点即为所谓的临界耦合点，由模式转换机制来实现。对于临界耦合点[199]，入射弯曲波完全被系统所捕获，弯曲波泄漏的能量(辐射率 γ_b)将平衡由法诺共振诱导杂化耦合产生的纵波的能量(辐射率 γ_l)。

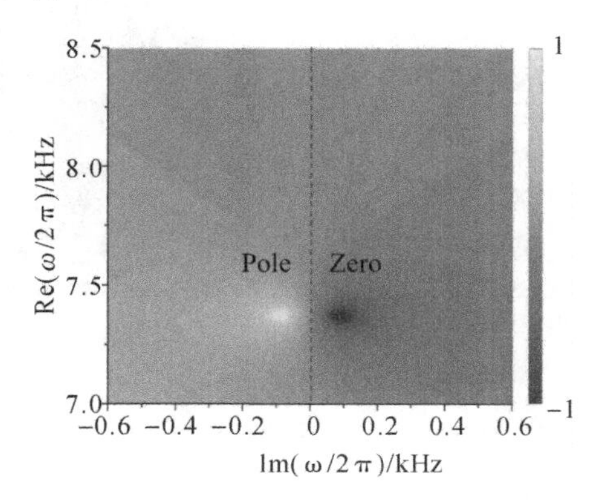

图 6-12　图 6-10 中组合模型的复频率平面图

3. 理想 BIC 与准 BIC 的相互转换

如本小节前文所述，对于垂直入射弯曲波，通过改变波导长度 s/d 来调节波导谐振体的法布里-珀罗共振，从而改变 γ_l 得到一些不同 Q 因子的离散 TMPC，即为准 BIC，如图 6-4 中从 A 到 I 标注的点。对于所有准 BIC，均可以通过对模式转换的临界频率调制，使它们的辐射衰减率接近零从而调制到逼近无穷大 Q 因子的理想 BIC。

模式转换的临界频率由纵波的辐射角 θ_{bl}^{r} 等于 90°来决定。根据传统斯涅尔定律，纵波辐射角为 $\theta_{bl}^{r}=\arcsin(k_b\sin\theta^{i}/k_l)$。由此，临界频率为 $f_c=6\sin^2\theta^{i}/(\pi d^2\beta^2)$，其由非零入射角 θ^{i} 决定。当工作频率低于 f_c 时，θ_{bl}^{r} 是虚数，即模式转换消失。以图 6-4 中标注为 B 点的准 BIC(即 TMPC，$\theta^{i}=0$)为例，无量纲入射角设置为 $\theta^{i}h/d=77$。随频率变化的界面阻抗 $Z_l=L/(p\cdot\cos\theta_{bl}^{r})$ 如图 6-13(a)所示。在浅蓝色虚线标记的临界频率 $f_c=8\ 384$ Hz 处，Z_l 为无限大，这将抑制纵波辐射。此外，由式(6.59)计算斜入射弯曲波的无量纲反射能量系数 $|R_b|^2$ 如图 6-13(b)所示。临界频率越接近法诺共振频率(由白色虚线标记)，Z_l 越大。TMPC(由绿色十字标记)的 γ_l 越小，与图 6-4 中标注为 B 点的准 BIC($\theta^{i}=0$)相比，减少的总辐射衰减率 $\gamma=2\gamma_l$ 导致准 BIC 的反射谱带宽变窄。

图 6-14(a)(b)展示了其他两个入射角对应的 $|R_b|^2$。比较图 6-13(b)、图 6-14(a)(b)，临界频率越接近法诺共振频率，存在准 BIC 的系统的反射谱带宽就越窄。法诺共振频率有轻微的变大，是因为垂直波矢量随着不同入射角度而变化。此外，准 BIC 的位置[图 6-13(b)、图 6-14(a)(b)中绿色十字标注]更接近于理想 BIC(白色圆圈标注)，这是因为辐射衰减率低。以这种方式，不断改变临界频率位置来改变准 BIC 的 Q 因子，如图 6-15 所示，分别取 $\bar{A}$、$\bar{B}$、$\bar{C}$、$\bar{D}$、$\bar{E}$、和 $\bar{F}$ 六个点进行标注，点 $\bar{F}$ 相应的 Q 因子超过 8 700。图 6-16 展示了从点 $\bar{A}$ 到点 $\bar{F}$ 所有准 BIC 的无量纲能量转换谱，其峰值均接近于 1。从点 $\bar{A}$ 到点 $\bar{F}$，越接近 $\bar{F}$ 点，其能量转换谱线半带宽 Δf 逐渐减小。理论上，当临界频率与法诺共振频率相等时，准 BIC 与零线宽的理想 BIC 重合，即准 BIC 转化为无限大 Q 的理想 BIC。需要指出的是，图 6-15 中的 Q 因子是基于图 6-16 中从 0 到 1 陡峭上升的无量纲能量转换谱进行计算的，$Q=f_{\tilde{c}}/\Delta f$，式中 $f_{\tilde{c}}$ 是能量转换谱共振峰的中心频率，Δf 是能量转换谱的半共振峰

处的带宽，即半带宽。

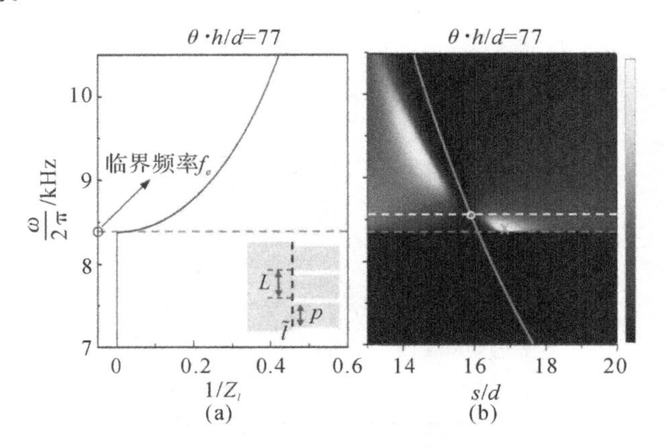

图 6-13　当 $\theta h/d=77$ 时，界面 $\tilde{l}$ 处模式转换的纵波界面阻抗和反射弯曲波能量系数随频率的变化

（淡蓝色的虚线表示 8 384 Hz）

(a)纵波界面阻抗；(b)反射弯曲波能量系数

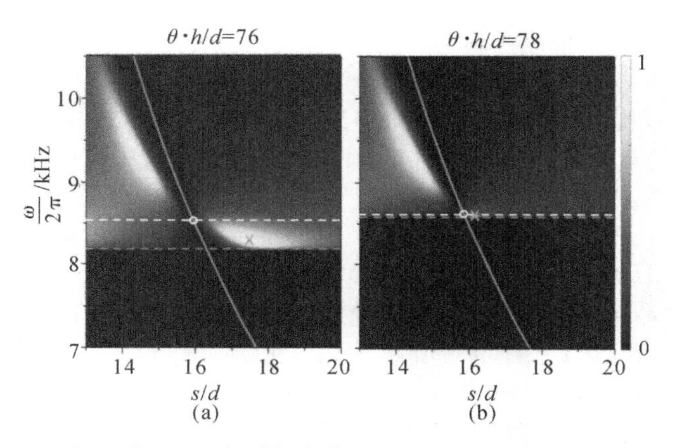

图 6-14　$\theta h/d=76$ 和 $\theta h/d=78$ 时，随频率从 7 kHz 到 10.5 kHz 且 s/d 从 13 到 20 变化的反射弯曲波能量系数

（淡蓝色的虚线表示 8 169 Hz 和 8 603 Hz 的临界频率）

(a)$\theta h/d=76$；(b)$\theta h/d=78$

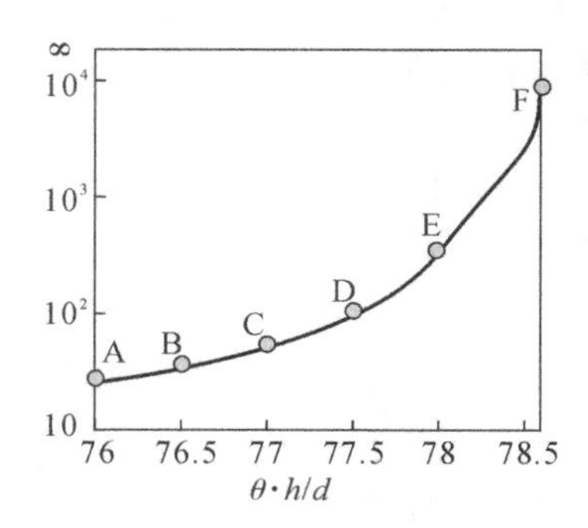

图 6-15　随着入射角连续变化的准 BIC 的 Q 因子

（在 F 点的 Q 因子超过 8 700）

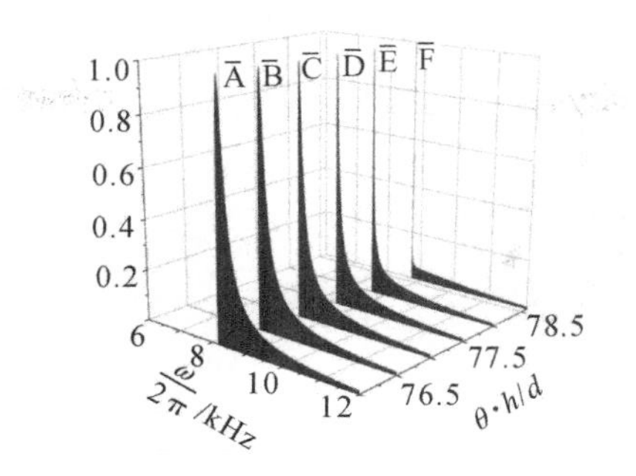

图 6-16　对于不同的入射角，该模型的无量纲能量转换谱

6.1.3　实验验证

进行验证实验时，需要用压电片组成阵列来激发平面波。为了简化激励，将图 6-17 中的模型简化为梁模型，如图 6-17 的插图所示。然后，通过粘贴在模型上的单个压电片来激发理想的入射波，这大大提高了实验的准确性。理论与仿真结果证明，对于垂直入射弯曲波，简化模型的结果与原始模型的结果是一致的，详细的讨论见本小节后文所述。为了验证不同 Q 因子的准 BIC，即 TMPC，采用 3D 打印机打印了含有不同长度波导谐振体（$s=10$ mm 和 $s=29$ mm）的简化模型，分别标记为试样 1 和试样 2。被验证的目标 TMPC 分别对应于图 6-4 中的 A 点和 C 点。

图 6-17　实验装置

使用 Polytec 激光扫描测振仪（PSV-500）来测量试样中波的面外速度场。然后得到弯曲波的捕获系数 ζ。详细的实验测量方法见本小节后文所述。为了确保数据的可靠性，对每个实验数据进行了三次测量。图 6-18 中用小圆圈表示对试样 1 和试样 2 测试的实验结果及误差带。可以看到，7 580 Hz 和 7 850 Hz 处的曲线峰值近似为 1，也就是说，弯曲波几乎被完全捕获。同时，使用有限元软件进行了相应的仿真。这些来自实验和仿真的捕获系数曲线与来自解析的捕获系数曲线（如图 6-18 的实线）有很好的一致性。因此，证实了不同 Q 因子的准 BIC（即 TMPC）的存在。此外，根据实验数据，计算图 6-18(a)(b) 中峰值点处的模式转换的纵波能量比分别超过 0.93 和 0.9，这证实了在忽略小的材料损耗的情况下 TMPC 的存在。模式转换的纵波能量比的详细计算方法见本小节后文所述。

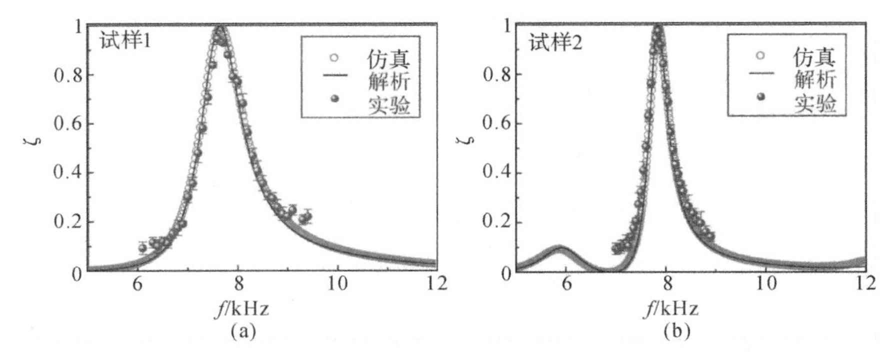

图 6-18　对于试样 1 和试样 2,基于测量的速度场计算的捕获系数

(a)试样 1;(b)试样 2

为了直观地展示 TMPC,通过 PSV-500 的“时域”测试模式,在中心频率为 7 580 Hz 时对试样 1 进行动态全波场测量。图 6-19(a)展示了实验视频在 40.232 ms 时的快照,完整的实验视频可见文献[71]。在右边的测试区域,波场是一个行波。行波的存在意味着弯曲波有去无回,完全被右边的共振系统捕获。中间的耗散区域可以完全耗散弯曲波(相关细节描述可见本小节后文所述,但仍可以清楚地观察到左侧测试区的弯曲波波场。这种异常现象是由于共振系统中的模式转换造成的。为了比较,在 6 100 Hz(远离中心频率)时对试样 1 再次进行动态全波场测量。图 6-19(b)展示了另一个实验视频的快照。在右边的测试区域,入射波是一个驻波,其意味着弯曲波没有被右侧的共振系统捕获。在左边的测试区,弯曲波的振幅接近于零,其意味着模式转换也没有发生。

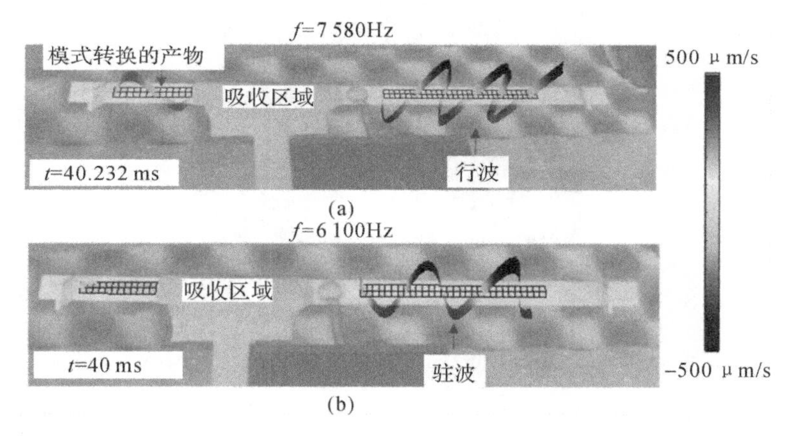

图 6-19　实验拍摄视频的快照

(a)$f=7\ 580$ Hz;(b)$f=6\ 100$ Hz

该系统中的 TMPC 和传统的捕获模式之间有一个微小但本质的区别。对于后者,当系统的几何参数稍微偏离设计值时,它就会消失,这使得其很难在实验中观察到。而在本书呈现的理论中,基于式(6.24)和式(6.37),当系统的几何参数稍微改变时,消失线宽会从一个频率跳变到另一个频率。因此,在消失线宽附近的 TMPC 仅仅会转移它们的位置而不会消失。例如，当波导谐振体长度固定为 10 mm 时，理论捕获系数随柱状谐振体高度 h/d 和频率 f 的变化云图如图 6-20 所示。绿线是值为 0.9 的等高线。宽频率范围内的高捕获系数表明，TMPC 在几何参数偏离设计值时是稳定的。此外，我们还用 3D 打印技术打印了试样 3 和试样 4，其波导谐振体长度相同（均为 10 mm），柱状谐振体高度 h/d 分别为 14.2 和 16。通过测试，可以发现对试样 3 和试样 4，其 TMPC（$\zeta\approx1$）的频率分别在 8 516.7 Hz 和 6 848 Hz 附近。将这些相应的测量数据添加到图 6-20 中。可以观察到，这些数据点均在值为 0.9 的等高线内，与理论结果一致。该一致性证实了 TMPC 对系统几何参数的变化具有鲁棒性。在其他光学 BIC 系统中也可以发现捕获模式对系统参数的类似鲁棒性[183,201]。

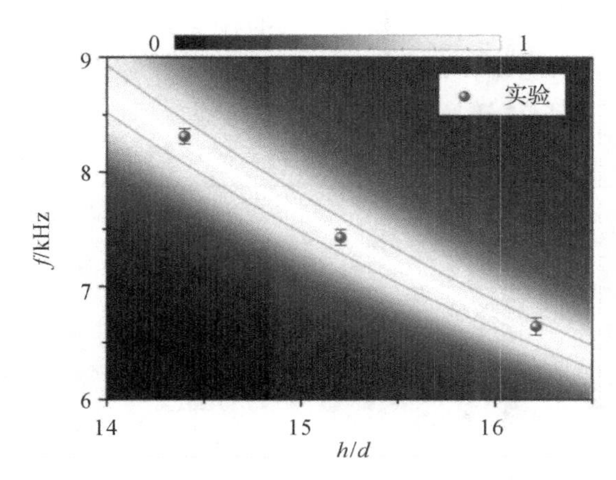

图 6-20　波导谐振体长度固定为 10 mm，随柱状谐振体高度 h/d 和频率 f 变化的理论捕获系数

（对于柱体高度 h/d 为 14.2、15 和 16 的三个试样，测试的 TMPC 用小红球标注）

1. 试样的材料参数测定

为了方便试样加工，实验中的试样均通过 3D 打印机打印。3D 打印材料为常用的 PLA，所有理论和仿真计算均基于这种材料的参数。尽管 PLA 的相关材料参数已经在一些文献中给出，但由于各种打印工艺的差异，实际打印试样的材料性能可能不同。为了使实验和理论结果较好匹配，设置了固定的打印模式来打印所有的试样，例如，固定打印的填充材料密度和填充模式。

打印一个没有柱状谐振体结构的梁试样，其长度、宽度和厚度分别为 180 mm、8 mm 和 1 mm。首先，通过测量梁试样的质量和体积，得到其密度为 $\rho=1\,086.3\ \mathrm{kg/m^3}$。然后，在梁试样的左、右两端贴上蓝丁胶，避免波在其边界处反射。选择 10 个不同频率来激发不同波长的弯曲波，对这 10 个案例，通过 PSV-500 的“频域”全波场测试模式分别测量出波长。根据 $k_b=\beta\sqrt{\omega}$，可以得到

$$E=\varepsilon\omega^2\lambda_b{}^4 \tag{6.62}$$

式中：ε 为固定参数，$\varepsilon=3\rho(1-\nu^2)/(4\pi^4 d^2)$，$\nu$ 为泊松比，$\nu=0.35$；λ_b 为测试弯曲波的波长。

根据式(6.62)，分别计算出 10 个测试案例的弹性模量。取平均值得到 PLA 材料的弹

性模量为 3.44×10^9 Pa。

2. 简化试样及其制造

对于图 6-1(a)中的理论模型，单胞中开缝的填充率为 1/17，周期 L 为 85 mm。当考虑垂直入射波时，可以将二维(2D)周期结构简化为图 6-21 所示的一维(1D)条状模型。理论和仿真结果表明，当波导长度 s 和柱状谐振体高度高度 h 分别变为 $s\delta$ 和 $h\delta$[其中 $\delta=(1-\nu^2)^{1/4}$]时，可以弥补泊松比导致一维简化模型与二维板模型间的微弱误差，从而两者的弯曲波捕获系数是完全一致的，如图 6-22 所示。因此，可以打印简化试样来验证图 6-4 中 A 点和 C 点对应的 TMPC。采用的 3D 打印机型号为 Ultimaker 3，其制造精度为 0.01 mm。两个试样的相应几何参数见表 6-1。左边的柱状谐振体和右边的柱状谐振体关于试样中心对称。设计左侧柱状谐振体的目的，是为了将纵波重新转化为弯曲波，便于蓝丁胶的耗散，同时可以间接观察到模式转换。

表 6-1　试样的几何参数

d/mm	h/mm	s_w/mm	s_t/mm	s/mm(试样 1)	s/mm(试样 2)
1	15δ	8	160	10δ	29δ

图 6-21　简化的一维试样

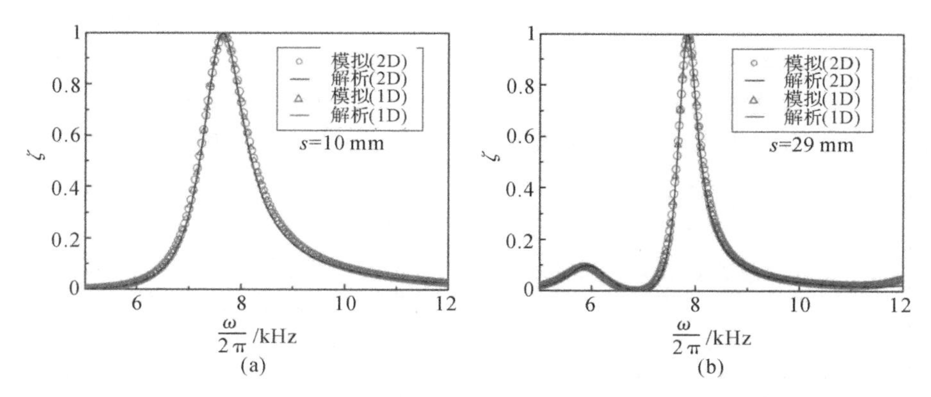

图 6-22　$s=10$ mm 和 $s=29$ mm 的简化一维模型和相应二维模型的弯曲波捕获系数

(a)$s=10$ mm；(b)$s=29$ mm

3. 实验测试平台和测试方法

如图 6-23 所示，一个直径为 6 mm 的圆形压电片(PZT)被粘贴在试样表面。PZT 由信号发生器(泰克 AFG3022C)驱动。蓝丁胶被粘贴在试样的中间，来耗散由 PZT 激发的向左侧传播的弯曲波和右侧共振结构反射的弯曲波。由于波的互易性，试样左侧的柱状谐振体和波导谐振体组合系统，可以将来自试样右边组合系统模式转换的纵波重新转换为弯曲波。然后，该重新转换的弯曲波向右传播时，将被中间的蓝丁胶完全耗散。粘贴蓝丁胶的部位等效于弯曲波的一个无反射边界。

试样表面垂直于 PSV - 500 扫描激光多普勒测振仪的激光束，通过 C 型夹具和支架杆固定，如图 6 - 23 所示。PSV - 500 在图 6 - 23 中标注的点 1 和点 2 处测量面外的复速度。点 1 和点 2 之间的距离小于波长的 1/8。同时，它们的位置与共振结构的边界符合远场假设。该假设保证了两点的测量波场可以近似反映入射和反射传播模式波场的总和。在每个测量点处测量数据均采用 20 个样本平均，以确保信号质量。

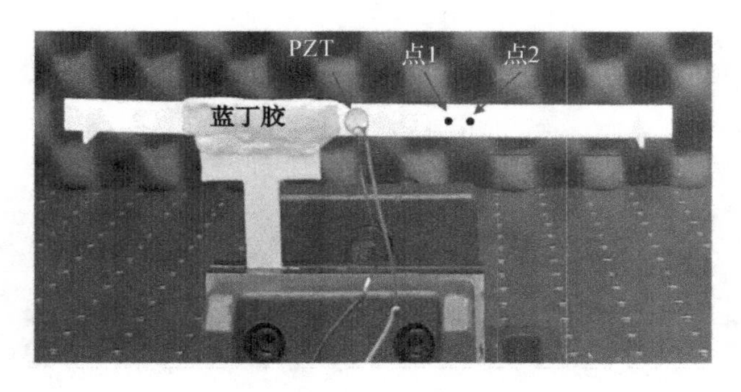

图 6 - 23　实验测试平台

使用 PSV - 500 的“FFT”测量模式，测量点 1 和点 2 处弯曲波的复速度，它们分别表示为 $v^1=V_{\mathrm{I}}\cdot \mathrm{e}^{\mathrm{i}(\bar{s}_1+\bar{s}_2)\cdot\hat{k}_{\mathrm{b}}}+V_{\mathrm{R}}\cdot \mathrm{e}^{-\mathrm{i}(\bar{s}_1+\bar{s}_2)\cdot\hat{k}_{\mathrm{b}}}$ 和 $v^2=V_{\mathrm{I}}\mathrm{e}^{\mathrm{i}\bar{s}_2\cdot\hat{k}_{\mathrm{b}}}+V_{\mathrm{R}}e^{-\mathrm{i}\bar{s}_2\cdot\hat{k}_{\mathrm{b}}}$。$\bar{s}_1$ 和 $\bar{s}_2$ 是图 6 - 23 中标注的距离。$\hat{k}_b$ 是弯曲波波数。两点波场的传递函数 H_{12} 可以从测量的 v^1 和 v^2 复速度得到。它可以表示为 $H_{12}=v^2/v^1=(\mathrm{e}^{\mathrm{i}\hat{k}_{\mathrm{b}}\bar{s}_2}+\tilde{r}\mathrm{e}^{-\mathrm{i}\hat{k}_{\mathrm{b}}\bar{s}_2})/[\mathrm{e}^{\mathrm{i}\hat{k}_{\mathrm{b}}(\bar{s}_1+\bar{s}_2)}+\tilde{r}\mathrm{e}^{-\mathrm{i}\hat{k}_{\mathrm{b}}(\bar{s}_1+\bar{s}_2)}]$，其中反射系数 $\tilde{r}=V_{\mathrm{R}}/V_{\mathrm{I}}$。计算出弯曲波的反射系数为

$$\tilde{r}=(H_{12}-\mathrm{e}^{-\mathrm{i}\hat{k}_{\mathrm{b}}\bar{s}_1})\cdot \mathrm{e}^{\mathrm{i}2(\bar{s}_1+\bar{s}_2)\cdot\hat{k}_{\mathrm{b}}}/(\mathrm{e}^{-\mathrm{i}\hat{k}_{\mathrm{b}}\bar{s}_1}-H_{12}) \tag{6.63}$$

弯曲波的反射能量谱可由 $|\tilde{r}|^2$ 表征。PSV - 500 的单扫描头不能直接测量纵波的振幅，但可以通过测量捕获系数 $\zeta=1-|\tilde{r}|^2$ 来间接表征 TMPC 的弯曲波能量捕获。

4. 完美模式转换的实验验证

图 6 - 18(a)中的实验测试曲线展示，试样 1 的弯曲波捕获系数在 7 580 Hz 时接近最大值。下面，以此作为例子，通过实验来验证捕获模式的完美模式转换。首先，在试样 1 的左右两端粘贴蓝丁胶，避免波在任何边界处反射，如图 6 - 24(a)所示。测量标注点 3 处的弯曲波无量纲幅值几乎为零，这证实了中间的蓝丁胶可以完全耗散由 PZT 激发的向左侧传播的弯曲波。

去掉左、右两端的蓝丁胶，右侧谐振系统中会出现模式转换的纵波(定义为第一模式转换)，如图 6 - 24(b)所示。由于纵向波长较大，中间的蓝丁胶只能耗散极少部分纵波能量。未被耗散的纵波穿过蓝丁胶传播到其左侧。然后，由于波的互易性，纵波在试样左边的共振

系统中[图 6-24(b)标注点 5]再次重新转换为弯曲波(定义为第二模式转换)。在标注点 5 处测量的弯曲波无量纲幅值为 0.48。由于能量守恒,来自第一模式转换的纵波经过中间蓝丁胶后,未被耗散的能量为 $E_1^l=0.48^2$。进而可以补偿被蓝丁胶耗散的纵波能量到 E_1^l,来获得第一模式转换的纵波总能量。

如图 6-24(b)所示,将中间粘贴蓝丁胶的区域等效为各向同性的板。弯曲波和纵波在等效区域传播时,由于蓝丁胶对波的耗散作用,弯曲波和纵波的波数会引入虚部项,即 $k_{\mathrm{eff}}^{\mathrm{b}}=\mathrm{Re}(k_{\mathrm{eff}}^{\mathrm{b}})-\mathrm{Im}(k_{\mathrm{eff}}^{\mathrm{b}})\cdot\mathrm{i}$ 和 $k_{\mathrm{eff}}^{\mathrm{l}}=\mathrm{Re}(k_{\mathrm{eff}}^{\mathrm{l}})-\mathrm{Im}(k_{\mathrm{eff}}^{\mathrm{l}})\cdot\mathrm{i}$。从而根据式 $k_{\mathrm{b}}=\beta\sqrt{\omega}$ 和 $k_{\mathrm{l}}=(\sqrt{3}/6)\beta^2\omega d$,得到

$$\frac{k_{\mathrm{eff}}^{\mathrm{l}}}{(k_{\mathrm{eff}}^{\mathrm{b}})^2}=\frac{d_{\mathrm{eff}}}{\sqrt{12}}>\frac{d}{\sqrt{12}} \tag{6.64}$$

然后,测量标注点 4 处的弯曲波的无量纲幅值为 0.36,即

$$\vartheta_1=\left|\mathrm{e}^{-\mathrm{Im}(k_{\mathrm{eff}}^{\mathrm{b}})\hat{s}_2}\right|^2=0.36^2 \tag{6.65}$$

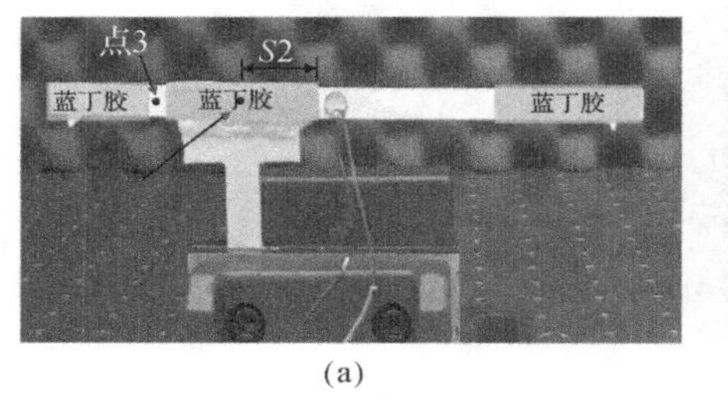

(a)

(b)

图 6-24 在中间、左端和右端粘有蓝丁胶的试样 1 和仅中间粘蓝丁胶的试样 2

(a)试样 1;(b)试样 2

这里只考虑弹性波在蓝丁胶中的损耗,根据式(6.64)和式(6.65),得到纵波从 PZT 传播到点 3 的能量耗散率为

$$\vartheta_2=\left|\mathrm{e}^{-\mathrm{Im}(k_{\mathrm{eff}}^{\mathrm{l}})\hat{s}_1}\right|^2=\left|\mathrm{e}^{-\frac{d_{\mathrm{eff}}\mathrm{Re}(k_{\mathrm{eff}}^{\mathrm{b}})\mathrm{Im}(k_{\mathrm{eff}}^{\mathrm{b}})}{\sqrt{3}}\hat{s}_1}\right|^2>\vartheta_1^{\frac{1}{\sqrt{3}}\mathrm{Re}(k_{\mathrm{eff}}^{\mathrm{b}})\tilde{m}d} \tag{6.66}$$

式中,$\mathrm{Re}(k_{\mathrm{eff}}^{\mathrm{b}})\approx k_{\mathrm{b}}\big|_{f=7\,580\ \mathrm{Hz}}$,$\hat{s}_1=\tilde{m}\hat{s}_2$,$\tilde{m}=2$。因此,可以得到从第一模式转换的纵波总能量为

$$E_{\mathrm{t}}^{\mathrm{l}}=\frac{E_1^{\mathrm{l}}}{\vartheta_2} \tag{6.67}$$

根据式(6.66)和式(6.67),补偿被蓝丁胶耗散的纵波能量后,模式转换的纵波总能量为 $E_{\mathrm{t}}^{\mathrm{l}}>0.93$,验证了完美的模式转换。$E_{\mathrm{t}}^{\mathrm{l}}$ 的值略小于 1 的原因是系统中存在小的材料损耗。

6.2 基于连续体束缚态超构表面的完美耗散

6.2.1 理论模型及完美耗散机理分析

图 6-25(a)为验证基于连续体束缚态超构表面的完美耗散,该超构表面,即弹性波完

美耗散体(Elastic wave Perfect Absorber, EPA)所使用的模型,它由主梁右侧边缘的三个平行子梁构成。主梁厚度为 $h = 1$ mm。三个子梁具有相同的宽度 $p = 3$ mm,其在目标频率范围内小于 1/4 波长。相邻子梁之间的间距 $l=0.5$ mm。如图 6-25(a)所示,三个子梁分为两类,即长度为 d_A 的外侧子梁 A 和长度为 d_B 的中间子梁 B,将它们分别定义为子梁谐振体 A 和子梁谐振体 B。整个结构关于中心轴[图 6-25(a)中的紫色虚线]对称。需要注意的是,如果两个外侧子梁不同,即关于中心轴不对称,那么由两外侧子梁的不同剪力所产生的力矩将会激发主梁的扭转模式。显然,在具有对称结构的系统中,设计三个或更多的子梁,没有本质上的区别。理论模型的材料参数与实验中 3D 打印模型采用的 PLA 材料参数一致。密度和泊松比分别为 $\rho=1\ 086.3\ \mathrm{kg/m^3}$ 和 $\nu=0.35$。弹性模量为 $E=3.44\times10^9\times(1+0.02\mathrm{i})$ Pa,其小的虚部对应于材料阻尼导致的微弱损耗,它是通过仿真方法拟合实验测试频响曲线的共振峰所得的。在整个研究中,只考虑弹性梁中的弯曲波入射,没有任何模式转换。

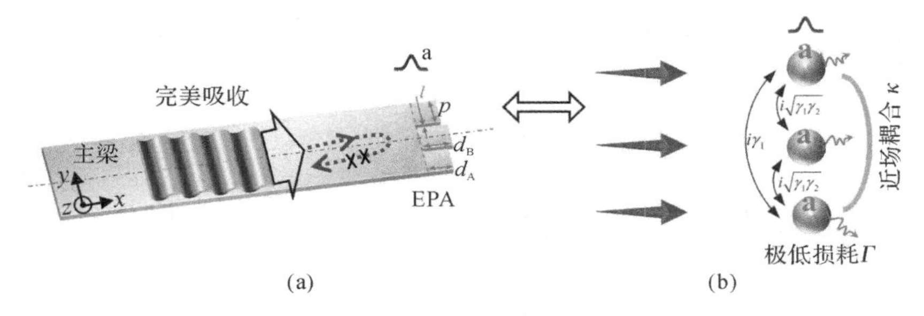

图 6-25　由主梁右侧边缘的三个平行子梁组成的弹性波完美耗散体(EPA)和时域耦合模式理论的示意图

首先,图 6-25(a)中的 EPA 模型退化为具有相同长度的子梁简化模型,即只包含子梁 A 或 B。它们分别被标记为退化模型 A(Degenerated Model A, DMA)和退化模型 B(Degenerated Model B, DMB)。通过实验方法和有限元软件仿真方法,分别获得这些退化模型的吸收系数谱,分别用图 6-26 中的橙色小圆球与蓝绿色小圆球和图 6-26 中的橙色线与蓝绿色线来展示。相应的共振频率 ω_A 和 ω_B 从吸收系数谱的峰值提取。这些共振来自于子梁中的散射场和主梁两长边边界处散射场的耦合。在经典材料力学中,弹性梁通常被简化为一维模型,但由于边界耦合的存在,本节所研究的系统不再适合这种简化。需注意的是,当通过在主梁两长边处采用周期边界条件将主梁等效为板模型时,来自主梁两长边边界处的散射场将消失,因此这些耦合诱导的共振模式也会消失。对于图 6-25(a)中的 EPA 模型,子梁谐振体 A 和 B 的共振可以通过时域耦合模式理论[图 6-25(b)中的示意图]来描述,子梁谐振体 A 和 B 的最低阶模式的振幅为 $a_{A(B)}=a_{A(B)}\cdot e^{i\omega t}$[177],且有

$$\frac{\mathrm{d}}{\mathrm{d}t}a_A=(\mathrm{i}\omega_A-\gamma_A-\Gamma)a_A+\mathrm{i}\kappa a_B+\mathrm{i}\sqrt{\gamma_A}\,(S_i+\mathrm{i}\sqrt{\gamma_A}\,a_A+\mathrm{i}\sqrt{\gamma_B}\,a_B) \tag{6.68}$$

$$\frac{\mathrm{d}}{\mathrm{d}t}a_B=(\mathrm{i}\omega_B-\gamma_B-\Gamma)a_B+\mathrm{i}\kappa a_A+\mathrm{i}\sqrt{\gamma_B}\,(S_i+2\mathrm{i}\sqrt{\gamma_A}\,a_A) \tag{6.69}$$

式中:S_i 代表入射波;$\gamma_{A(B)}$ 为相应的辐射衰减率;Γ 为耗散衰减率,与微弱的材料损耗有

关;$i\sqrt{\gamma_A}a_A$代表谐振体A再次辐射的辐射率,其由另一个谐振体A诱导;$i\sqrt{\gamma_B}a_B$代表谐振体A再次辐射的辐射率,其由谐振体B诱导;$2i\sqrt{\gamma_A}a_A$代表谐振体B再次辐射的辐射率,其由谐振体A诱导;$i\kappa a_A$和$i\kappa a_B$描述了两类谐振体之间的近场耦合,这些耦合来自于倏逝弯曲波模式。

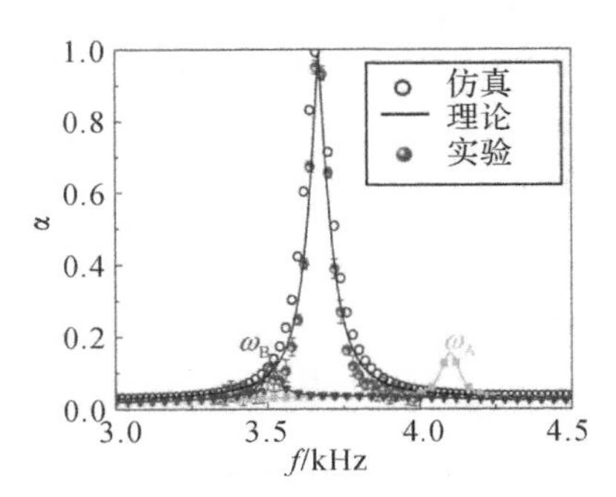

图6-26 EPA 的吸收系数α以及DMA和DMB的实验和仿真吸收谱

在没有入射波和固有损耗的情况下,由式(6.68)和(6.69)可以推导出$-i\partial \boldsymbol{A}/\partial t=\boldsymbol{HA}$,其中,$\boldsymbol{A}=[a_A \quad a_B]^T$包括两类模式的振幅。哈密顿矩阵$\boldsymbol{H}$可以表示为

$$\boldsymbol{H}=\begin{bmatrix}\omega_A & 0\\ 0 & \omega_B\end{bmatrix}+i\begin{bmatrix}2\gamma_A & \sqrt{\gamma_A\gamma_B}-i\kappa\\ 2\sqrt{\gamma_A\gamma_B}-i\kappa & \gamma_B\end{bmatrix} \tag{6.70}$$

哈密顿矩阵$\boldsymbol{H}$的两个本征值表示为

$$\bar{\omega}=\frac{\omega_A+2i\gamma_A+\omega_B+i\gamma_B}{2}\pm\frac{\sqrt{(\omega_A+2i\gamma_A-\omega_B-i\gamma_B)^2-4(\sqrt{\gamma_A\gamma_B}-i\kappa)(2\sqrt{\gamma_A\gamma_B}-i\kappa)}}{2} \tag{6.71}$$

当两个谐振体的长度满足$\Delta d=d_B-d_A=0$时,它们具有相同的共振频率$\omega_A=\omega_B=\omega$,相同的辐射衰减率$\gamma_A=\gamma_B=\gamma$,以及消失的近场耦合$\kappa=0$。因此,根据式(6.71),一个本征值$\bar{\omega}$变为$\omega+3\gamma i$,其虚部增大,即具有更强的损耗,而另一个变为纯实数ω,即无损耗。后者表明系统为具有无限大Q因子的理想BIC。为了直观地展示BIC,系统的反射系数r可以表示为

$$r=1+4i\sqrt{\gamma_A}\frac{\boldsymbol{a}_A}{S_i}+2i\sqrt{\gamma_B}\frac{\boldsymbol{a}_B}{S_i} \tag{6.72}$$

式中:等号右侧的第一项描述了主梁右侧边界反射的入射波。第二项和第三项分别描述了来自谐振体A和谐振体B的弯曲波反射。式(6.72)中出现的常数4和2,是因为一个谐振体A(B)具有相同的左辐射和右辐射,即$i\sqrt{\gamma_A}\boldsymbol{a}_A$($i\sqrt{\gamma_B}\boldsymbol{a}_B$)。由于右辐射遇到右边界后发生反射,如图6-25(a)所示,谐振体A(B)的左辐射叠加为$2i\sqrt{\gamma_A}\boldsymbol{a}_A$($2i\sqrt{\gamma_B}\boldsymbol{a}_B$)。

根据式(6.68)、式(6.69)和式(6.72),d_A固定为7 mm,系统的无量纲反射能量系数$|r|^2$随谐振体B长度$d_B=d_A+\Delta d$的变化如图6-27所示。在$\Delta d/h=0.15$且4.14 kHz附近,图6-27展示了一个消失的线宽,这是理想BIC的一个典型特征,具有无限大的Q因子[176]。消失的线宽(VL)对应$\Delta d/h=0.15$,其与理论的$\Delta d/h=0$(即$d_A=d_B$)有一个小的

偏差。这个偏差是预期的，因为在计算$|r|^2$来展示 VL 时，考虑了材料内部的损耗。

对应$\Delta d/h=0.15$的理想 BIC 具有无穷大的Q因子，其完全被束缚，不能与外部辐射通道耦合。为了实现外部通道的入射弯曲波完美耗散，在谐振体 B 的长度上引入了一个微小偏差，即$\Delta d/h$调至为 0.7。该偏差使共振系统辐射少量的弯曲波能量，并与外部通道耦合。这个过程使理想 BIC 变为具有高Q因子的准 BIC。在这种情况下，理想 BIC 的实数本征值变为了复数，其微小的虚数项表示为系统的辐射衰减率γ_S。如图 6－28 所示，吸收系数$\alpha=1-|r|^2$近似为 1 的完美耗散出现在频率ω_A和ω_B之间，即$\omega_0/2\pi=3.67$ kHz，相应的调制损耗衰减率为$\Gamma_1/\omega_0=6.5\times10^{-3}$。

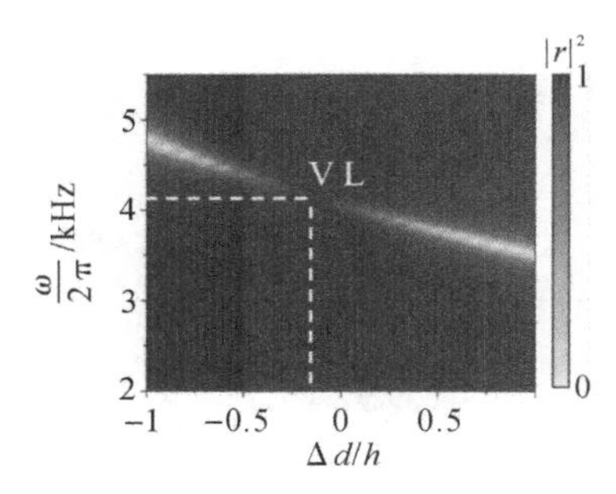

图 6－27　随子梁长度差$\Delta d=d_B-d_A$和频率$\omega/2\pi$变化，系统的无量纲反射系数$|r|^2$

（从本征频率仿真中提取$\gamma_A=0.25\,\omega_A$，$\gamma_B=0.23\omega_B$，$\Gamma/\omega_0=0.006\,5$和$\kappa=24$来拟合仿真结果）

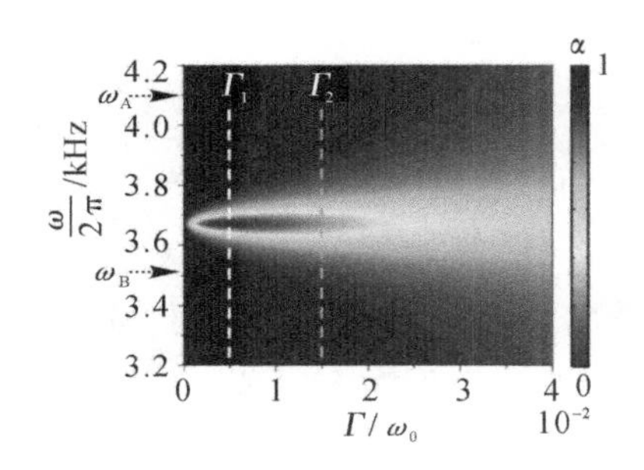

图 6－28　随损耗衰减率Γ/ω_0和频率$\omega/2\pi$变化的吸收系数$\alpha=1-|r|^2$

［紫色箭头标注子梁 A($\omega_A/2\pi=4.1$ kHz)和子梁 B($\omega_B/2\pi=3.509\,3$ kHz)的共振频率］

图 6－29 所示为在无损系统、损耗衰减率为Γ_1的系统和损耗衰减率为Γ_2的系统中，$\lg|r|$在复频率平面中的分布。对于损耗衰减率为Γ_1的系统，"Zero"点与实频轴相交。这表明系统的耗散衰减率Γ_1被调制到与γ_S相等，即所谓的临界耦合[199]，此时入射弯曲波被完全耗散而没有任何反向散射，与传统的临界耦合不同的是，它是由微小的Γ_1和γ_S实现的。需要指出的是，不同的温度会导致不同的材料损耗，理论上可以通过调节结构参数，使γ_S等于不同的Γ，从而使 EPA 在任何温度，甚至在高或低的极端温度环境中，实现特定频率的完美耗散。此外，对于三个频率ω_A、ω_B和ω_0，分别提取了结构中性面的相位分布，如图 6－30 所示。对于共振频率ω_0，可以从图 6－30 的虚线框中观察到，相邻子梁间的相位差为π，这体现了子梁间的强耦合。图 6－30 中粉红色箭头的方向和大小分别表示质点位移的方向和振幅大小。对于共振频率ω_0，整个子梁内部的位移振幅大大增强，这正是由强耦

合导致的。尽管结构的材料阻尼很小，但子梁中位移的极大增强导致了 EPA 的完美耗散。

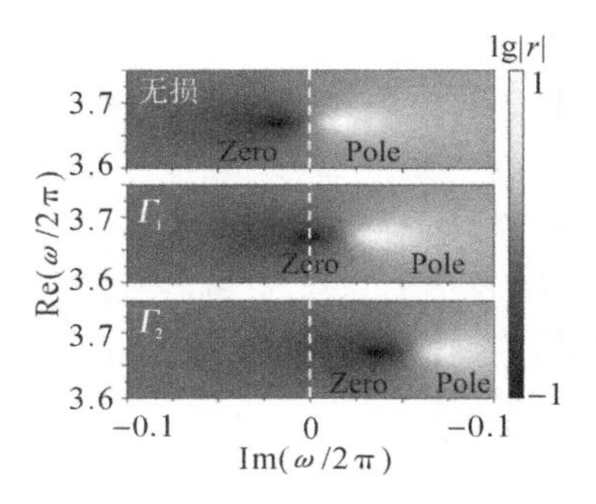

图 6-29 无损系统、损耗衰减率为 Γ_1 的系统和损耗衰减率为 Γ_2 的系统中lg|r|在复频率平面上的分布

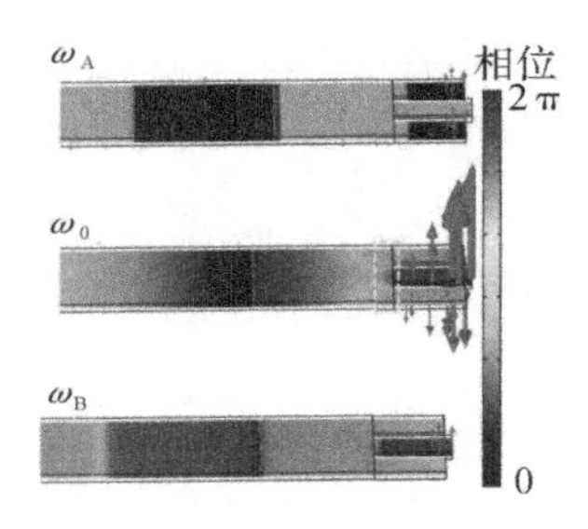

图 6-30 对于三个频率 ω_A、ω_B 和 ω_0，结构中性面的相位分布

（粉红色箭头的方向和大小分别表示质点位移的方向和振幅）

6.2.2 实验验证

为了证实上面的理论，采用 3D 打印机打印了实验所用的试样，如图 6-31 所示。一个直径为 15 mm 的圆形 PZT 粘贴在梁的表面。PZT 由 Tektronix AFG3022C 信号发生器的信号所驱动。蓝丁胶粘贴在试样的左侧边界，相当于一个无反射边界。图 6-31 中标记的点 1 和点 2 是两个测量点。这两个点之间的距离小于中心频率波长的 1/8。同时，它们的位置与共振结构边界的距离符合远场假设。该假设确保两测量点处的波场可以近似等于入射和反射的传播模式弯曲波总和。

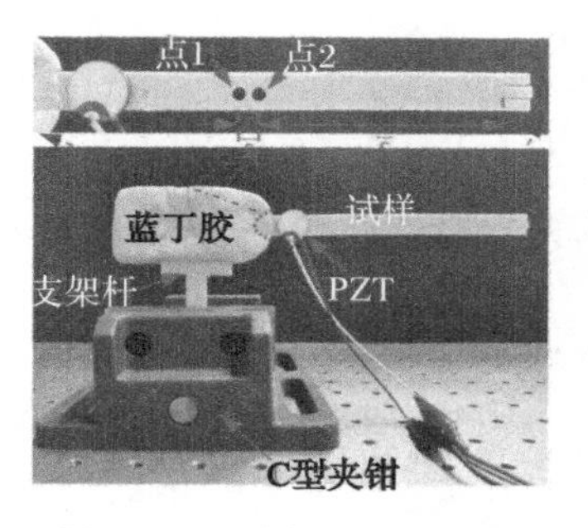

图 6-31 试样和测试装置

使用 Polytec 扫描测振仪 PSV－500 的“FFT”测量模式，测量点 1 和点 2 的弯曲波的复速度。测量速度分别表示为 $v^1=V_\mathrm{I}\cdot\mathrm{e}^{\mathrm{i}(\bar{s}_1+\bar{s}_2)\cdot\hat{k}_\mathrm{b}}+V_\mathrm{R}\cdot\mathrm{e}^{-\mathrm{i}(\bar{s}_1+\bar{s}_2)\cdot\hat{k}_\mathrm{b}}$ 和 $v^2=V_\mathrm{I}\mathrm{e}^{\mathrm{i}\bar{s}_2\cdot\hat{k}_\mathrm{b}}+V_\mathrm{R}\mathrm{e}^{-\mathrm{i}\bar{s}_2\cdot\hat{k}_\mathrm{b}}$。式中，$\bar{s}_1$ 和 $\bar{s}_2$ 是标注的距离，如图 6－31 所示，$\hat{k}_\mathrm{b}$ 是测量的弯曲波波数。根据式(6.63)，计算出弯曲波的吸收系数 $\tilde{\alpha}$。

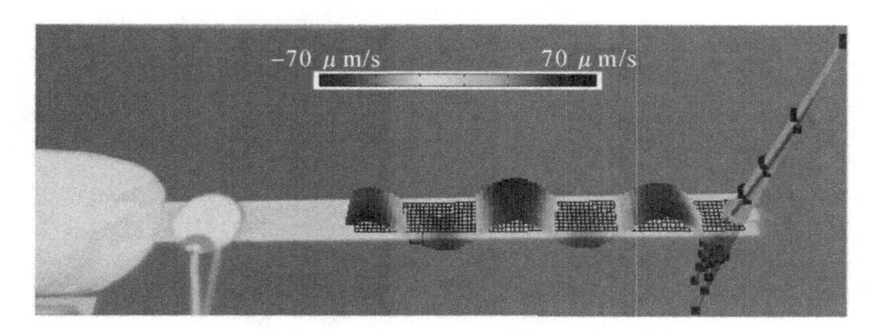

图 6－32　在中心频率 3.66 kHz，通过 PSV－500 记录实验视频的快照

为了确保数据的可靠性，每组实验数据的测试重复三次。在图 6－26 中用带有误差条的红色小圆球展示了吸收系数 α 的实验结果。可以观察到，频率 3.66 kHz 处的峰值大约为 1，也就是说，弯曲波几乎被完全耗散。理论的吸收系数曲线(图 6－26 中的黑色实线)和仿真的吸收系数曲线(图 6－26 中的蓝色圆圈)与实验结果非常一致。为了直观地展示完美耗散，通过 PSV－500 的“时域”测试模式，在中心频率为 3.66 kHz 时对试样进行动态全波场测量。图 6－32 展示了实验视频在 44.424 ms 时的快照。可以观察到，整个子梁内部的位移变形大大增强，这与图 6－30 中位移振幅的增强一致。此外，在测试区波场是一个完美的行波，这意味着 EPA 完美地耗散了弯曲波。

6.2.3　结构参数对吸收系数的影响

本小节研究结构参数 p 和 l 对吸收系数的影响。图 6－33 显示了在其他参数固定的情况下，吸收系数随子梁宽度 p 和频率 $\omega/2\pi$ 的变化。随着 p 的增加，耗散效应具有很强的稳定性，吸收系数峰转移到低频。原因是当 p 增加时，子梁的共振频率变低，导致子梁间的耦合产生较低频的准 BIC。

图 6－34 展示了在其他参数固定的情况下，吸收系数随相邻子梁间距 l 和频率 $\omega/2\pi$ 的变化。随着 l 的增加，吸收系数峰值转移到低频率。原因是该类准 BIC 是由同一点的不同共振辐射的耦合干涉产生的[176]。换句话说，对于准 BIC 来说，需要相邻谐振体间的距离与入射波长相比非常小，几乎近似为同一点。当相邻谐振体间距离 p 在小于 $3.5h$ 范围内变大时，如图 6－34 所示，较大的波长可以使相邻的子梁接近同一点，以获得准 BIC，所以基于准 BIC 的吸收系数峰值转移到低频。然而，当间距 $p>3.5h$ 时，如图 6－34 所示，相邻子梁间的耦合干涉变得很弱，准 BIC 消失，因此吸收系数变得很小。

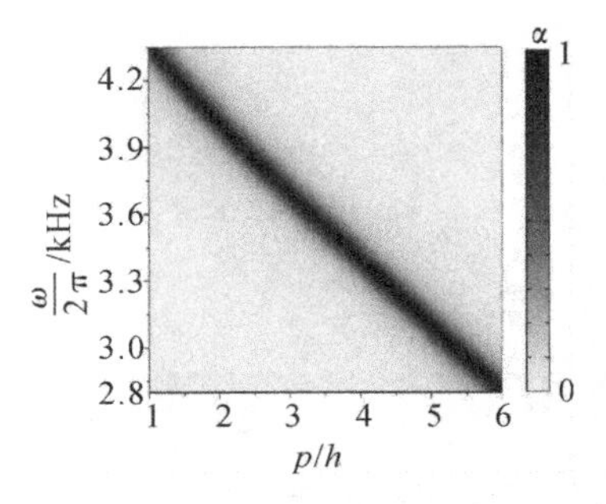

图 6-33　在其他参数固定(l =0.5 mm、d_A=7 mm、d_B=7.7 mm 和 h=1 mm)的情况下，吸收系数随子梁宽度 p 和频率 $\omega/2\pi$ 的变化

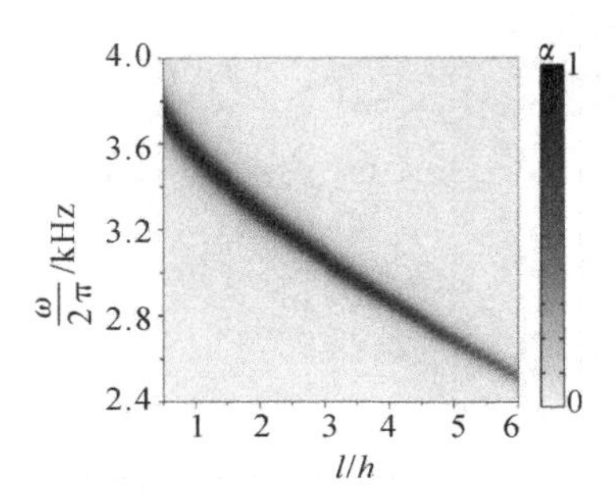

图 6-34　在其他参数固定(p=3 mm、d_A=7 mm、d_B=7.7 mm 和 h=1 mm)的情况下，吸收系数的随相邻子梁间距 l 和频率 $\omega/2\pi$ 的变化

参考文献

[1] OH J H, SEUNG H M, KIM Y Y. Adjoining of negative stiffness and negative density bands in an elastic metamaterial[J]. Appl Phys Lett, 2016, 108(9): 093501.

[2] OH J H, KWON Y E, LEE H J, et al. Elastic metamaterials for independent realization of negativity in density and stiffness[J]. Sci Rep, 2016, 6(1): 23630.

[3] HEWAGE T A M, ALDERSON K L, ALDERSON A, et al. Double-negative mechanical metamaterials displaying simultaneous negative stiffness and negative poisson's ratio properties[J]. Adv Mater, 2016, 28: 10323 - 10332.

[4] WU Y, LAI Y, ZHANG Z Q. Elastic metamaterials with simultaneously negative effective shear modulus and mass density[J]. Phys Rev Lett, 2011, 107: 105506.

[5] YAO S, ZHOU X, HU G. Experimental study on negative effective mass in a 1D mass-spring system[J]. New J Phys, 2008, 10(4): 043020.

[6] CHEN Y, HU G, HUANG G. A hybrid elastic metamaterial with negative mass density and tunable bending stiffness[J]. J Mech Phys Solids, 2017, 105: 179 - 198.

[7] LIU Z Y, ZHANG X X, MAO Y W, et al. Locally resonant sonic materials[J]. Science, 2000, 289: 1734 - 1736.

[8] ZHU R, LIU X N, HU G K, et al. A chiral elastic metamaterial beam for broadband vibration suppression[J]. J Sound Vib, 2014, 333: 2759 - 2773.

[9] NOBREGA E D, GAUTIER F, PELAT A, et al. Vibration band gaps for elastic metamaterial rods using wave finite element method[J]. Mech Syst Signal Pr, 2016, 79: 192 - 202.

[10] LEE H J, LEE J K, KIM Y Y. Elastic metamaterial-based impedance-varying phononic bandgap structures for bandpass filters[J]. J Sound Vib, 2015, 353: 58 - 74.

[11] DOLLING G, ENKRICH C, WEGENER M, et al. Simultaneous negative phase and group velocity of light in a metamaterial[J]. Science, 2006, 312: 892 - 894.

[12] SUKHOVICH A, JING L, PAGE J H. Negative refraction and focusing of ultrasound in two-dimensional phononic crystals[J]. Phys Rev B, 2008, 77(1): 014301.

[13] ZHU R, LIU X N, HU G K, et al. Negative refraction of elastic waves at the deep-subwavelength scale in a single-phase metamaterial[J]. Nat Commun, 2014, 5(1): 5510.

[14] SANG S, SANDGREN E, WANG Z. Wave attenuation and negative refraction of elastic waves in a single-phase elastic metamaterial[J]. Acta Mech, 2018, 229(6): 2561 - 2569.

[15] 张宏宽,周萧明. 声波超材料设计的力学原理与进展[J]. 固体力学学报, 2016, 37(5): 387 - 397.

[16] ZHU R, LIU X N, HU G K, et al. Microstructural designs of plate-type elastic metamaterial and their potential applications: a review[J]. Int J Smart Nano Mater, 2015, 6(1): 14 - 40.
[17] LIU X, HU G. Elastic metamaterials making use of chirality: a review[J]. Strojniški Vestnik - Journal of Mechanical Engineering, 2016, 62(7/8): 403 - 418.
[18] WANG Y F, WANG Y Z, WU B, et al. Tunable and active phononic crystals and metamaterials[J]. Appl Mech Rev, 2020, 72(4): 040801.
[19] ASSOUAR B, LIANG B, WU Y, et al. Acoustic metasurfaces[J]. Nat Rev Mater, 2018, 3: 460 - 472.
[20] YU N F, GENEVET P, KATS M A, et al. Light propagation with phase discontinuities: generalized laws of reflection and refraction[J]. Science, 2011, 334: 333 - 337.
[21] ZHANG J Q, KOSUGI Y, OTOMO A, et al. Active metasurface modulator with electro-optic polymer using bimodal plasmonic resonance[J]. Opt Express, 2017, 25: 30304 - 30311.
[22] WAN X, JIANG W X, MA H F, et al. A broadband transformation-optics metasurface lens[J]. Appl Phys Lett, 2014, 104:151601.
[23] YU N, CAPASSO F. Flat optics with designer metasurfaces[J]. Nat Mater, 2014, 13(2): 139 - 150.
[24] SUN S, HE Q, XIAO S, et al. Gradient-index meta-surfaces as a bridge linking propagating waves and surface waves[J]. Nat Mater, 2012, 11(5): 426 - 431.
[25] YANG Y, JING L, ZHENG B, et al. Full-polarization 3D metasurface cloak with preserved amplitude and phase[J]. Adv Mater, 2016, 28: 6866 - 6871.
[26] ZHU Y F, HU J, FAN X, et al. Fine manipulation of sound via lossy metamaterials with independent and arbitrary reflection amplitude and phase[J]. Nat Commun, 2018, 1(9): 1632.
[27] XIE B Y, TANG K, CHENG H, et al. Coding acoustic metasurfaces[J]. Adv Mater, 2017, 29(6): 1603507.
[28] 李勇. 声波超构表面[J]. 物理, 2017, 46(11): 721 - 730.
[29] LI Y, SHEN C, XIE Y, et al. Tunable asymmetric transmission via Lossy acoustic metasurfaces[J]. Phys Rev Lett, 2017, 119(3): 035501.
[30] LI Y, JIANG X, LI R Q, et al. Experimental realization of full control of reflected waves with subwavelength acoustic metasurfaces[J]. Phys Rev Appl, 2014, 2(6): 064002.
[31] FAN S W, ZHAO S D, CAO L, et al. Reconfigurable curved metasurface for acoustic cloaking and illusion[J]. Phys Rev B, 2020, 101(2): 024104.
[32] FAN S W, WANG Y F, CAO L, et al. Acoustic vortices with high-order orbital angular momentum by a continuously tunable metasurface[J]. Appl Phys Lett, 2020, 116: 163504.

[33] QI S B, LI Y, ASSOUAR B M. Acoustic focusing and energy confinement based on multilateral metasurfaces[J]. Phys Rev Appl, 2017, 7(5): 054006.

[34] ZHU X, LI K, ZHANG P, et al. Implementation of dispersion-free slow acoustic wave propagation and phase engineering with helical-structured metamaterials[J]. Nat Commun, 2016, 7: 11731.

[35] LI J, SHEN C, DIAZ-RUBIO A, et al. 2 Systematic design and experimental demonstration of bianisotropic metasurfaces for scattering-free manipulation of acoustic wavefronts[J]. Nat Commun, 2018, 9(1): 1342.

[36] XIE Y, WANG W, CHEN H, et al. Wavefront modulation and subwavelength diffractive acoustics with an acoustic metasurface[J]. Nat Commun, 2014, 5(1): 5553.

[37] MA G, YANG M, XIAO S, et al. Acoustic metasurface with hybrid resonances[J]. Nat Mater, 2014, 13(9): 873 - 878.

[38] LI Y, ASSOUAR B M. Acoustic metasurface-based perfect absorber with deep subwavelength thickness[J]. Appl Phys Lett, 2016, 108: 063502.

[39] YANG M, CHEN S, FU C, et al. Optimal sound-absorbing structures[J]. Mater Horiz, 2017, 4(4): 673 - 680.

[40] MERKEL A, THEOCHARIS G, RICHOUX O, et al. Control of acoustic absorption in one-dimensional scattering by resonant scatterers[J]. Appl Phys Lett, 2015, 107: 244102.

[41] JIMéNEZ N, ROMERO-GARCíA V, PAGNEUX V, et al. Quasiperfect absorption by subwavelength acoustic panels in transmission using accumulation of resonances due to slow sound[J]. Phys Rev B, 2017, 95(1): 014205.

[42] JIMéNEZ N, HUANG W, ROMERO-GARCíA V, et al. Ultra-thin metamaterial for perfect and quasi-omnidirectional sound absorption[J]. Appl Phys Lett, 2016, 109(12): 121902.

[43] HUANG S, ZHOU Z, LI D, et al. Compact broadband acoustic sink with coherently coupled weak resonances[J]. Sci Bull, 2020, 65: 373 - 379.

[44] SU X S, LU Z C, NORRIS A N. Elastic metasurfaces for splitting SV- and P-waves in elastic solids[J]. J Appl Phys, 2018, 123: 091701.

[45] SHEN X H, SUN C T, BARNHART M V, et al. Elastic wave manipulation by using a phase-controlling meta-layer[J]. J Appl Phys, 2018, 123: 091708.

[46] CAO L Y, YANG Z C, XU Y L. Steering elastic SH waves in an anomalous way by metasurface[J]. J Sound Vib, 2018, 418: 1 - 14.

[47] XU Y L, LI Y, CAO L Y, et al. Steering of SH wave propagation in electrorhe-ological elastomer with a structured meta-slab by tunable phase discontinuities[J]. Aip Adv, 2017, 7(9): 095114.

[48] ZENG L, ZHANG J, LIU Y, et al. Asymmetric transmission of elastic shear vertical waves in solids[J]. Ultrasonics, 2019, 96: 34 - 39.

[49] SU Y C, CHEN T Y, KO L H, et al. Design of metasurfaces to enable shear horizontal wave trapping[J]. J Appl Phys, 2020, 128: 175107.
[50] ZHU H F, SEMPERLOTTI F. Anomalous refraction of acoustic guided waves in solids with geometrically tapered metasurfaces [J]. Phys Rev Lett, 2016, 117: 034302.
[51] LIU Y Q, LIANG Z X, LIU F, et al. Source illusion devices for flexural lamb waves using elastic metasurfaces[J]. Phys Rev Lett, 2017, 119(3): 034301.
[52] LEE H, LEE J K, SEUNG H M, et al. Mass-stiffness substructuring of an elastic metasurface for full transmission beam steering[J]. J Mech Phys Solids, 2018, 112: 577-593.
[53] CAO L Y, YANG Z C, XU Y L, et al. Deflecting flexural wave with high transmission by using pillared elastic metasurface[J]. Smart Mater Struct, 2018, 27(7): 075051.
[54] LI S L, XU J W, TANG J. Tunable modulation of refracted lamb wave front facilitated by adaptive elastic metasurfaces [J]. Appl Phys Lett, 2018, 112 (2): 021903.
[55] CHEN Y Y, LI X P, NASSAR H, et al. A programmable metasurface for real time control of broadband elastic rays[J]. Smart Mater Struct, 2018, 27: 115011.
[56] KIM M S, LEE W R, KIM Y Y, et al. Transmodal elastic metasurface for broad angle total mode conversion[J]. Appl Phys Lett, 2018, 112: 241905.
[57] ZHANG J, SU X, LIU Y L, et al. Metasurface constituted by thin composite beams to steer flexural waves in thin plates[J]. Int J Solids Struct, 2018, 162: 14-20.
[58] CAO L Y, XU Y L, ASSOUAR B, et al. Asymmetric flexural wave transmission based on dual-layer elastic gradient[J]. Appl Phys Lett, 2018, 113: 183506.
[59] ZHU H F, WALSH T F, SEMPERLOTTI F. Total-internal-reflection elastic metasurfaces: design and application to structural vibration isolation[J]. Appl Phys Lett, 2018, 113: 221903.
[60] RUAN Y, LIANG X, HU C. Retroreflection of flexural wave by using elastic metasurface[J]. J Appl Phys, 2020, 128: 045116.
[61] XU Y L, YANG Z C, CAO L Y. Deflecting Rayleigh surface acoustic wave by meta-ridge with gradient phase shift[J]. J Phys D Appl Phys, 2018, 51: 175106.
[62] HE Y, CHEN T, SONG X. Manipulation of seismic Rayleigh waves using a phase-gradient rubber metasurface[J]. Int J Mod Phys B, 2020, 34: 2050142.
[63] CAO L, ZHU Y, WAN S, et al. Perfect absorption of flexural waves induced by bound state in the continuum[J]. Extreme Mechanics Letters, 2021, 47: 101364.
[64] CAO L, YANG Z, XU Y, et al. Pillared elastic metasurface with constructive interference for flexural wave manipulation [J]. Mech Syst Signal Pr, 2021,

146：107035.
[65] RUAN Y, LIANG X. Reflective elastic metasurface for flexural wave based on surface impedance model[J]. Int J Mech Sci, 2021, 212: 106859.
[66] ZHAO T, YANG Z, TIAN W, et al. Deep-subwavelength elastic metasurface with force-moment resonators for abnormally reflecting flexural waves[J]. Int J Mech Sci, 2022, 221: 107193.
[67] CAO L, YANG Z, XU Y, et al. Flexural wave absorption by lossy gradient elastic metasurface[J]. J Mech Phys Solids, 2020, 143: 104052.
[68] JIN Y, WANG W, KHELIF A, et al. Elastic metasurfaces for deep and robust subwavelength focusing and imaging[J]. Phys Rev Appl, 2021, 15(2): 024005.
[69] WANG W, IGLESIAS J, JIN Y, et al. Experimental realization of a pillared metasurface for flexural wave focusing[J]. APL Materials, 2021, 9(5): 051125.
[70] SHEN Y, XU Y, LIU F, et al. 3D-printed meta-slab for focusing flexural waves in broadband[J]. Extreme Mechanics Letters, 2021, 48: 101410.
[71] CAO L, ZHU Y, XU Y, et al. Elastic bound state in the continuum with perfect mode conversion[J]. J Mech Phys Solids, 2021, 154: 104502.
[72] ZHENG M, PARK C I, LIU X, et al. Non-resonant metasurface for broadband elastic wave mode splitting[J]. Appl Phys Lett, 2020, 116: 171903.
[73] DONG H W, ZHAO S D, OUDICH M, et al. Reflective metasurfaces with multiple elastic mode conversions for broadband underwater sound absorption[J]. Phys Rev Appl, 2022, 17(4): 044013.
[74] COLQUITT D, COLOMBI A, CRASTER R, et al. Seismic metasurfaces: Sub-wavelength resonators and Rayleigh wave interaction[J]. J Mech Phys Solids, 2017, 99: 379-393.
[75] LIU W, YOON G H, YI B, et al. Ultra-wide band gap metasurfaces for controlling seismic surface waves[J]. Extreme Mechanics Letters, 2020, 41: 101018.
[76] ZENG Y, CAO L, ZHU Y, et al. Coupling the first and second attenuation zones in seismic metasurface[J]. Appl Phys Lett, 2021, 119: 013501.
[77] GIURGIUTIU V. Structural health monitoring with piezoelectric wafer active sensors[M]. London: Academic Press. 2007.
[78] ROSE J L. Ultrasonic guided waves in solid media[M]. Cambridge: Cambridge University Press, 2014.
[79] ZHANG J, ZHANG X, XU F, et al. Vibration control of flexural waves in thin plates by 3D-printed metasurfaces[J]. J Sound Vib, 2020, 481: 115440.
[80] JIANG M, ZHOU H T, LI X S, et al. Extreme transmission of elastic metasurface for deep subwavelength focusing[J]. Acta Mech Sinica, 2022, 38(3): 1-10.
[81] LI X S, WANG Y F, WANG Y S. Sparse binary metasurfaces for steering the flexural waves[J]. Extreme Mechanics Letters, 2022, 52: 101675.

[82] ZHANG J, SU X, PENNEC Y, et al. Wavefront steering of elastic shear vertical waves in solids via a compositeplate-based metasurface[J]. J Appl Phys, 2018, 124: 164505.

[83] RONG J, YE W. Multifunctional elastic metasurface design with topology optimization[J]. Acta Mater, 2020, 185: 382-399.

[84] RONG J, YE W, ZHANG S, et al. Frequency-coded passive multifunctional elastic metasurfaces[J]. Adv Funct Mater, 2020, 30: 2005285.

[85] AHN B, LEE H, LEE J S, et al. Topology optimization of metasurfaces for anomalous reflection of longitudinal elastic waves[J]. Comput Method Appl M, 2019, 357:112582.

[86] TIAN Z, YU L. Elastic phased diffraction gratings for manipulation of ultrasonic guided waves in solids[J]. Phys Rev Appl, 2019, 11: 024052.

[87] XU Y, CAO L, PENG P, et al. Beam splitting of flexural waves with a coding meta-slab[J]. Appl Phys Express, 2019, 12(9): 097002.

[88] XU Y, CAO L, YANG Z. Deflecting incident flexural waves by nonresonant single-phase meta-slab with subunits of graded thicknesses[J]. J Sound Vib, 2019, 454: 51-62.

[89] QIU H, CHEN M, HUAN Q, et al. Steering and focusing of fundamental shear horizontal guided waves in plates by using multiple-strip metasurfaces[J]. EPL, 2019, 127: 46004.

[90] XU W, ZHANG M, NING J, et al. Anomalous refraction control of mode-converted elastic wave using compact notch-structured metasurface[J]. Mater Res Express, 2019, 6: 065802.

[91] XIA R, YI J, CHEN Z, et al. In situ steering of shear horizontal waves in a plate by a tunable electromechanical resonant elastic metasurface[J]. J Phys D Appl Phys, 2019, 53: 095302.

[92] YAW Z, ZHOU W, CHEN Z, et al. Stiffness tuning of a functional-switchable active coding elastic metasurface[J]. Int J Mech Sci, 2021, 207: 106654.

[93] YUAN S M, CHEN A L, WANG Y S. Switchable multifunctional fish-bone elastic metasurface for transmitted plate wave modulation[J]. J Sound Vib, 2020, 470: 115168.

[94] YUAN S M, CHEN A L, DU X Y, et al. Reconfigurable flexural waves manipulation by broadband elastic metasurface [J]. Mech Syst Signal Pr, 2022, 179: 109371.

[95] CAO L, YANG Z, XU Y, et al. Disordered elastic metasurfaces[J]. Phys Rev Appl, 2020, 13(1): 014054.

[96] SU G, DU Z, JIANG P, et al. High-efficiency wavefront manipulation in thin plates using elastic metasurfaces beyond the generalized Snell's law[J]. Mech Syst

Signal Pr，2022，179：109391.
[97] ZHU H，PATNAIK S，WALSH T F，et al. Nonlocal elastic metasurfaces：enabling broadband wave control via intentional nonlocality[J]. Proc Natl Acad Sci U S A，2020，117：26099－26108.
[98] HU Y，ZHANG Y，SU G，et al. Realization of ultrathin waveguides by elastic metagratings[J]. Communications Physics，2022，5(1)：1－10.
[99] LI B，HU Y，CHEN J，et al. Efficient asymmetric transmission of elastic waves in thin plates with lossless metasurfaces[J]. Phys Rev Appl，2020，14(5)：054029.
[100] ZHU H，WALSH T F，SEMPERLOTTI F. Experimental study of vibration isolation in thin-walled structural assemblies with embedded total-internal-reflection metasurfaces[J]. J Sound Vib，2019，456：162 － 172.
[101] LIU F，SHI P，XU Y，et al. Total reflection of flexural waves by circular meta-slab and its application in vibration isolation [J]. Int J Mech Sci，2021，212：106806.
[102] CHEN A，WANG Y S，WANG Y F，et al. Design of acoustic/elastic phase gradient metasurfaces：principles，functional elements，tunability and coding[J]. Appl Mech Rev，2022，74：020801.
[103] 曹礼云，杨智春，徐艳龙. 弹性波超构表面研究进展[J]. 中国科学：技术科学，2022，52(6)：911－927.
[104] 吴家龙. 弹性力学[M]. 北京：高等教育出版社，2001.
[105] LIU B，REN B，ZHAO J，et al. Experimental realization of all-angle negative refraction in acoustic gradient metasurface [J]. Appl Phys Lett，2017，111：221602.
[106] ZHOU J，ZHANG X，FANG Y. Three-dimensional acoustic characteristic study of porous metasurface[J]. Compos Struct，2017，176：1005－1012.
[107] LAROUCHE S，SMITH D R. Reconciliation of generalized refraction with diffraction theory[J]. Opt Lett，2012，37(12)：2391－2393.
[108] ZHU Y F，ZOU X Y，LI R Q，et al. Dispersionless manipulation of reflected acoustic wavefront by subwavelength corrugated surface [J]. Sci Rep，2015，5：10966.
[109] 程建春，声学原理[M]. 北京：科学出版社，2012.
[110] XU Y L，LI Y，CAO L Y，et al. Steering of SH wave propagation in electrorheological elastomer with a structured meta-slab by tunable phase discontinuities [J]. Aip Advances，2017，7(9)：095114.
[111] GRAFF K F. Wave motion in elastic solids [M]. Oxford：Oxford University Press，1975.
[112] CHO P E. Energy flow analysis of coupled structures [D]. West Lafayette：Purdue University，1993.

[113] DEGERTEKIN F L, KHURI-YAKUB B T. Single mode Lamb wave excitation in thin plates by Hertzian contacts[J]. Appl Phys Lett, 1996, 69: 146.
[114] ACHENBACH J D. Wave propagation in elastic solids[M]. Amsterdam: North-Holland, 1973.
[115] FAHY F J, GARDONIO P. Sound and structural vibration: Radiation, Transmission and Response[M]. New York: Academic Press, 2007.
[116] ZHANG S, YIN L, FANG N. Focusing ultrasound with an acoustic metamaterial network[J]. Phys Rev Lett, 2009, 102: 194301.
[117] ZHAO S D, CHEN A L, WANG Y S, et al. Continuously tunable acoustic metasurface for transmitted wavefront modulation[J]. Phys Rev Appl, 2018, 10: 054066.
[118] BABOUX F, GE L, JACQMIN T, et al. Bosonic condensation and disorder-induced localization in a flat band[J]. Phys Rev Lett, 2016, 116: 066402.
[119] CONLEY G M, BURRESI M, PRATESI F, et al. Light transport and localization in two-dimensional correlated disorder [J]. Phys Rev Lett, 2014, 112: 143901.
[120] NAU D, SCHONHARDT A, BAUER C, et al. Correlation effects in disordered metallic photonic crystal slabs[J]. Phys Rev Lett, 2007, 98: 133902.
[121] CELLI P, YOUSEFZADEH B, DARAIO C, et al. Bandgap widening by disorder in rainbow metamaterials[J]. Appl Phys Lett, 2019, 114: 091903.
[122] LIU C, GAO W, YANG B, et al. Disorder-induced topological state transition in photonic metamaterials[J]. Phys Rev Lett, 2017, 119: 183901.
[123] RUPIN M, LEMOULT F, LEROSEY G, et al. Experimental demonstration of ordered and disordered multiresonant metamaterials for lamb waves[J]. Phys Rev Lett, 2014, 112: 234301.
[124] ASATRYAN A A, BOTTEN L C, BYRNE M A, et al. Suppression of anderson localization in disordered meta-materials[J]. Phys Rev Lett, 2007, 99: 193902.
[125] BELLANI V, DIEZ E, HEY R, et al. Experimental evidence of delocalized states in random dimer superlattices[J]. Phys Rev Lett, 1999, 82: 2159.
[126] RAHIMZADEGAN A, ARSLAN D, SURYADHARMA R N S, et al. Disorder-induced phase transitions in the transmission of dielectric metasurfaces[J]. Phys Rev Lett, 2019, 122: 015702.
[127] GéRARDIN B, LAURENT J, DERODE A, et al. Full transmission and reflection of waves propagating through a maze of disorder[J]. Phys Rev Lett, 2014, 113: 173901.
[128] FLEURY R, SOUNAS D, SIECK C, et al. Sound isolation and giant linear nonreciprocity in a compact acoustic circulator [J]. Science, 2014, 343: 516－519.

[129] POPA B I, CUMMER S A. Non-reciprocal and highly nonlinear active acoustic metamaterials[J]. Nat Commun, 2014, 5: 3398.

[130] LIANG B, YUAN B, CHENG J C. Acoustic diode: Rectification of acoustic energy flux in one-dimensional systems[J]. Phys Rev Lett, 2009, 103: 104301.

[131] YANG Z, GAO F, SHI X, et al. Topological acoustics[J]. Phys Rev Lett, 2015, 114: 114301.

[132] NI X, HE C, SUN X C, et al. Topologically protected one-way edgemode in networks of acoustic resonators with circulating airflow[J]. New J Phys, 2015, 17: 053016.

[133] HE Z J, PENG S S, YE Y T, et al. Asymmetric acoustic gratings[J]. Appl Phys Lett, 2011, 98: 083505.

[134] YUAN B, LIANG B, TAO J C, et al. Broadband directional acoustic waveguide with high efficiency[J]. Appl Phys Lett, 2012, 101: 043503.

[135] LI X F, NI X, FENG L A, et al. Tunable unidirectional sound propagation through a sonic-crystal-based acoustic diode[J]. Phys Rev Lett, 2011, 106: 084301.

[136] LI R Q, LIANG B, LI Y, et al. Broadband asymmetric acoustic transmission in a gradient-index structure[J]. Appl Phys Lett, 2012, 101: 263502.

[137] LI Y, LIANG B, GU Z M, et al. Unidirectional acoustic transmission through a prism with near-zero refractive index[J]. Appl Phys Lett, 2013, 103: 053505.

[138] CICEK A, KAYA O A, ULUG B. Refraction-type sonic crystal junction diode [J]. Appl Phys Lett, 2012, 100: 111905.

[139] LI Y, LIANG B, GU Z, et al. Unidirectional acoustic transmission through a prism with near-zero refractive index[J]. Applied Physics Letters, 2013, 103: 053505.

[140] LI B, ALAMRI S, TAN K T. A diatomic elastic metamaterial for tunable asymmetric wave transmission in multiple frequency bands[J]. Sci Rep, 2017, 7 (1): 6226.

[141] CHEN J J, HAN X, LI G Y. Asymmetric Lamb wave propagation in phononic crystal slabs with graded grating[J]. J Appl Phys, 2013, 113: 184506.

[142] CHEN J J, HUO S Y. Investigation of dual acoustic and optical asymmetric propagation in two-dimensional phoxonic crystals with grating[J]. Opt Mater Express, 2017, 7: 288021.

[143] SU X S, NORRIS A N. Focusing, refraction, and asymmetric transmission of elastic waves in solid metamaterials with aligned parallel gaps[J]. Journal of the Acoustical Society of America 2016, 139: 3385 - 3393.

[144] YI K J, KARKAR S, COLLET M. One-way energy insulation using time-space modulated structures[J]. J Sound Vib, 2018, 429: 162.

[145] SHUI L Q, YUE Z F, LIU Y S, et al. Novel composites with asymmetrical elastic wave properties[J]. Compos Sci Technol, 2015, 113: 19.

[146] OH J H, KIM H W, MA P S, et al. Inverted bi-prism phononic crystals for one-sided elastic wave transmission applications [J]. Appl Phys Lett, 2012, 100: 213503.

[147] QI S B, ASSOUAR B M. Acoustic energy harvesting based on multilateral metasurfaces[J]. Appl Phys Lett, 2017, 111: 243506.

[148] XIE Y B, WANG W Q, CHEN H Y, et al. Wavefront modulation and subwavelength diffractive acoustics with an acoustic metasurface[J]. Nat Commun, 2014, 5: 5553.

[149] ZHU Y F, ZOU X Y, LIANG B, et al. Acoustic one-way open tunnel by using metasurface[J]. Appl Phys Lett, 2015, 107:113501.

[150] SHEN C, XIE Y B, LI J F, et al. Asymmetric acoustic transmission through near-zero-index and gradient-index metasurfaces[J]. Appl Phys Lett, 2016, 108: 223502.

[151] JIANG X, LIANG B, ZOU X Y, et al. Acoustic one-way metasurfaces: asymmetric phase modulation of sound by subwavelength layer[J]. Scientific report, 2016, 6(1): 28023.

[152] LIU B Y, JIANG Y Y. Controllable asymmetric transmission via gap-tunable acoustic metasurface[J]. Appl Phys Lett, 2018, 112: 173503.

[153] JU F F, TIAN Y, CHENG Y, et al. Asymmetric acoustic transmission with a lossy gradient-index metasurface[J]. Appl Phys Lett, 2018, 113: 121901.

[154] KERWIN E M. Damping of flexural waves by a constrained viscoelastic layer[J]. Journal of the Acoustical Society of America, 1959, 31: 952-962.

[155] SUN J Q, JOLLY M R, NORRIS M A. Passive, adaptive and active tuned vibration absorbers: a survey[J]. J Mech Design, 1995, 117(B): 234 - 242.

[156] WARBURTON G B. Optimum absorber parameters for various combinations of response and excitation parameters[J]. Earthquake Eng Struc, 1982, 10(3): 381 - 401.

[157] MOHEIMANI S O R. A survey of recent innovations in vibration damping and control using shunted piezoelectric transducers[J]. IEEE T Contr Syst T, 2003, 11(4): 482-494.

[158] NIEDERBERGER D, MORARI M. An autonomous shunt circuit for vibration damping[J]. Smart Mater Struct, 2006, 15(2): 359 - 364.

[159] DUBAY R, HASSAN M, LI C, et al. Finite element based model predictive control for active vibration suppression of a one-link flexible manipulator[J]. Isa T, 2014, 53(5): 1609 - 1619.

[160] AGNES G. Active/passive piezoelectric vibration suppression[C]// North American Conference on Smart Structures and Materials, February 14 - 16, 1994, Oriando, Florida, USA. Washington:SPIE, 1994:24 - 34.

[161] MCCORMICK C A, SHEPHERD M R. Design optimization and performance

comparison of three styles of one-dimensional acoustic black hole vibration absorbers[J]. J Sound Vib, 2019, 470: 115164.

[162] TANG L, CHENG L, JI H, et al. Characterization of acoustic black hole effect using a one-dimensional fully-coupled and wavelet-decomposed semi-analytical model[J]. J Sound Vib, 2016, 374: 172-184.

[163] MA L, CHENG L. Topological optimization of damping layout for minimized sound radiation of an acoustic black hole plate[J]. J Sound Vib, 2019, 458: 349 - 364.

[164] KRYLOV V V, WINWARD R E T B. Experimental investigation of the acoustic black hole effect for flexural waves in tapered plates[J]. J Sound Vib, 2007, 300: 43 - 49.

[165] PELAT A, GAUTIER F, CONLON S C, et al. The acoustic black hole: a review of theory and applications[J]. J Sound Vib, 2020, 476: 115316.

[166] BADREDDINE A M, SENESI M, OUDICH M, et al. Broadband plate-type acoustic metamaterial for low-frequency sound attenuation[J]. Appl Phys Lett, 2012, 101: 173505.

[167] OUDICH M, LI Y, ASSOUAR B M, et al. A sonic band gap based on the locally resonant phononic plates with stubs[J]. New J Phys, 2010, 12(8): 083049.

[168] FANG X, WEN J, BONELLO B, et al. Ultra-low and ultra-broad-band nonlinear acoustic metamaterials[J]. Nat Commun, 2017, 8(1): 1288.

[169] LENG J, GAUTIER F, PELAT A, et al. Limits of flexural wave absorption by open lossy resonators: reflection and transmission problems[J]. New J Phys, 2019, 21(5): 053003.

[170] LI Y, JIANG X, LIANG B, et al. Metascreen-based acoustic passive phased array [J]. Phys Rev Appl, 2015, 4(2): 2331 - 7019.

[171] FAHY F J, GARDONIO P. Sound and structural vibration: radiation, transmission and response[M]. New York: Academic Press, 2007.

[172] ROSS D, UNGAR E E, KERWIN E M. Damping of plate flexural vibration by means of viscoelastic laminate[C]// Section Ⅲ of Structural Damping. New York: ASME,1959.

[173] CUENCA J. Wave models for the flexural vibrations of thin plates[D]. Le Mans: Université Du Maine, 2009.

[174] LI Y, QI S, ASSOUAR M B. Theory of metascreen-based acousticp assive phased array[J]. New J Phys, 2016, 18: 1367 - 2630.

[175] DENIS V, GAUTIER F, PELAT A, et al. Measurement and modelling of the reflection coefficient of an Acoustic Black Hole termination[J]. J Sound Vib, 2015, 349: 67 - 79.

[176] HSU C W, ZHEN B, STONE A D, et al. Bound states in the continuum[J]. Nat

Rev Mater, 2016, 1: 16048.
[177] KODIGALA A, LEPETIT T, GU Q, et al. Lasing action from photonic bound states in continuum[J]. Nature, 2017, 541: 196 - 199.
[178] HSU C W, ZHEN B, LEE J, et al. Observation of trapped light within the radiation continuum[J]. Nature, 2013, 499: 188 - 191.
[179] VON NEUMANN J, WIGNER E P. Über merkwürdige diskrete eigenwerte[J]. Physikalische Zeitschrift,1929,30: 456 - 467.
[180] PLOTNIK Y, PELEG O, DREISOW F, et al. Experimental observation of optical bound states in the continuum[J]. Phys Rev Lett, 2011, 107: 183901.
[181] MINKOV M, WILLIAMSON I A D, XIAO M, et al. Zero-index bound states in the continuum[J]. Phys Rev Lett, 2018, 121: 263901.
[182] ZHEN B, HSU C W, LU L, et al. Topological nature of optical bound states in the continuum[J]. Phys Rev Lett, 2014, 113: 257401.
[183] MARINICA D C, BORISOV A G, SHABANOV S V. Bound states in the continuum in photonics[J]. Phys Rev Lett, 2008, 100: 183902.
[184] KOSHELEV K, BOGDANOV A, KIVSHAR Y. Meta-optics and bound states in the continuum[J]. Sci Bull, 2019, 64: 836 - 842.
[185] NODA S, YOKOYAMA M, IMADA M, et al. Polarization mode control of two-dimensional photonic crystal laser by unit cell structure design[J]. Science, 2001, 293: 1123 - 1125.
[186] MATSUBARA H, YOSHIMOTO S, SAITO H, et al. GaN photonic-crystal surface-emitting laser at blue-violet wavelengths[J]. Science, 2008, 319: 445 - 447.
[187] HIROSE K, LIANG Y, KUROSAKA Y, et al. Watt-class high-power, high-beam-quality photonic-crystal lasers[J]. Nat Photonics, 2014, 8(5): 406 - 411.
[188] IMADA M, NODA S, CHUTINAN A, et al. Coherent two-dimensional lasing action in surface-emitting laser with triangular-lattice photonic crystal structure [J]. Appl Phys Lett, 1999, 75(3): 316 - 318.
[189] LIN F, ULLAH S, YANG Q. Ultrafast vortex microlasers based on bounded states in the continuum[J]. Sci Bull, 2020, 65(18): 1519 - 1520.
[190] YANIK A A, CETIN A E, HUANG M, et al. Seeing protein monolayers with naked eye through plasmonic Fano resonances[J]. Proceedings of the National Academy of Sciences, 2011, 108: 11784 - 11789.
[191] ROMANO S, ZITO G, LARA YéPEZ S N, et al. Tuning the exponential sensitivity of a bound-state-in-continuum optical sensor[J]. Opt Express, 2019, 27: 18776 - 18786.
[192] ZHEN B, CHUA S L, LEE J, et al. Enabling enhanced emission and low-threshold lasing of organic molecules using special Fano resonances of macroscopic photonic crystals [J]. Proceedings of the National Academy of

Sciences, 2013, 110: 13711 - 13716.

[193] FOLEY J M, YOUNG S M, PHILLIPS J D. Symmetry-protected mode coupling near normal incidence for narrow-band transmission filtering in a dielectric grating [J]. Phys Rev B, 2014, 89: 165111.

[194] DOSKOLOVICH L L, BEZUS E A, BYKOV D A. Integrated flat-top reflection filters operating near bound states in the continuum[J]. Photonics Research, 2019, 7(11): 1314 - 1330.

[195] JU C Y, CHOU M H, CHEN G Y, et al. Optical quantum frequency filter based on generalized eigenstates[J]. Opt Express, 2020, 28(12): 17868 - 17880.

[196] FANO U. Effects of configuration interaction on intensities and phase shifts[J]. Phys Rev, 1961, 124(6): 1866 - 1878.

[197] BOTTEN L C, NICOROVICI N A, MCPHEDRAN R C, et al. Photonic band structure calculations using scattering matrices[J]. Phys Rev E Stat Nonlin Soft Matter Phys, 2001, 64(4): 046603.

[198] FAN S, SUH W, JOANNOPOULOS J D. Temporal coupled-mode theory for the Fano resonance in optical resonators[J]. Journal of the Optical Society of America A, 2003, 20(3): 569 - 572.

[199] CAI M, PAINTER O, VAHALA K J. Observation of critical coupling in a fiber taper to a silica-microsphere whispering-gallery mode system[J]. Phys Rev Lett, 2000, 85(1): 74 - 77.

[200] KRASNOK A, BARANOV D, LI H, et al. Anomalies in light scattering[J]. Advances in Optics and Photonics, 2019, 11(4): 892 - 898.

[201] HSU C W, ZHEN B, CHUA SL, et al. Bloch surface eigenstates within the radiation continuum[J]. Light: Science & Applications, 2013, 2(1): 113 - 118.

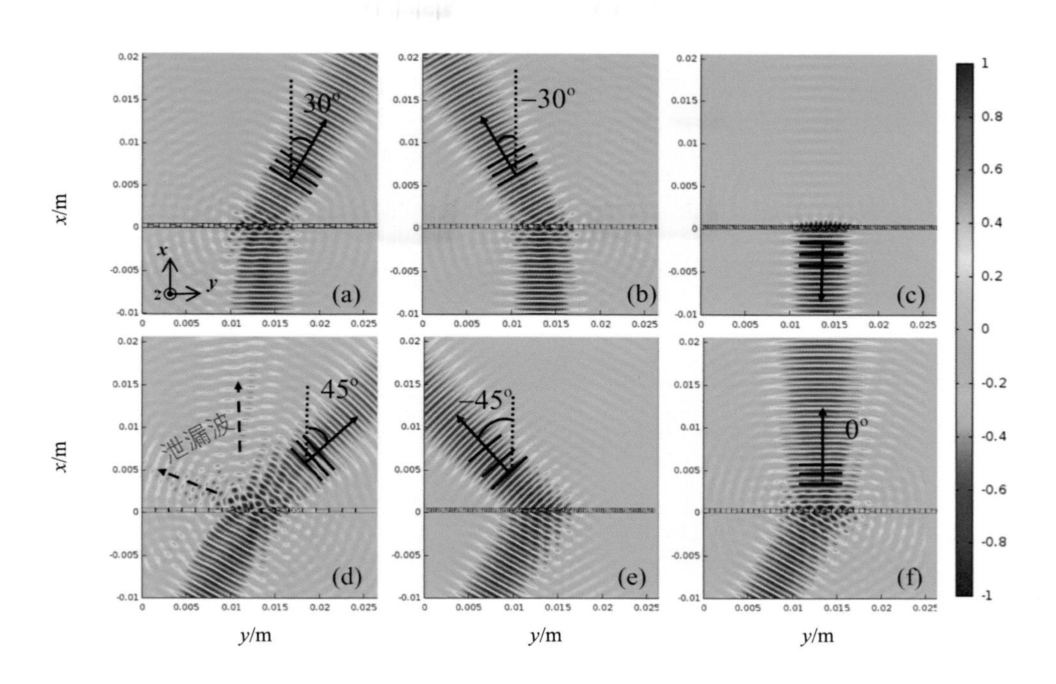

图 3-6　不同超胞宽度 L 的 BWMS 调控 SH 波的全波场

[（a）~（f）中 BWMS 的超胞宽度分别相应于图 3-5 中 A~F 点的横坐标，A~F 点的纵坐标是相应的解析折射角，其在全波场中用黑色箭头标注]

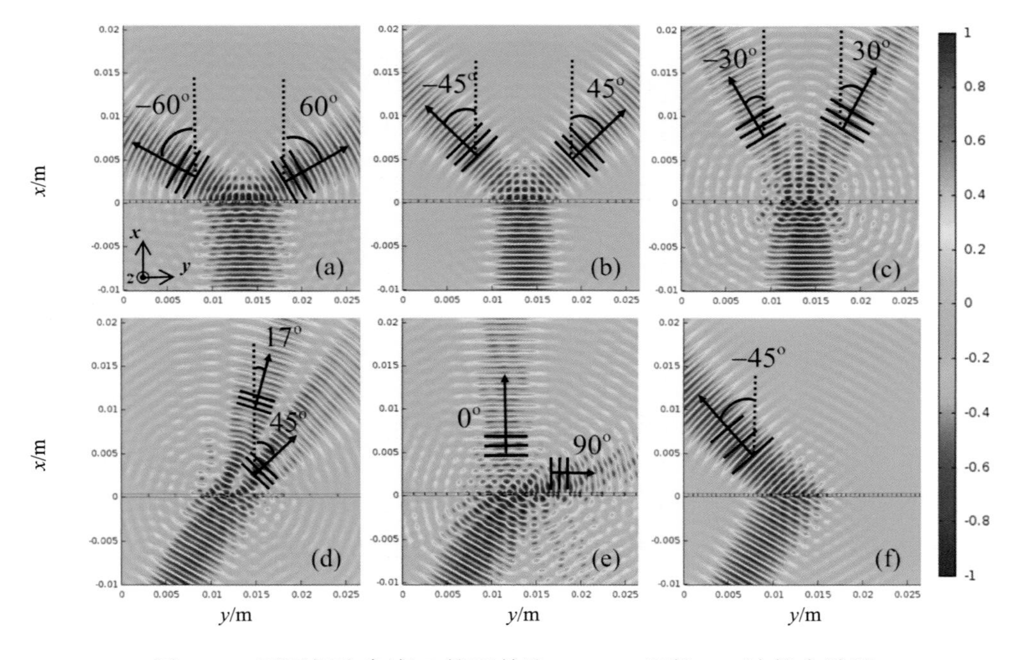

图 3-8　不同超胞宽度 L 的两单胞 BWMS 调控 SH 波的全波场

[（a）~（f）中 BWMS 的超胞宽度分别相应于图 3-7 中 A~F 点的横坐标，A~F 点的纵坐标是相应的解析折射角，其在透射波场中用黑色箭头标注]

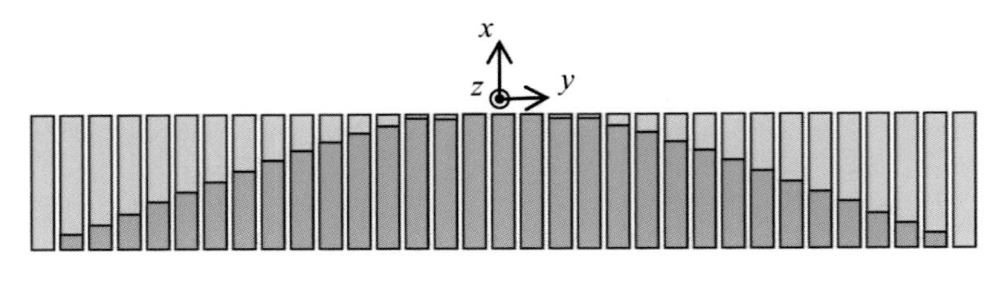

（a）

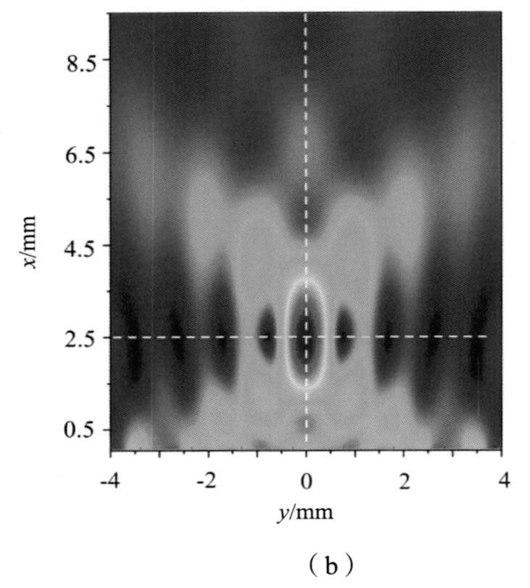

（b）

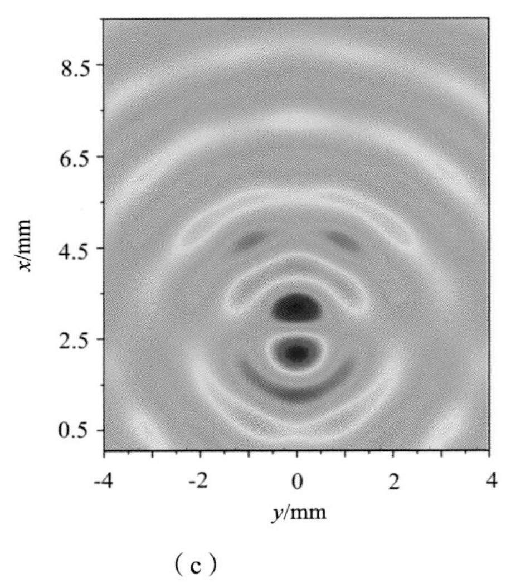

（c）

图 3-10 由条状结构 2（橙色）和条状结构 1（淡蓝色）复合构成的单胞组合形成聚焦 BWMS 模型示意图以及 BWMS 聚焦 SH 波的 $|t|^2$ 分布和位移场

（a）BWMS 模型；（b）$|t|^2$ 分布；（c）位移场

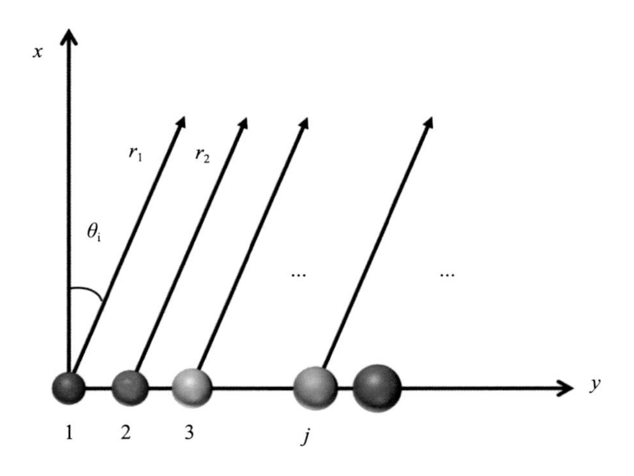

图 3-12 基于相控阵原理的物理模型示意图

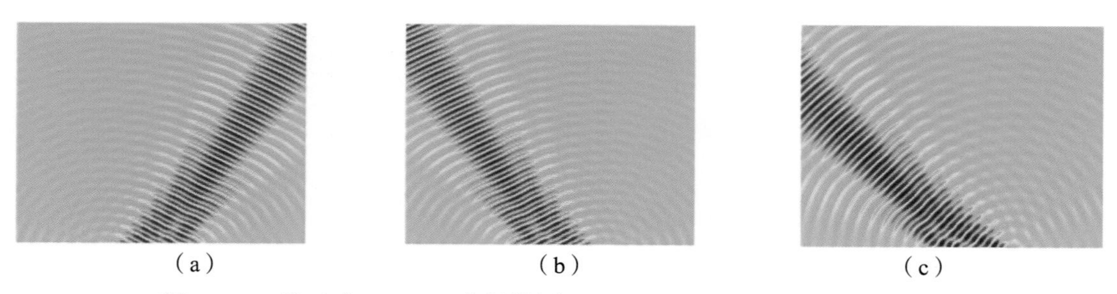

图 3-13　基于式（3.33）求得的图 3-6（a）(b)（e）的解析透射波场

（a）图 3-6（a）；（b）图 3-6（b）；（c）图 3-6（e）

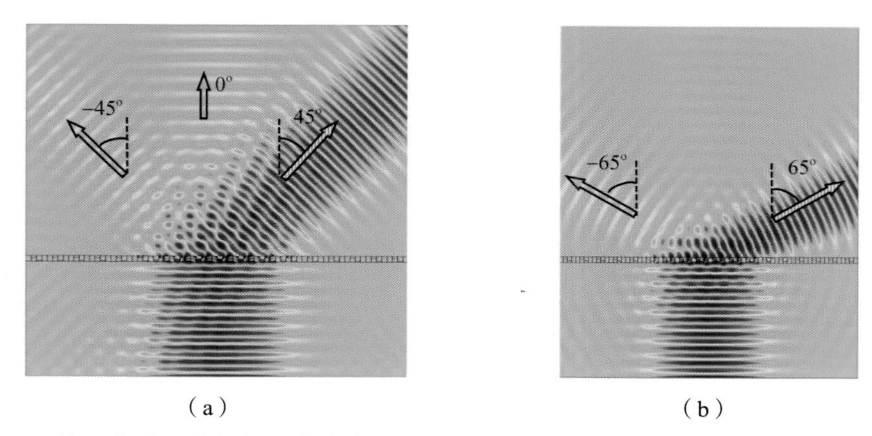

图 3-15　第 3 个单胞的相位跳变发生了局部退化的 BWMS 调控 SH 波的全波场，以及 BWMS 将垂直入射 SH 波偏折到大的折射角 65°，透射场同时存在折射角为－65° 的附属波束

（a）全波场；（b）65° 折射波及－65° 附属波

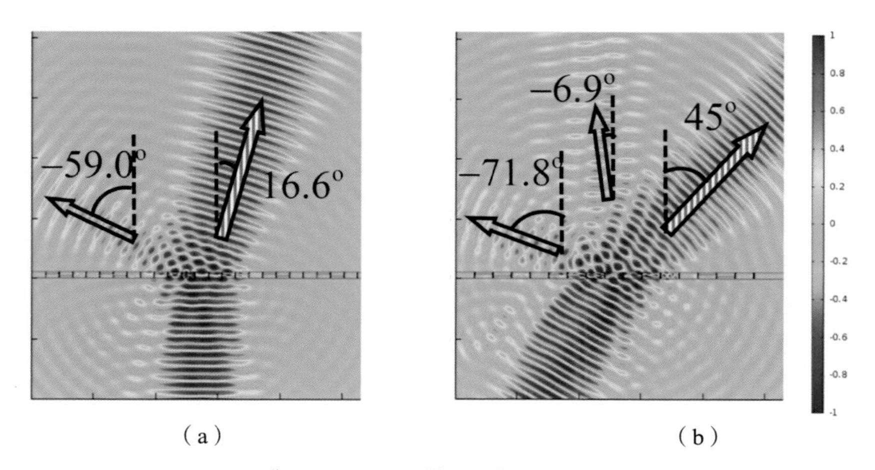

图 3-17　单胞宽度为$\tilde{l}=7\lambda/8$和$\tilde{l}=(\sqrt{2}+1)\lambda/2$的 BWMS 分别调控垂直入射和斜入射 SH 波的全波场（分别相应于图 3-16 中 A 点和 B 点）

（a）$\tilde{l}=7\lambda/8$；（b）$\tilde{l}=(\sqrt{2}+1)\lambda/2$

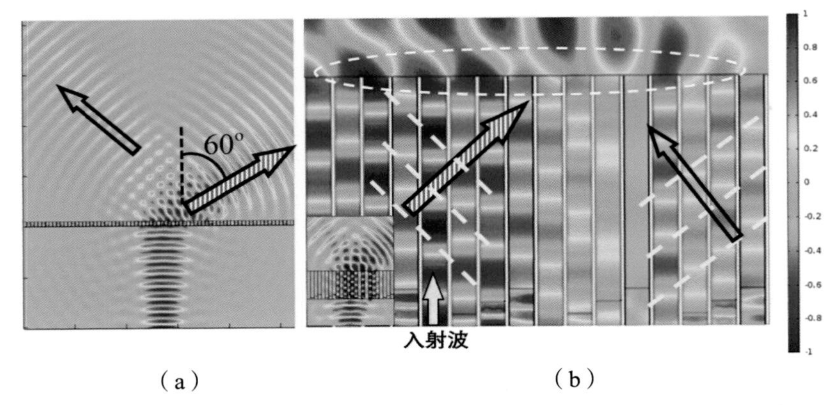

图 3−18　垂直入射 SH 波透过四单胞 BWMS 的透射波场以及将扩展单胞后的 BWMS 进行局部放大的视图

[（a）中实心箭头和空心箭头分别代表设计波束和泄漏波的传播方向，（b）中插图为调控 SH 波的全波场，相邻单胞间近似相等的相位值用虚线标注，实心和空心箭头代表虚线所示波阵面的传播方向]

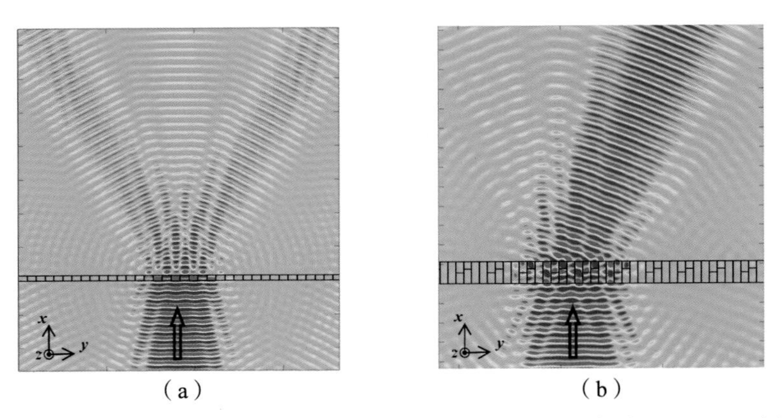

图 3−22　#1 板和 #2 板组合构成的两单胞 BWMS 调控 SH 波的全波场以及 #1 板和 #3 板组合构成的四单胞 BWMS 调控 SH 波的全波场

（a）#1 板和 #2 板组合构成的两单胞；（b）#1 板和 #3 板组合构成的四单胞

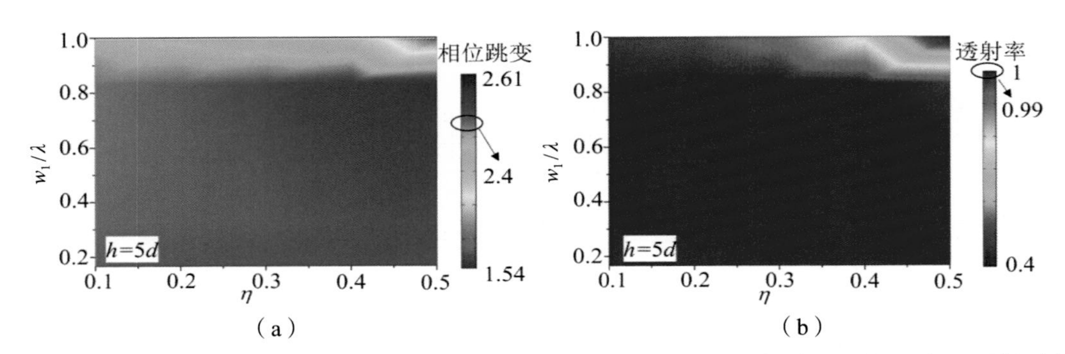

图 4−5　随着拉伸宽度 w_1 和缝的填充比 η 的变化，三维单胞中透射波的相位跳变和透射系数

（a）相位跳变；（b）透射系数

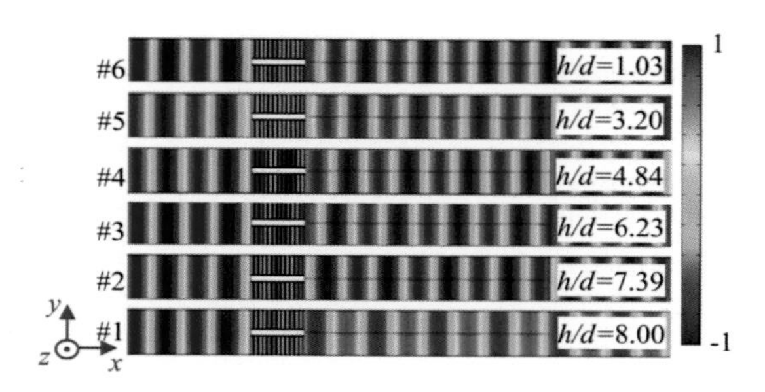

图 4-7　六个不同无量纲柱高的单胞的中性面处质点 z 方向位移分布

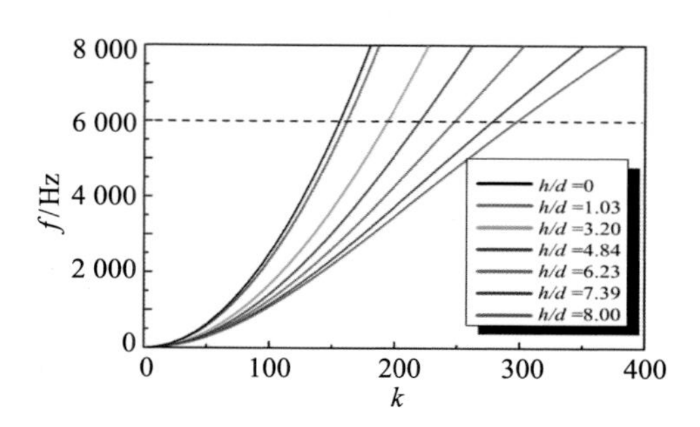

图 4-9　对应于不同无量纲柱高 h/d 的单元模型的最低阶能带曲线

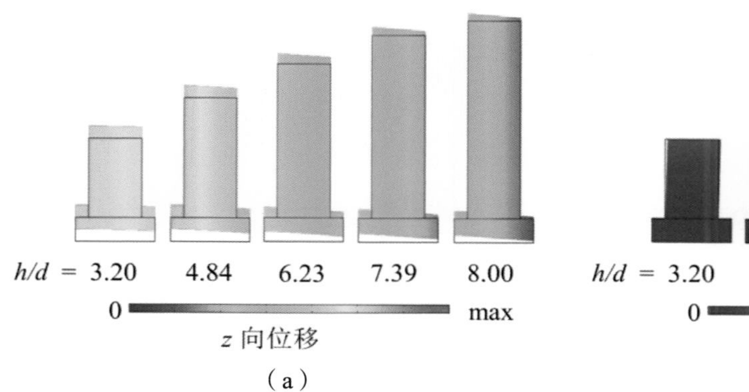

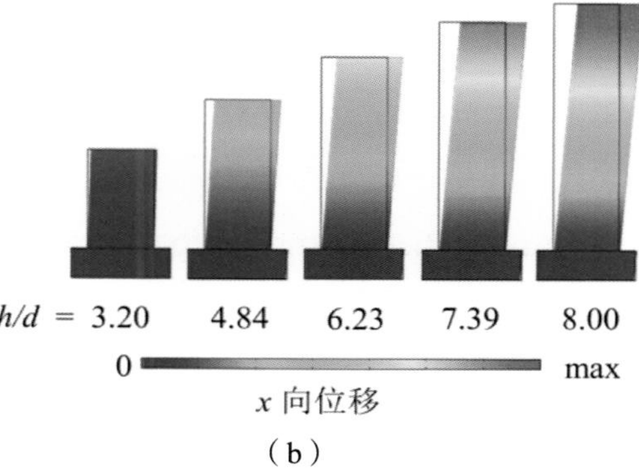

图 4-10 对应于不同无量纲柱高 h/d 的柱状谐振体单元的轴向振动模式和弯曲振动模式

（a）轴向振动模式；（b）弯曲振动模式

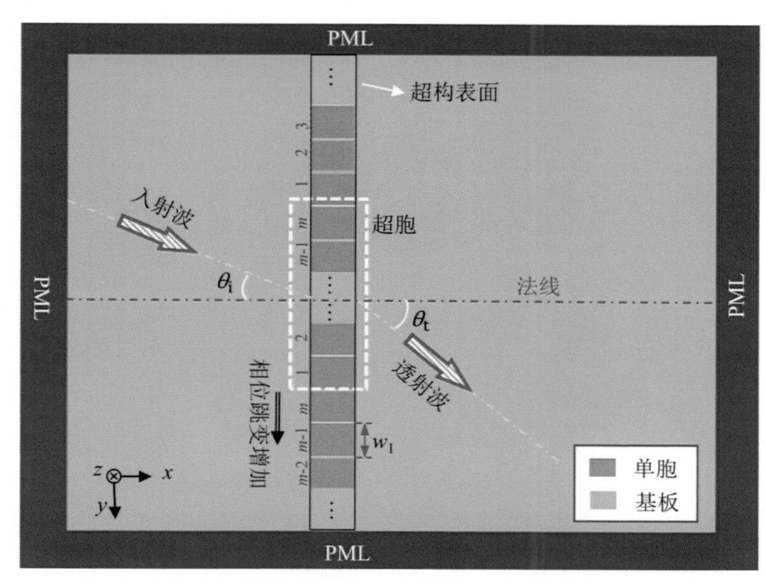

图 4-15　周期排列的超胞构成的超构表面对弯曲波的调控（一个超胞内有 m 个单胞）

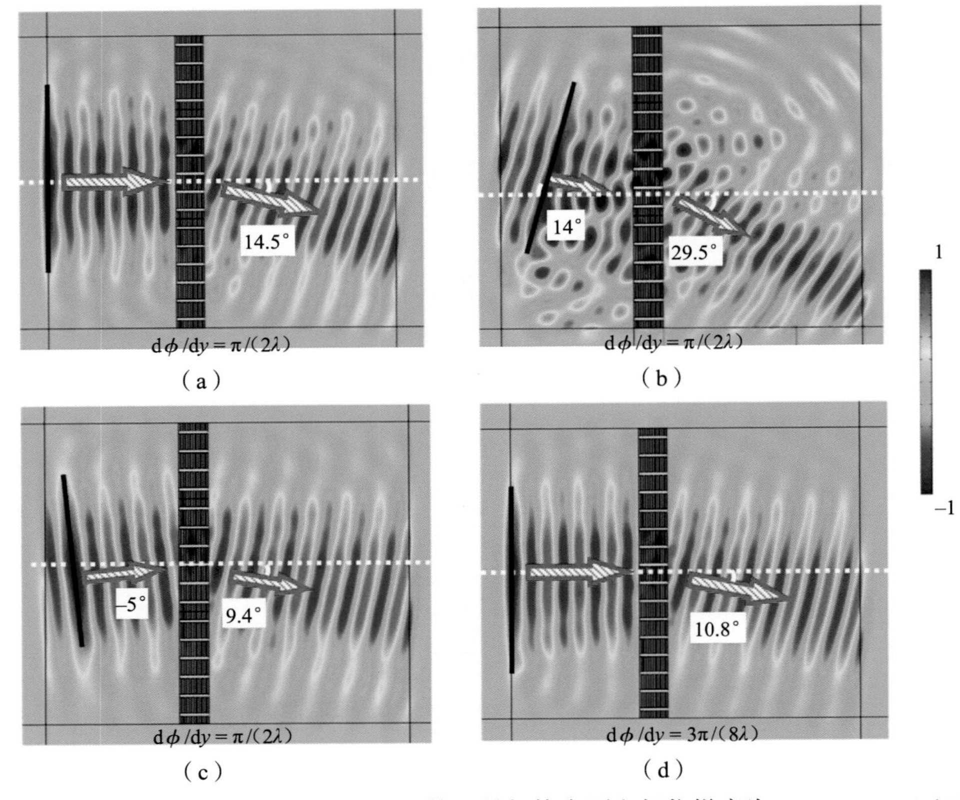

图 4–7 相位梯度为 $d\phi/dy=\pi/(2\lambda)$ 的 1 号超构表面和相位梯度为 $d\phi/dy=3\pi/(8\lambda)$ 的 2 号超构表面调控不同角度入射波的归一化波场图

（a）1 号超构表面，垂直入射波；（b）1 号超构表面，$\theta_i=14°$ 斜入射；（c）1 号超构表面，$\theta_i=-5°$ 斜入射；（d）2 号超构表面，垂直入射波

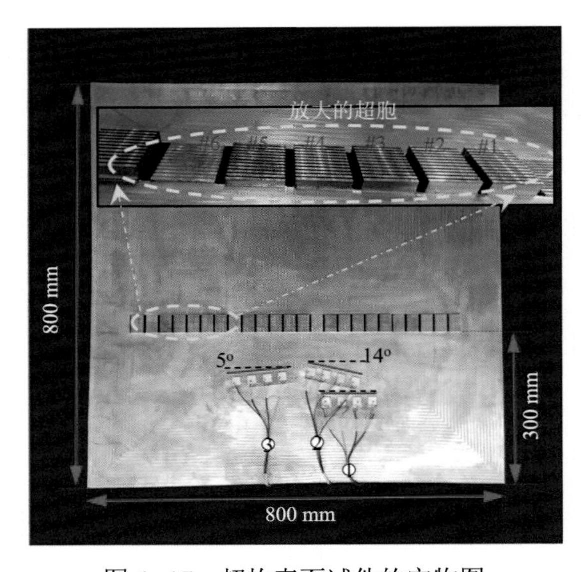

图 4–17 超构表面试件的实物图

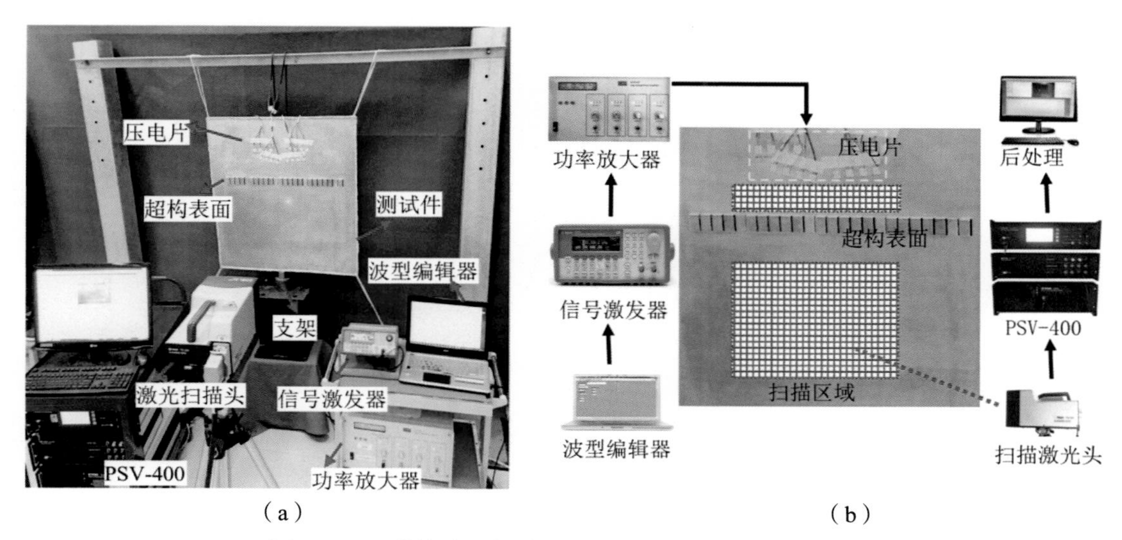

图 4-18　弹性波调控实验测试平台和测试信号流程

（a）测试平台；（b）测试信号流程

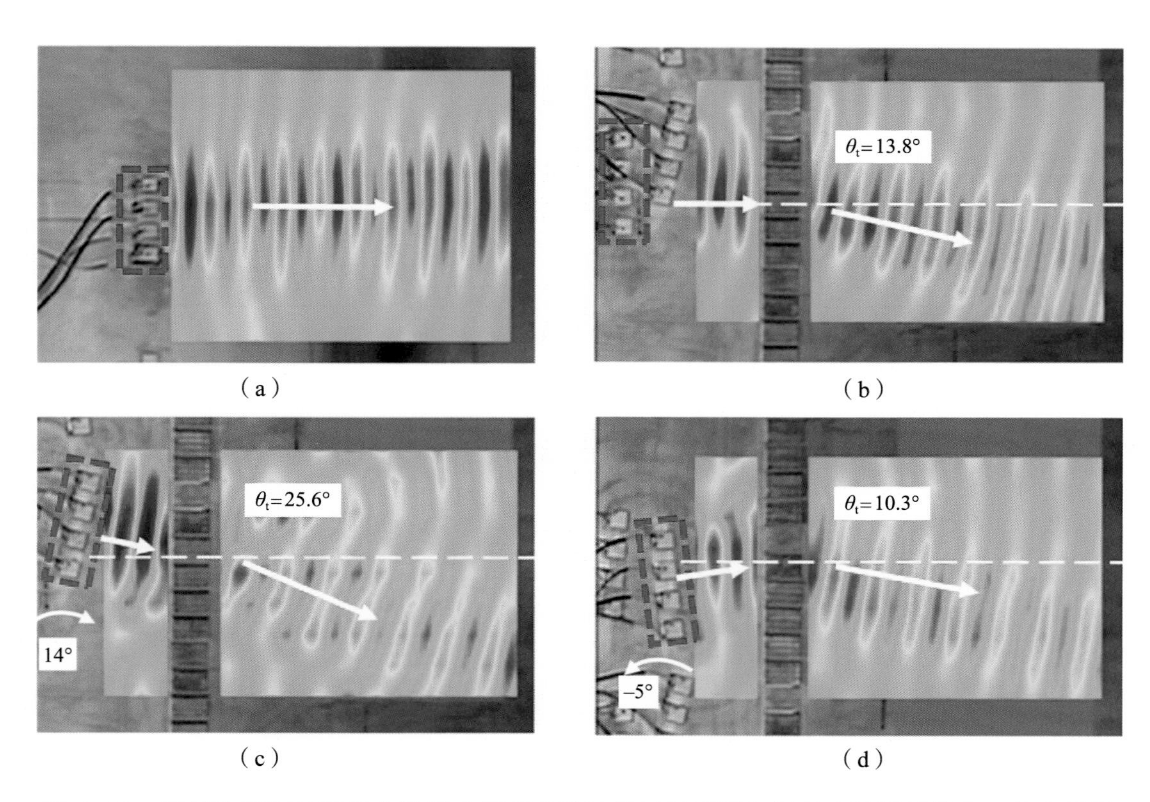

图 4-19　无超构表面的基板中激发出的弯曲波波场以及不同入射角实验测试的归一化全波场

（a）无超构表面；（b）入射角为 0°；（c）入射角为 14°；（d）入射角为 –5°

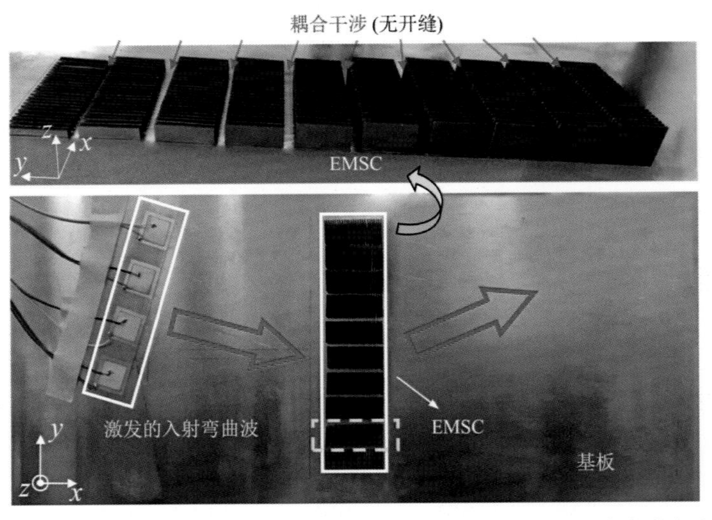

图 4-20　偏折入射弯曲波的 EMSC 示意图（顶部为其放大的视图）

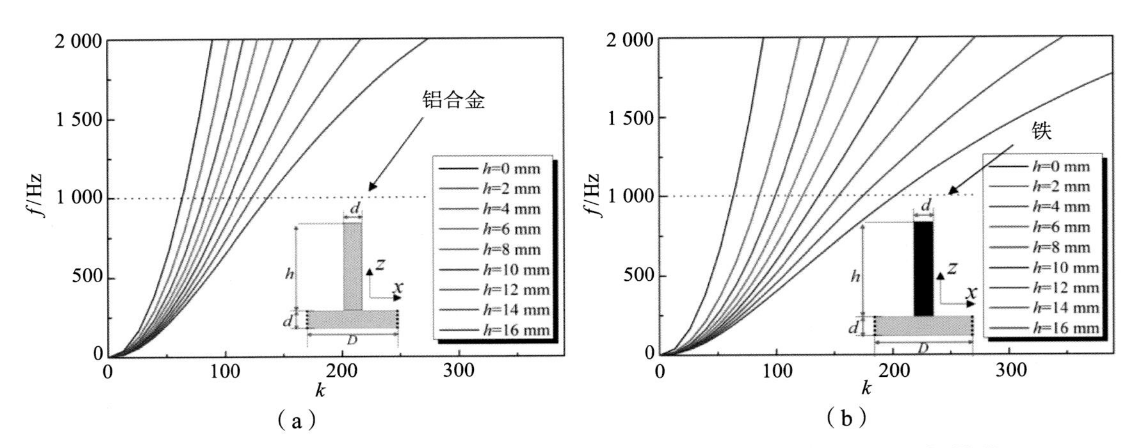

图 4-23　铝合金柱状谐振体和铁柱状谐振体在不同柱高时最低阶的频散带

（a）铝合金柱状谐振体；（b）铁柱状谐振体

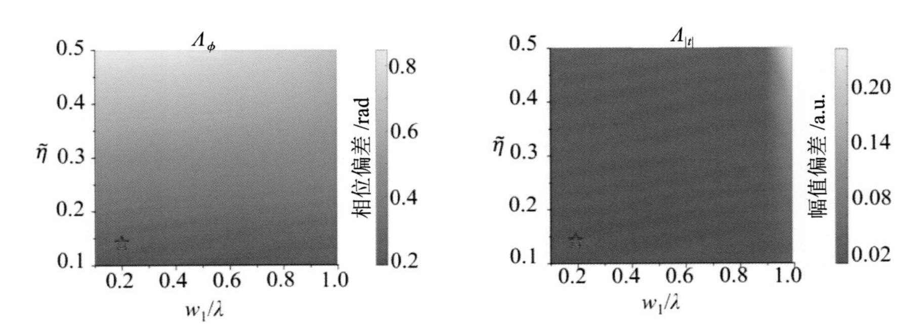

图 4-27　随参数 w_1 和 $\tilde{\eta}$ 变化的影响系数 Λ_ϕ 和 $\Lambda_{|t|}$

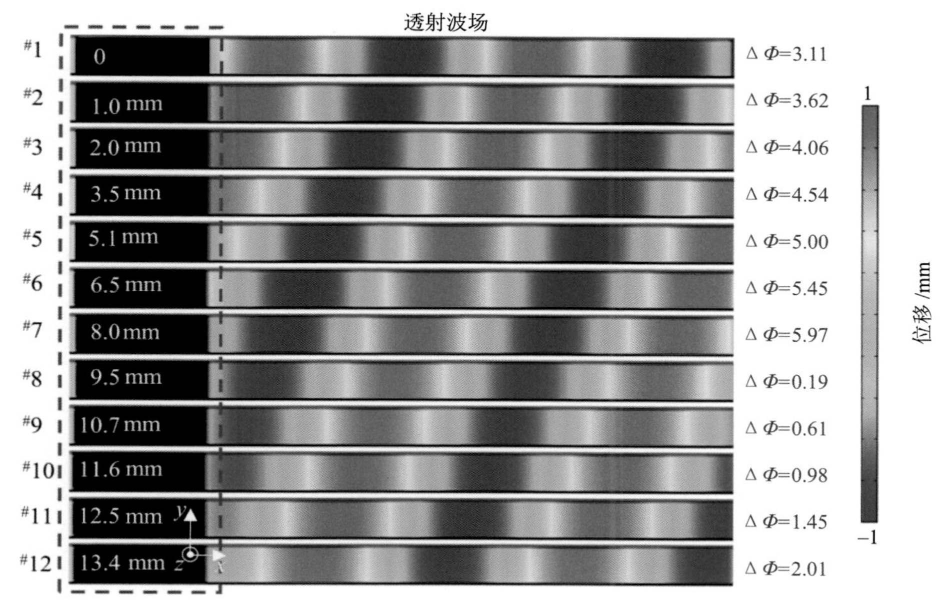

图 4-28　12 个不同柱高的特定 3D 单胞（柱高标注于左侧黑方框中）的透射场中的面外（z 分量）位移分布（其相位跳变值被标记在最右侧）

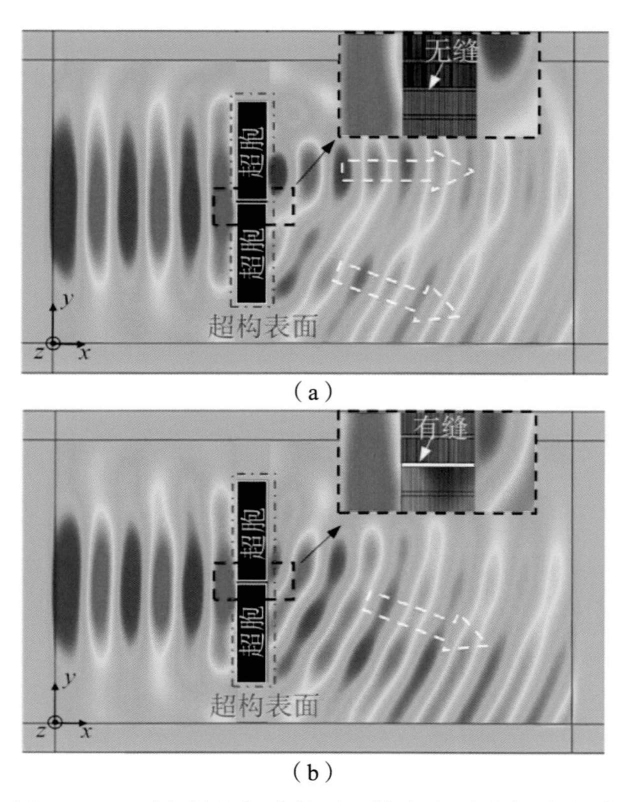

图 4-29　两个超胞构成的无开缝和有开缝超构表面

（a）无开缝；（b）有开缝

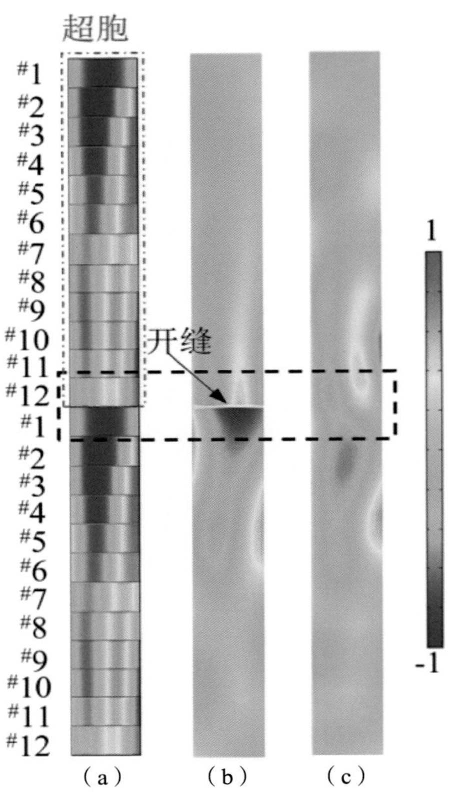

图 4-30　图 4-28 中 12 种三维单胞和图 4-29 中超胞的 OWMS

（a）12 种三维单胞；（b）有开缝超构表面；（c）无开缝超构表面

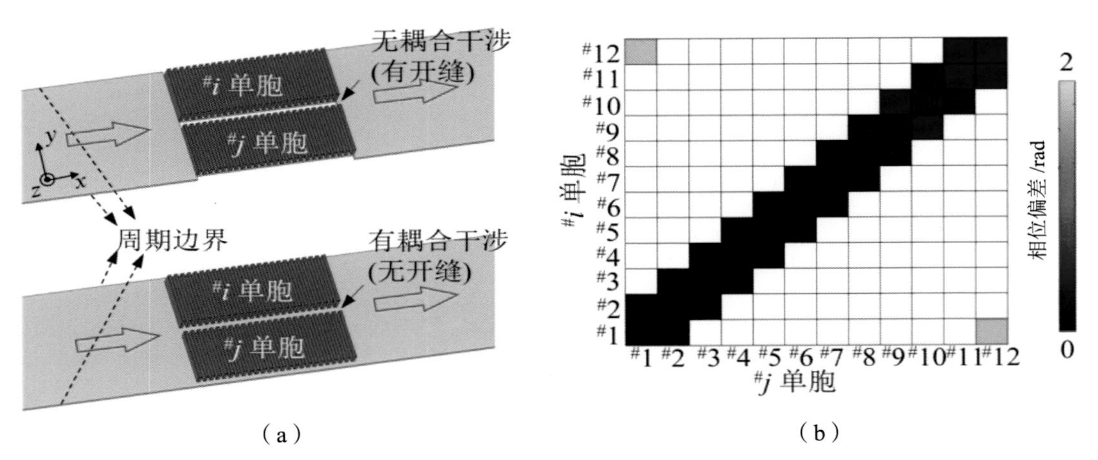

图 4-31　由两个不同高度的有开缝和无开缝单胞组成的模型及两个模型的透射相位偏差

（a）两单胞组成的模型；（b）透射相位的偏差

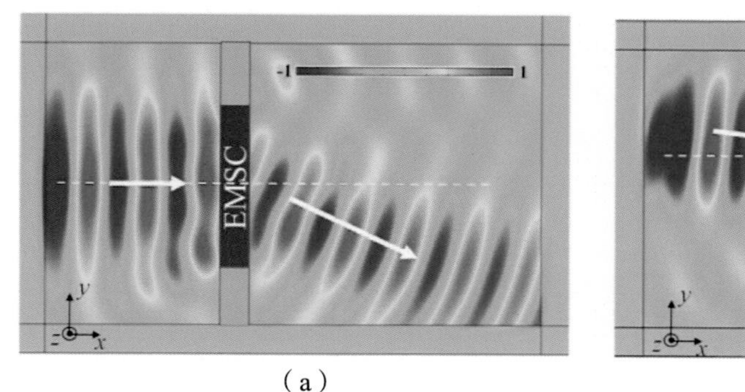

(a)

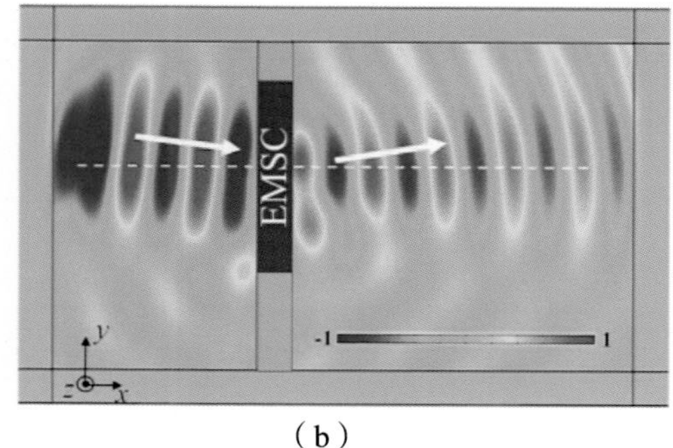

(b)

图 4-32 入射波垂直入射和斜入射偏折型 EMSC 时，归一化全波场的数值仿真结果

（a）垂直入射；（b）斜入射

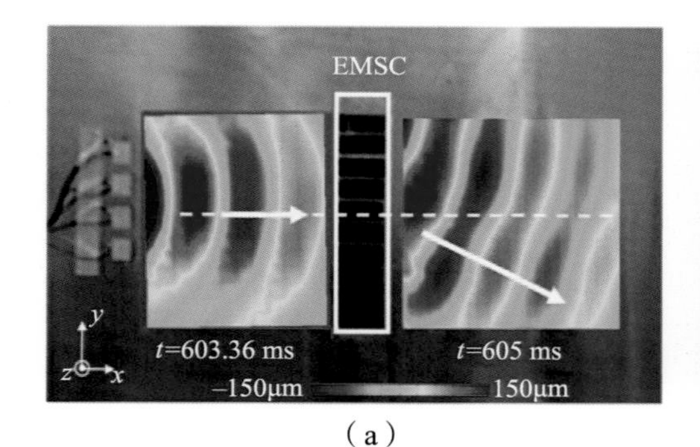

(a)

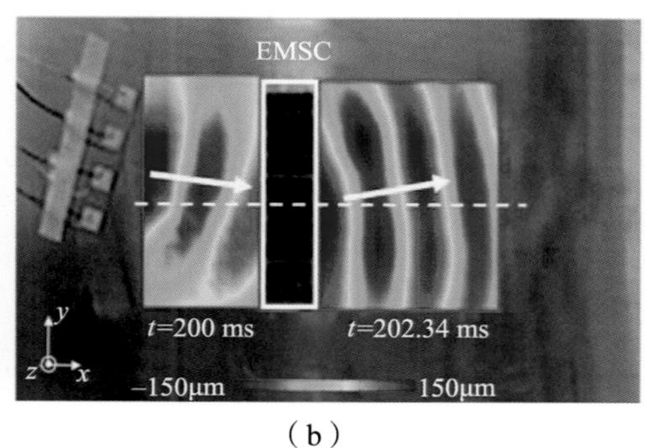

(b)

图 4-34 实验获得的包括不同时刻入射场和透射场的归一化波场

（a）垂直入射；（b）斜入射

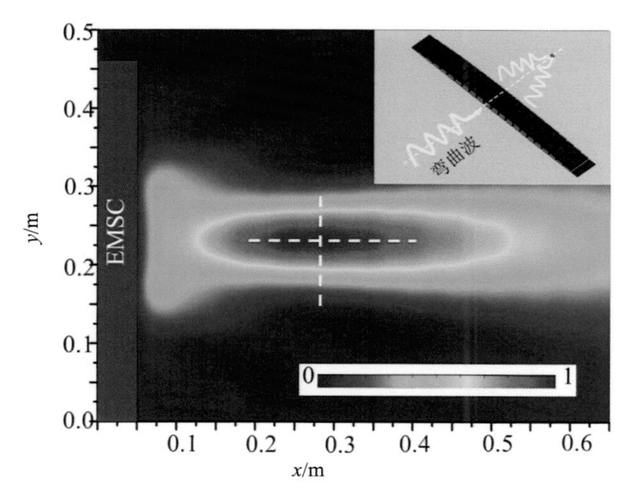

图 4-35 入射弯曲波透过聚焦型 EMSC 的透射场

（白色虚线的交点是焦点的预测位置，EMSC 模型展示于右上角的插图）

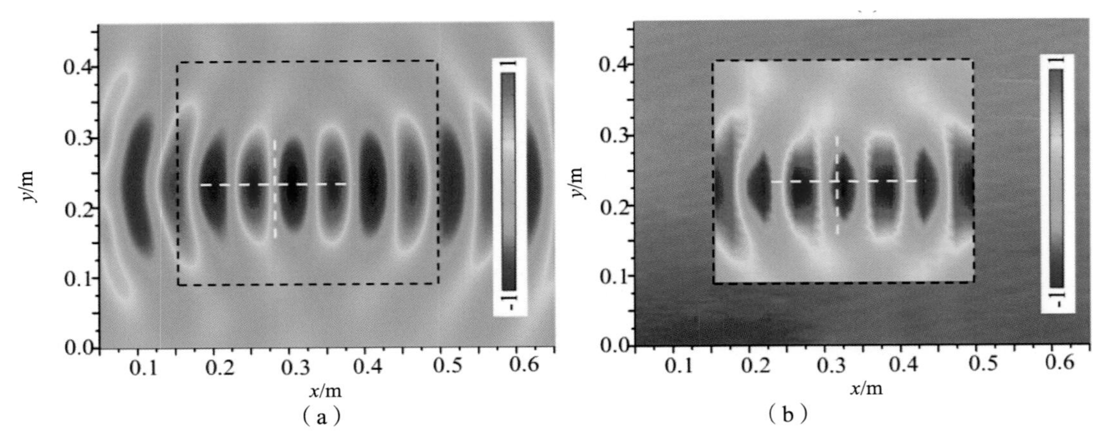

图 4-37　仿真和实验的透射位移场

（a）仿真；（b）实验

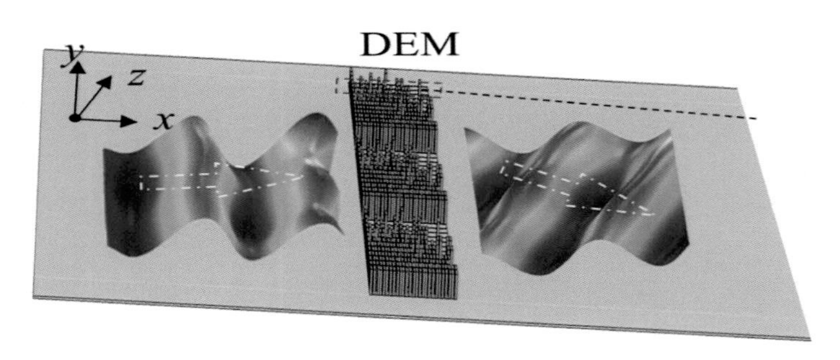

图 4-39　DEM 模型示意图

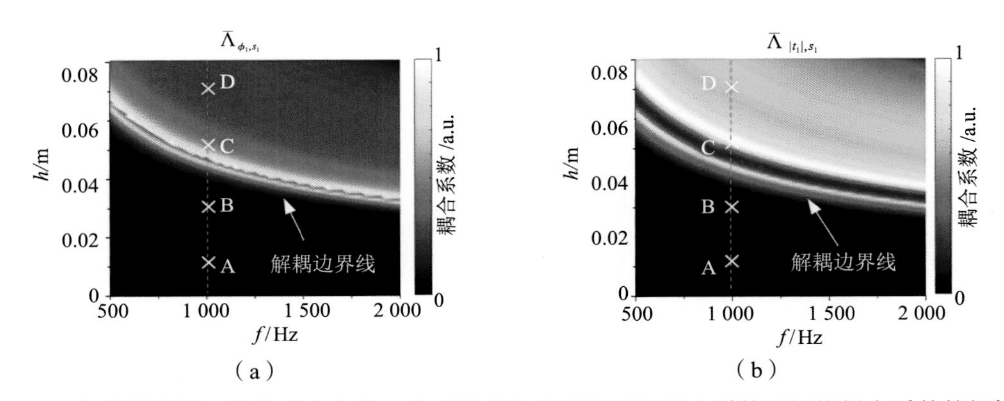

图 4-43　随激励频率 f 和柱高 h 变化，含双柱单胞模型的相位耦合系数和幅值耦合系数的解析解

（a）相位耦合系数；（b）幅值耦合系数

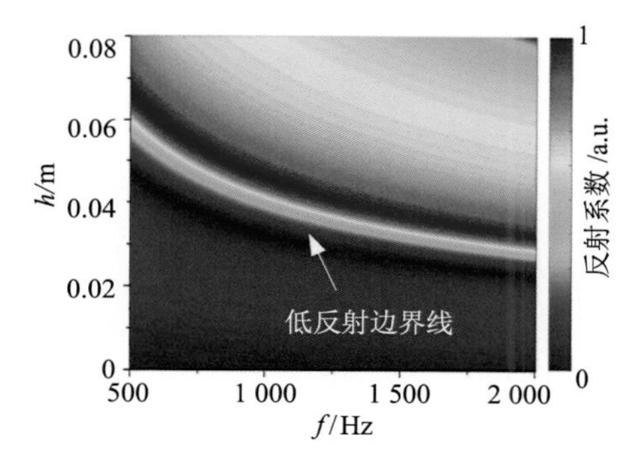

图 4−45　随激励频率 f 和柱高 h 的变化，单柱单胞模型中弯曲波反射系数的解析解

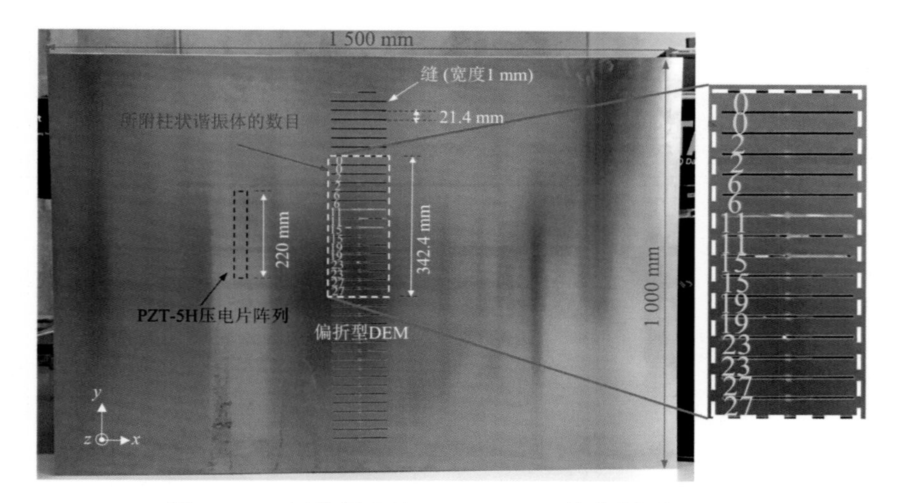

图 4−46　相位梯度为 $d\phi/dy = 0.5k$ 的偏折型 DEM

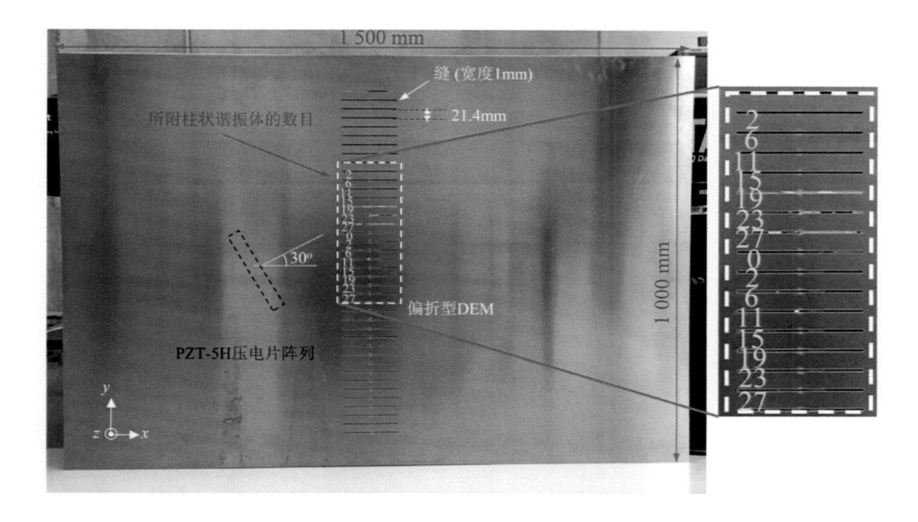

图 4−47　相位梯度为 $d\phi/dy = k$ 的偏折型 DEM

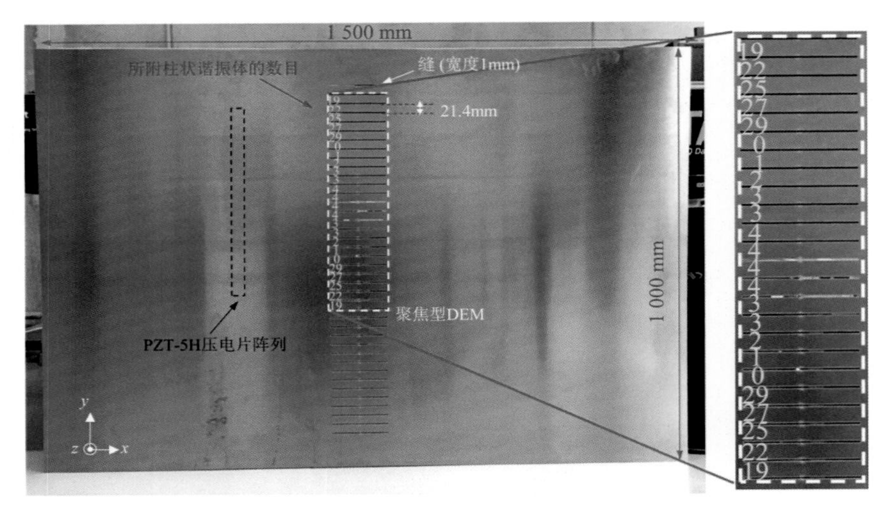

图 4-48　焦距为 $F=1.5\lambda$ 的聚焦型 DEM

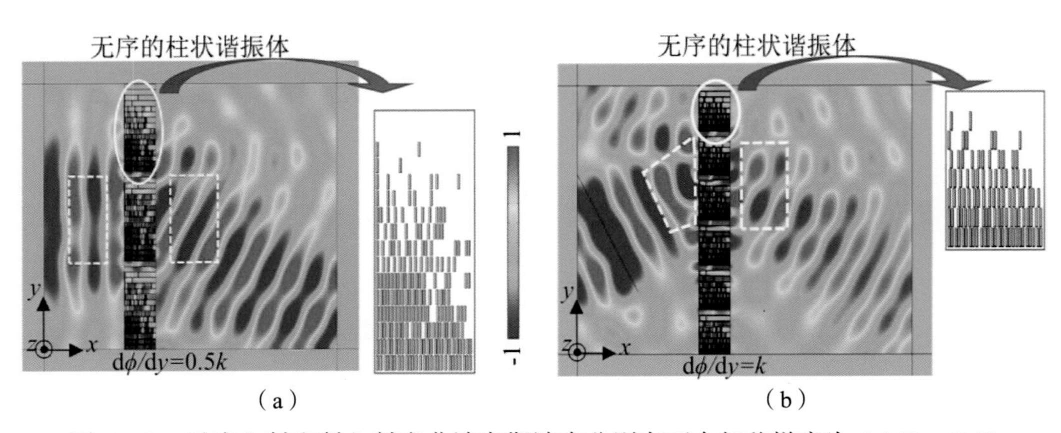

（a）　　　　（b）

图 4-49　垂直入射和斜入射弯曲波高斯波束分别在两个相移梯度为 $\mathrm{d}\phi/\mathrm{d}y=0.5k$ 和 $\mathrm{d}\phi/\mathrm{d}y=k$ 的 DEM 中传输的仿真归一化位移场

（a）垂直入射；（b）斜入射

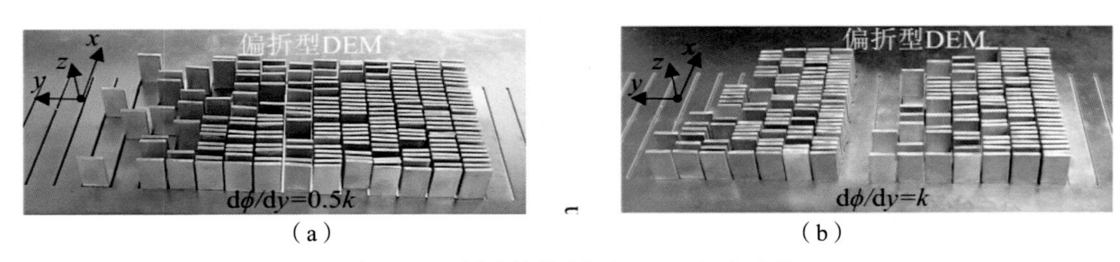

（a）　　　　（b）

图 4-50　制造的偏折型 DEM 实验试件

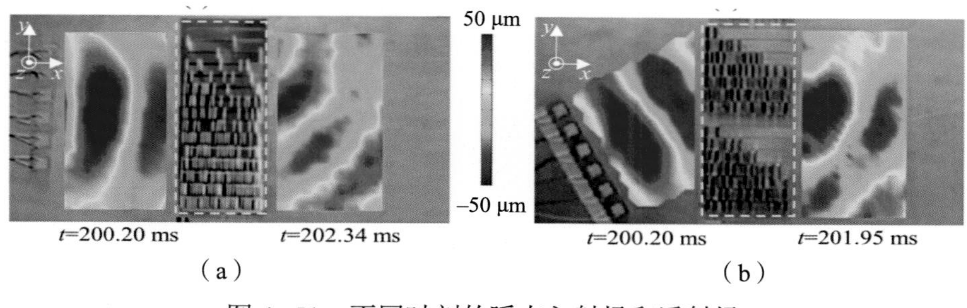

图 4-51　不同时刻的瞬态入射场和透射场

（a）相移梯度为 dϕ/dy=0.5k 的 DEM；（b）相位梯度为 dϕ/dy=k 的 DEM

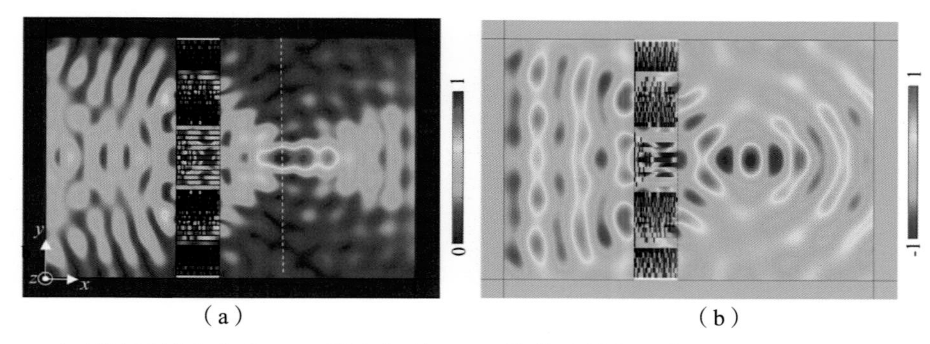

图 4-52　入射波透过聚焦为 1.5λ 的聚焦型 DEM 的其透射归一化幅值场和位移场的仿真结果

（a）幅值场；（b）位移场

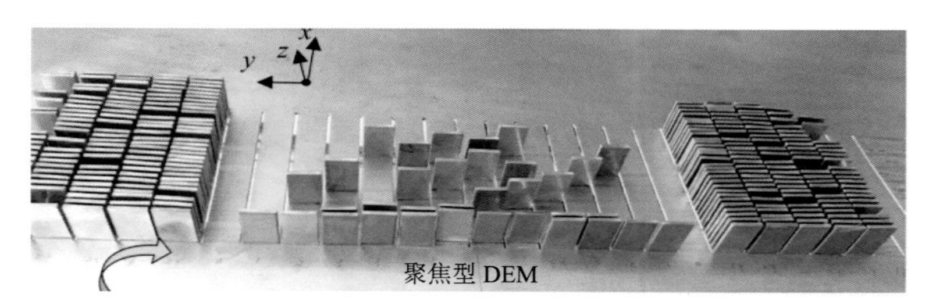

图 4-53　制造的聚焦型 DEM 实验模型

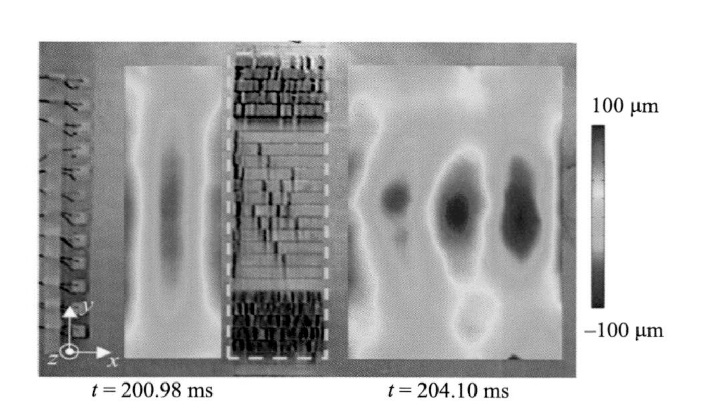

图 4-54　全波场实验测试结果

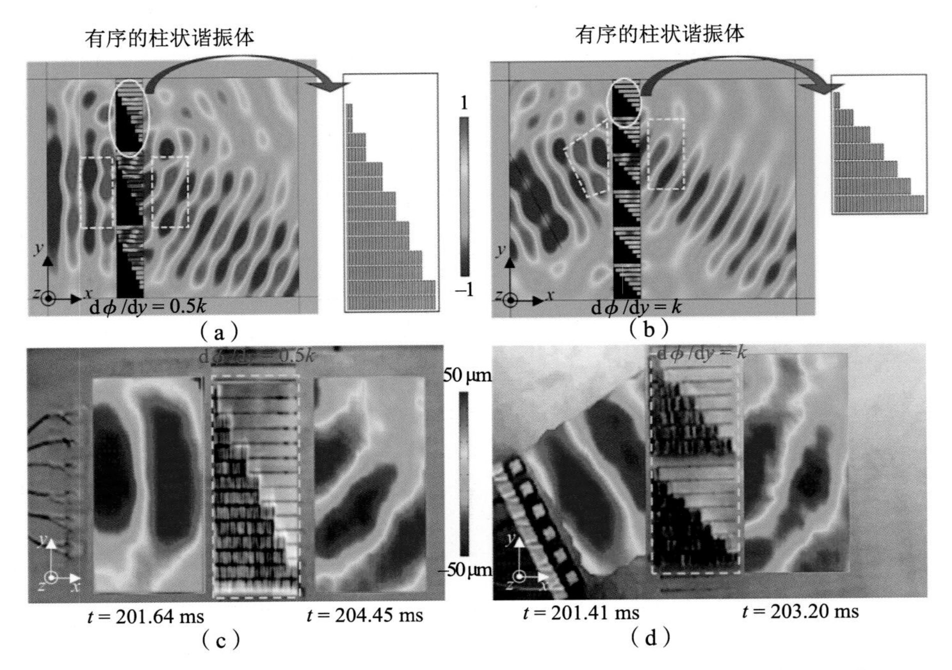

图 4−56　垂直入射和斜入射弯曲波透过相移梯度分别为 $d\phi/dy=0.5k$ 和 $d\phi/dy=k$ 的有序单胞超构表面的归一化透射位移场以及全波场实验测量结果

（a）垂直入射位移场；（b）斜入射位移场；（c）垂直入射全波场；（d）斜入射全波场

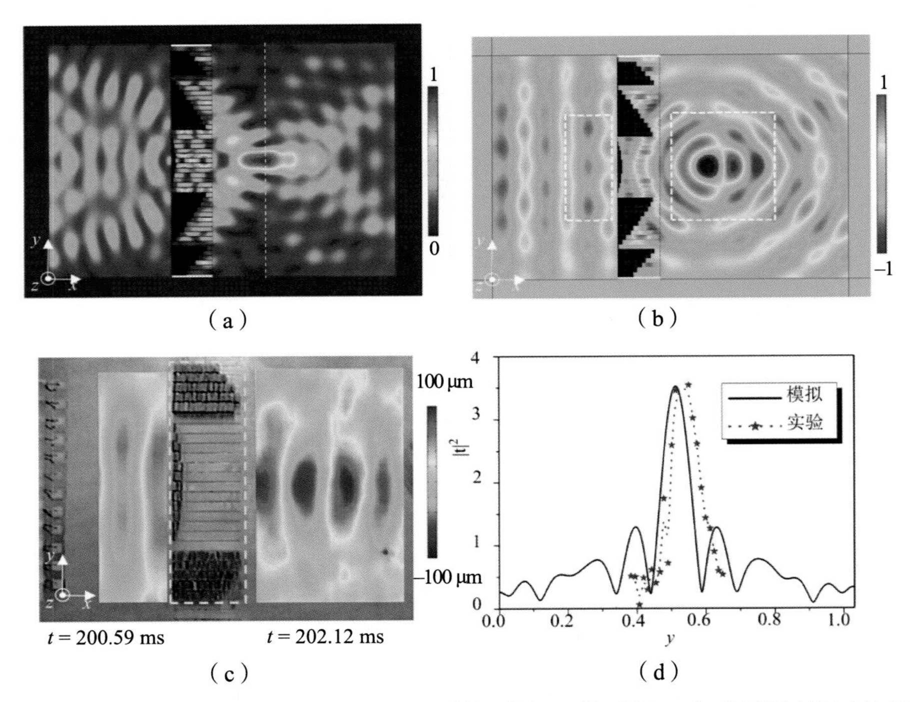

图 4−57　有序单胞超构表面的归一化透射幅值场、位移场、实验测量的波场以及沿焦点处 y 方向（$x=1.5\lambda$）的归一化仿真和实验的 $|t|^2$

（a）仿真的幅值场；（b）仿真的位移场；（c）实验测量的波场；（d）仿真和实验的 $|t|^2$

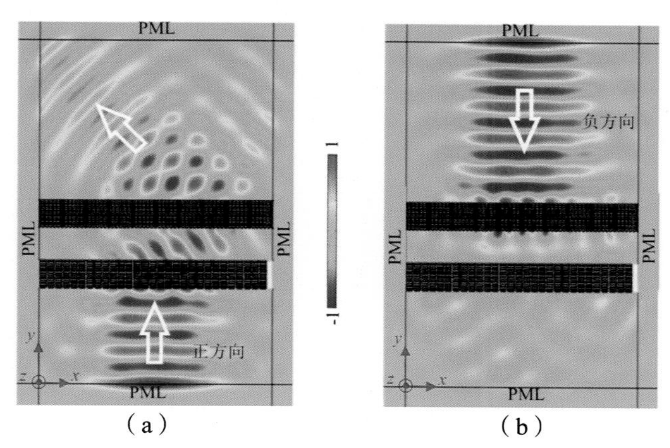

图 5-5　入射波分别沿正方向和负方向入射 AFWC 时仿真的归一化透射场

（定义从下向上和从上向下传播分别为正方向和负方向传播）

（a）沿正方向入射；（b）沿负方向入射

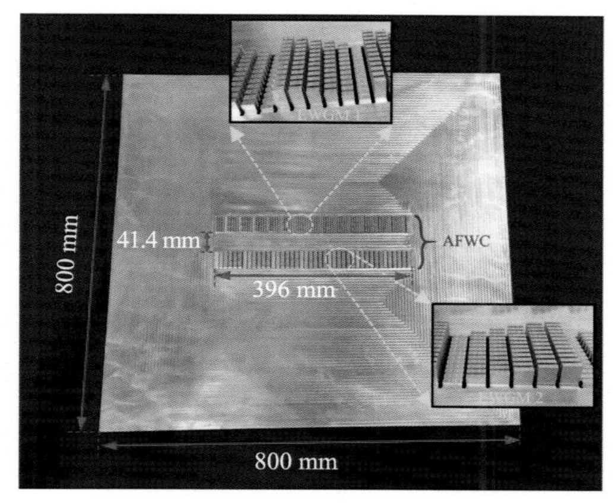

图 5-6　制造的 AFWC 试件

（黄色箭头指示 EWGM 1 和 EWGM 2 的局部放大图）

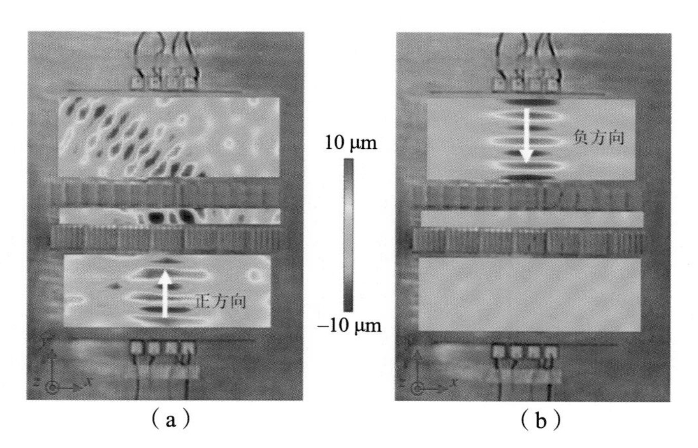

图 5-7　入射波分别沿正方向和负方向入射到 AFWC 时实验测试的全波场

（a）沿正方向入射；（b）沿负方向入射

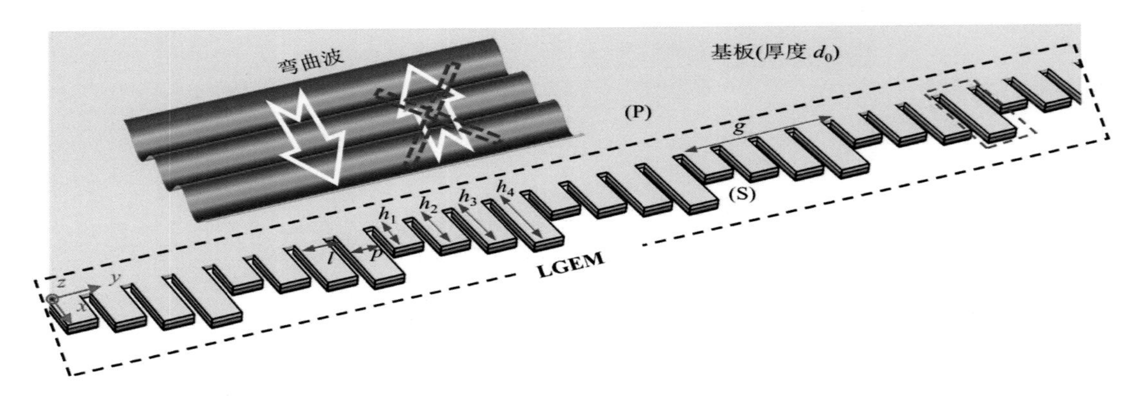

图 5-9　LGEM 结构的示意图

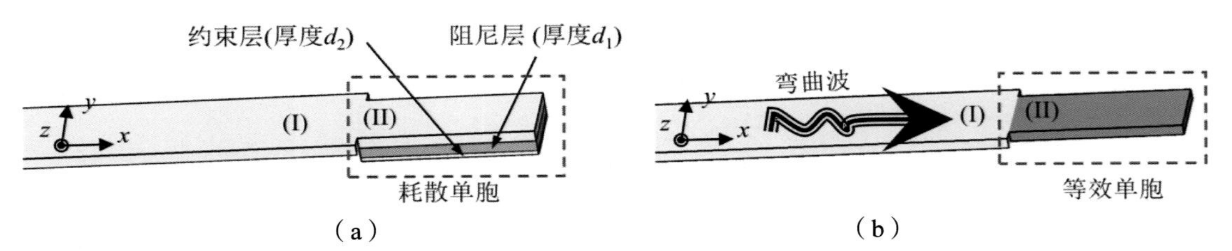

（a）　　　　　　　　　　　　（b）

图 5-10　由阻尼层、约束层和基板组成的损耗单胞示意图和等效模型

（a）损耗单胞示意图；（b）等效模型

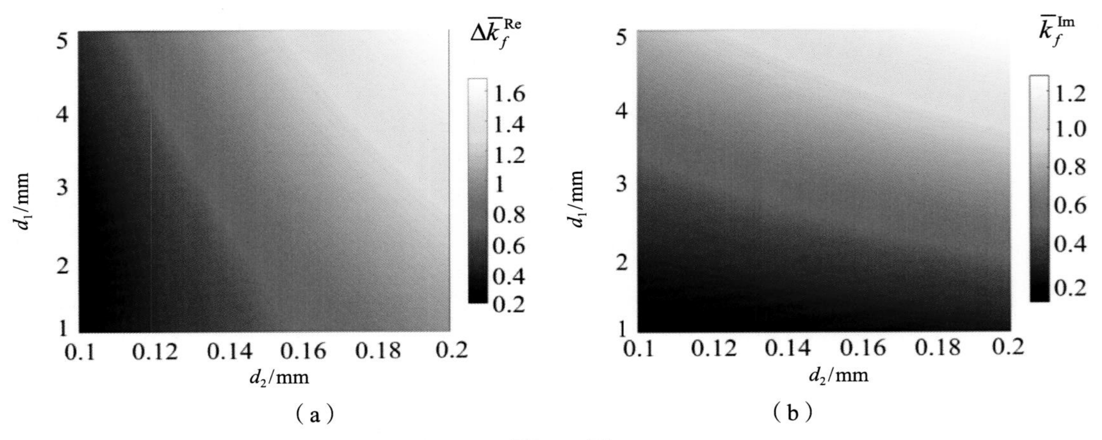

（a）　　　　　　　　　　　　（b）

图 5-13　$\Delta\overline{k}_f^{\mathrm{Re}}$ 和 $\overline{k}_f^{\mathrm{Im}}$ 的解析解

（分别定量评估阻尼层厚度 d_1 和约束层厚度 d_2 对 k_{eff} 实部和虚部的影响）

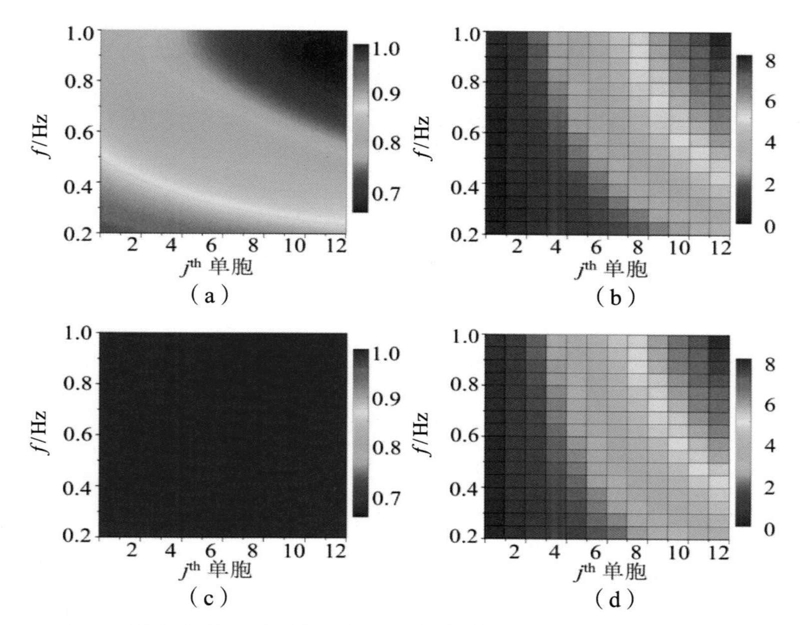

图 5-16　随着频率变化，损耗单胞和无损耗单胞反射系数和相位跳变的解析解

（a）损耗单胞反射系数；（b）损耗单胞相位跳变；（c）无损耗单胞反射系数；（d）无损耗单胞相位跳变

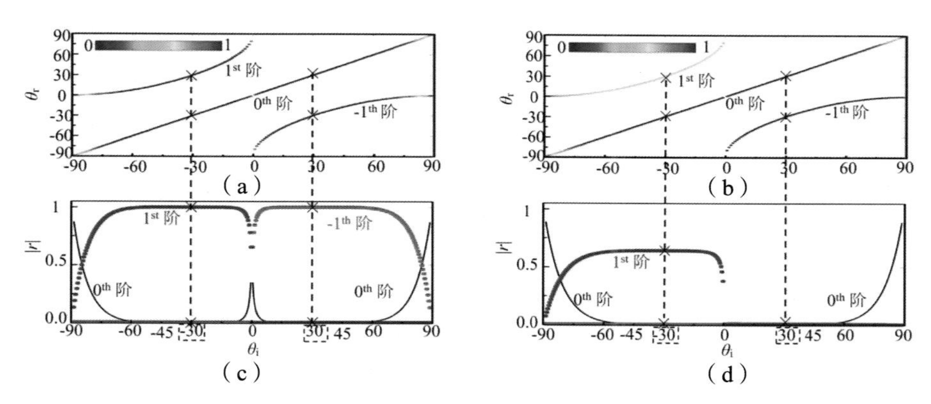

图 5-17　相位梯度为 $\gamma = k_0$ 时 LGEM 和 GEM 中各阶衍射传播模式的反射角和反射系数

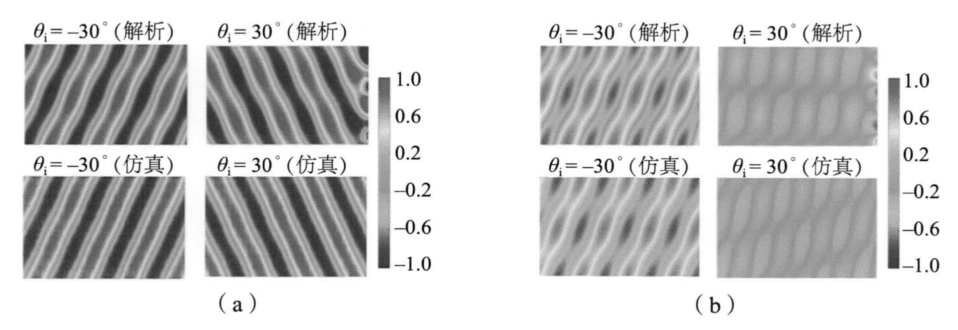

图 5-18　GEM 和 LGEM 操控反射场的解析归一化波场和仿真归一化波场

（a）GEM；（b）LGEM

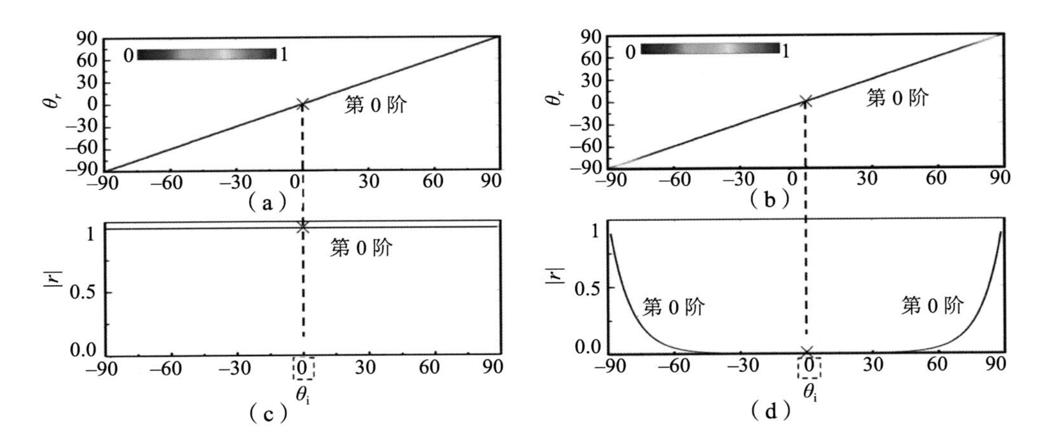

图 5-22　GEM 和 LGEM 中各阶衍射模式的反射角和反射系数

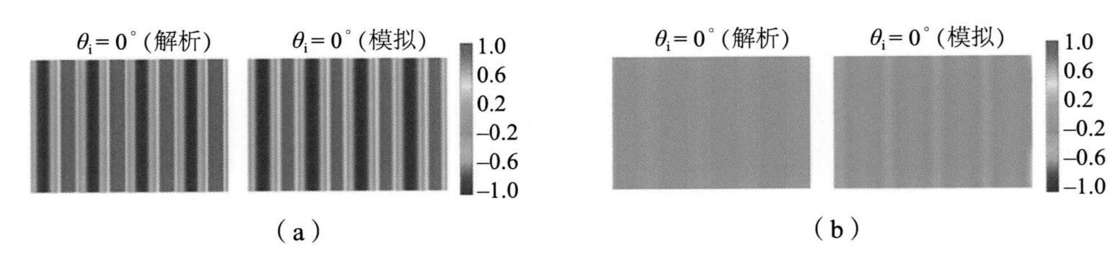

图 5-23　入射角为 0° 时 GEM 和 LGEM 调控反射场的解析归一化波场和仿真归一化波场

（a）GEM；（b）LGEM

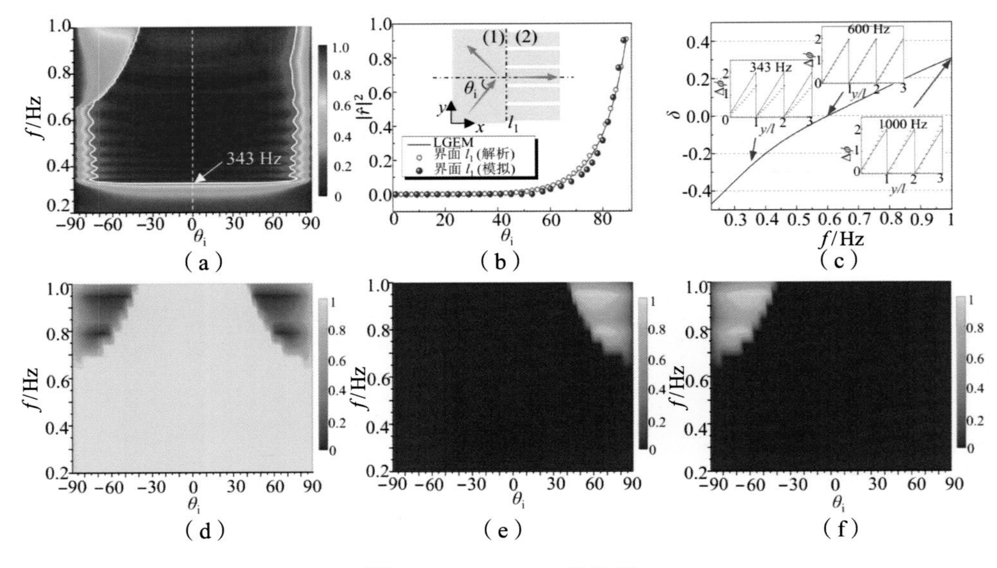

图 5-26　LGEM 的性能

（a）随频率和入射角变化的 LGEM 吸收系数；（b）在界面 l_1 处阻抗失配导致反射波的反射系数；（c）超胞的相位跳变随频率的变化率（小图分别展示 343 Hz、600 Hz 和 1 000 Hz 频率时所有单胞的相位跳变）；（d）第 0 阶衍射模式的反射系数；（e）第 −1 阶衍射模式的反射系数；（f）第 1 阶衍射模式的反射系数

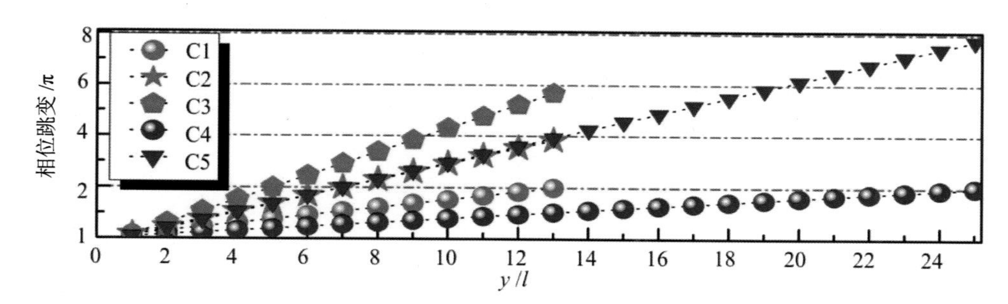

图 5-28　5 个案例中单胞沿 y 轴的相位跳变

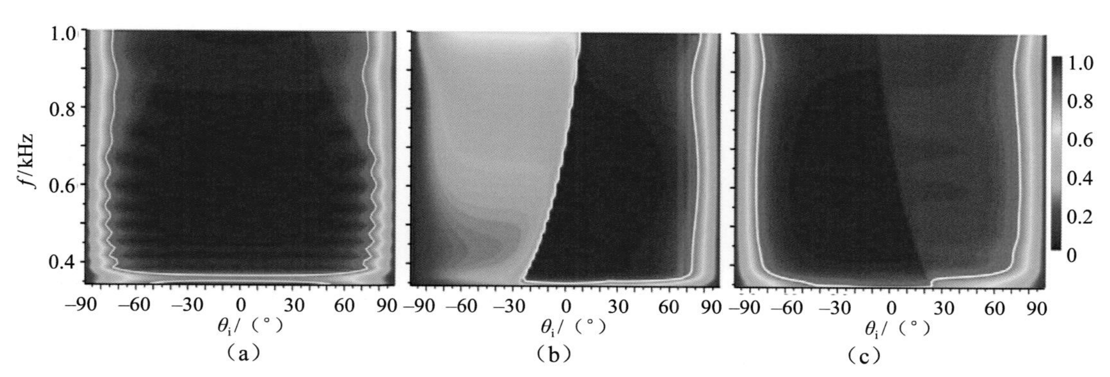

图 5-29　随着频率和入射角的变化 C2、C4 和 C5 的吸收系数

（a）C2；（b）C4；（c）C5

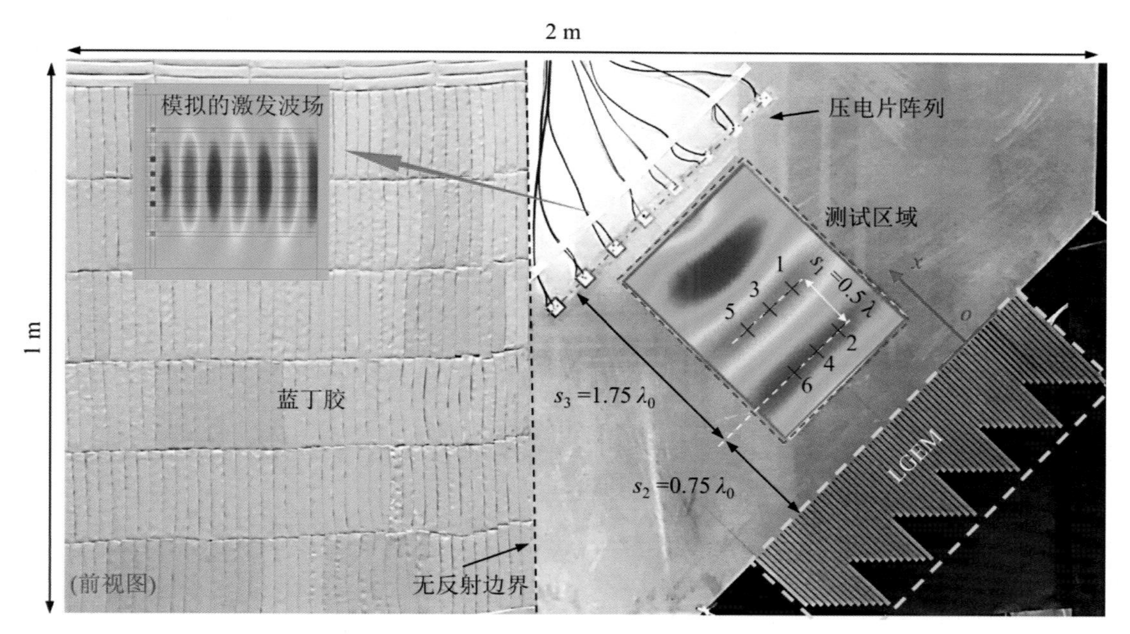

图 5-30　制造的 LGEM 结构

（左上角的小图是模拟的激发波场）

在背面粘贴约束层

图 5-31　制造 LGEM 试件的工艺流程

（视图均为图 5-30 中试件的背面）

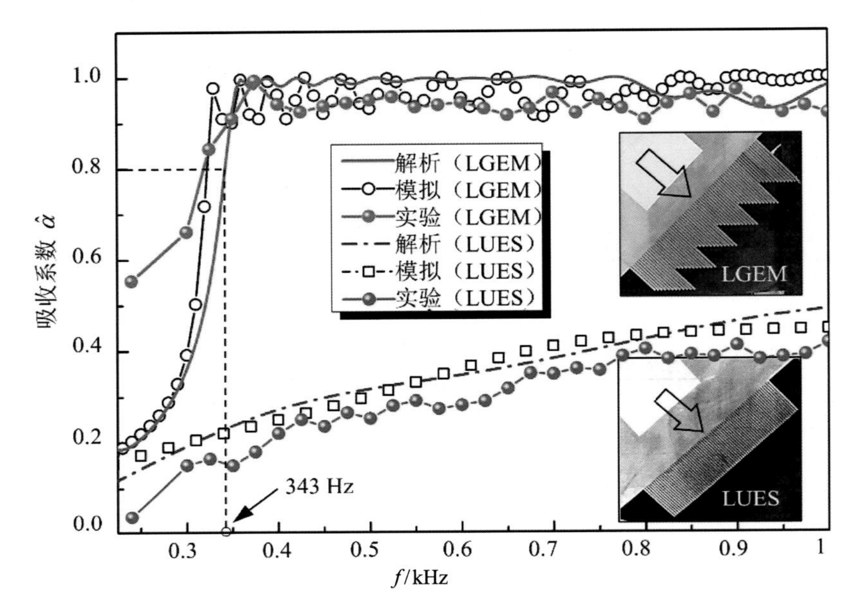

图 5-17　通过实验、解析和仿真方法得到的 LGEM 和 LUES 的吸收系数

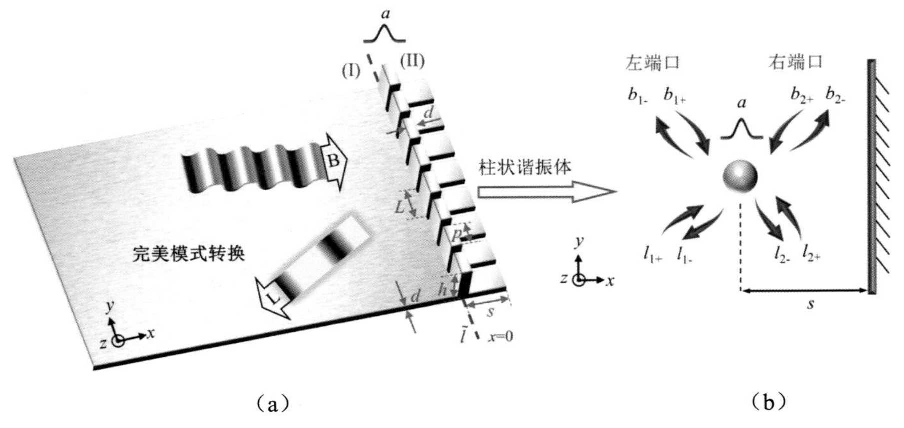

（a）　　　　　　　　　　　　（b）

图 6-1　弹性波法诺共振的模型和单胞中柱状谐振体的局部共振模式的散射模型

B—法诺共振耦合 xOz 平面偏振的弯曲波；L—xOy 平面偏振的纵波

[幅值为 a 的局部模式使入射弯曲波、入射纵波、透射弯曲波和透射纵波杂化，它们的幅值分别为 b_{1+}（b_{2+}）、l_{1+}（l_{2+}）、b_{1-}（b_{2-}）和 l_{1-}（l_{2-}）]

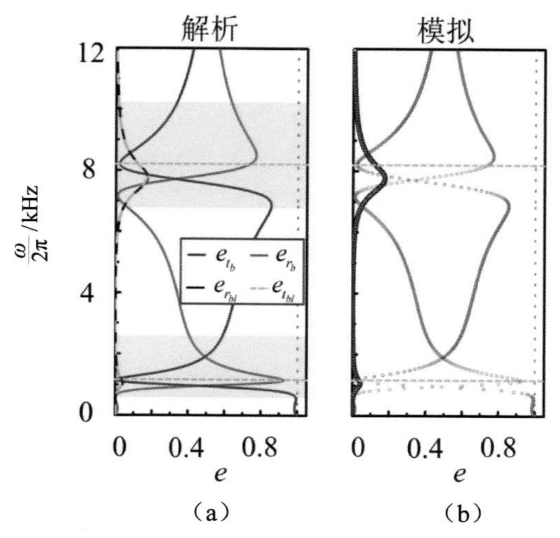

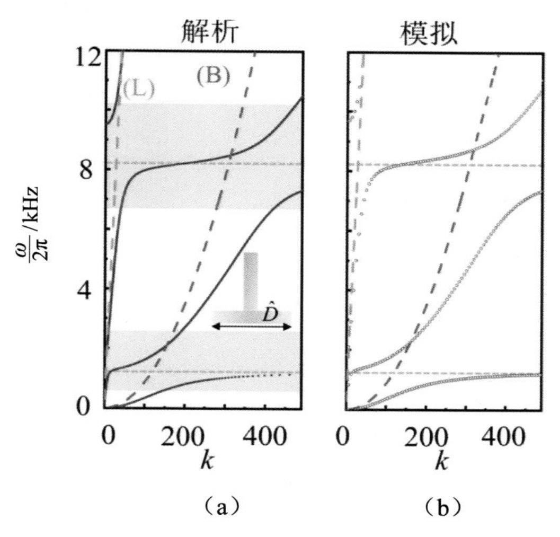

图 6-2　基于解析方法和仿真方法计算的入射弯曲波时散射矢量的无量纲能量曲线

（灰点线表示所有散射模式的无量纲能量总和，黄色虚线表示法诺共振频率）

（a）解析方法；（b）仿真方法

图 6-3　基于解析方法和仿真方法计算的柱状谐振体单胞的能带结构

[插图展示柱状谐振体单胞结构，同时添加了基板中弯曲波（绿色虚线）和纵波（粉色虚线）的色散曲线]

（a）解析方法；（b）仿真方法

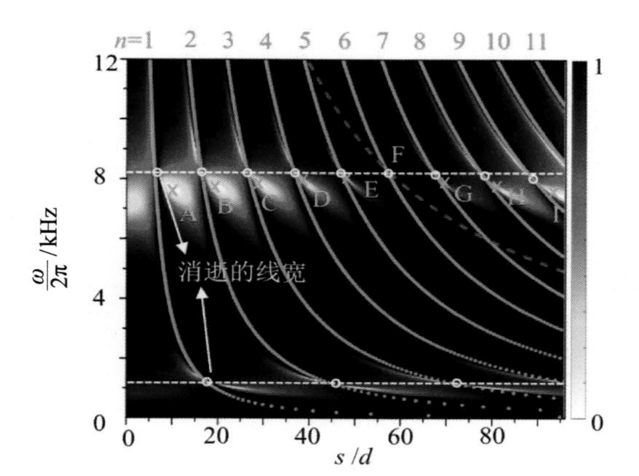

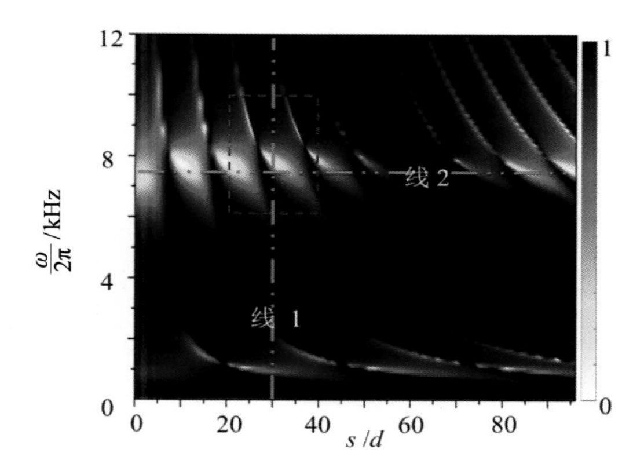

图 6-4　弯曲波垂直入射时，传播弯曲波模式的无量纲反射能量系数 $|R_b|^2$ 的解析解随波导谐振体长度 s/d 和频率 ω 的变化

（绿色曲线和白色虚曲线分别对应于耦合干涉相消关系和法诺共振频率，白色圆圈和绿色十字分别标注消失的线宽和 TMPC）

图 6-5　s/d 和 ω 变量使用较大的步长进行参数扫描，仿真的无量纲反射能量系数 $|R_b|^2$

（蓝色框标注的小区域中为基于精细化可变网格的计算结果）

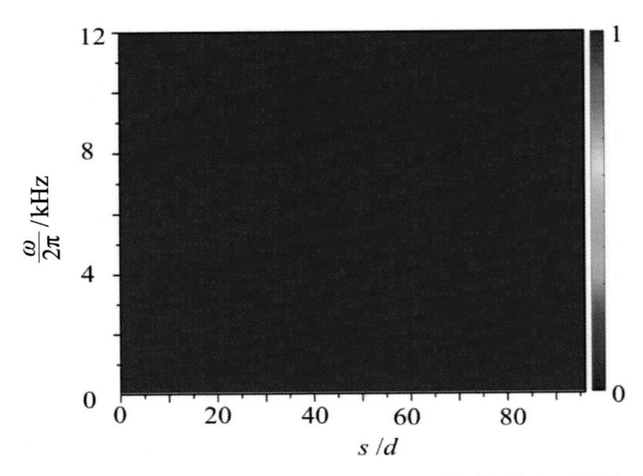

图 6-7　组合共振系统反射弯曲波和模式转换的纵波模式的总能量

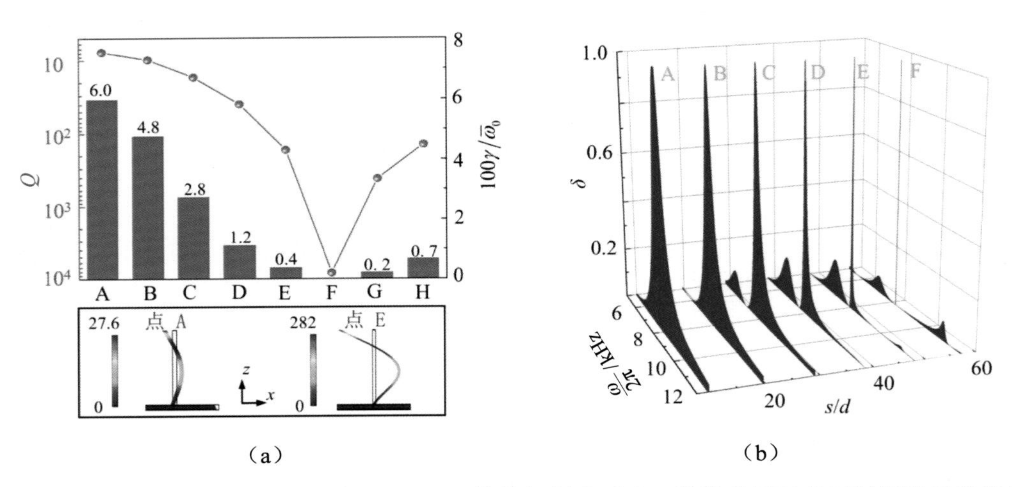

图 6-8　图 6-4 中点 A 到点 H 标注 TMPC 的总辐射衰减率 γ 的柱状图及其无量纲能量转换谱 $\delta = \sqrt{3}\left|R_{bl}\right|^2 / k_b d$

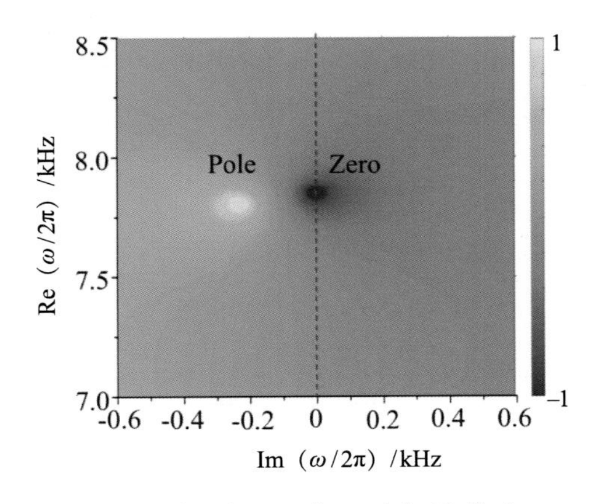

图 6-9　与图 6-4 中 C 点标注的含 TMPC 的系统相应的复频率平面图

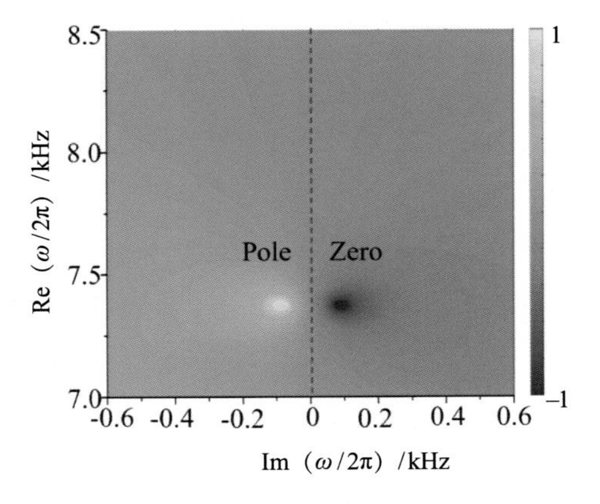

图 6-12　图 6-10 中组合模型的复频率平面图

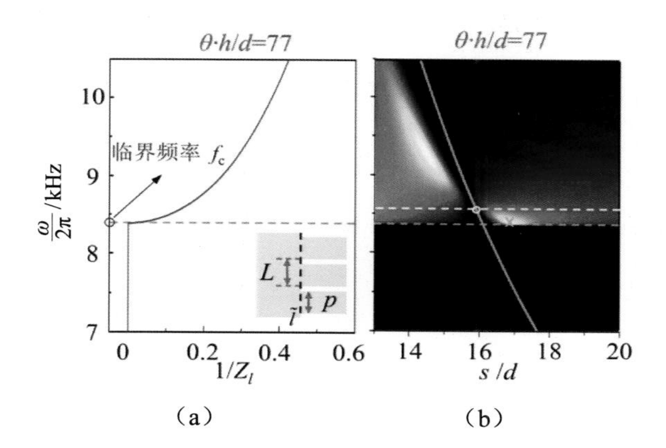

图 6-13　当 $\theta h/d$=77 时，在界面 $\tilde{l}$ 处模式转换的纵波界面阻抗和反射弯曲波能量系数随频率的变化

（淡蓝色的虚线表示 8 384 Hz）

（a）纵波界面阻抗；（b）反射弯曲波能量系数

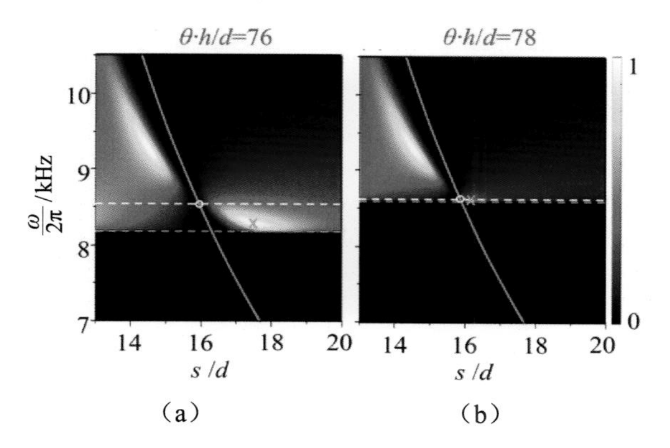

图 6-14　$\theta h/d$=76 和 $\theta h/d$=78 时，频率范围从 7 kHz 到 10.5 kHz 且 s/d 从 13 到 20 变化的反射弯曲波能量系数

（淡蓝色的虚线表示 8 169 Hz 和 8 603 Hz 的临界频率）

（a）$\theta h/d$=76；（b）$\theta h/d$=78

图 6-17　实验装置

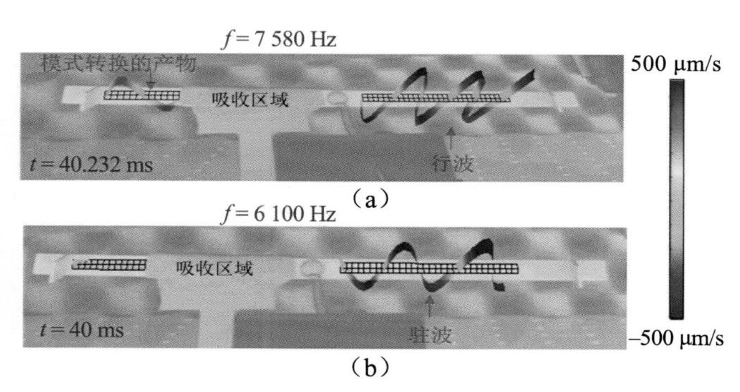

图 6-19　实验拍摄视频的快照

（a）7 580 Hz；（b）6 100 Hz

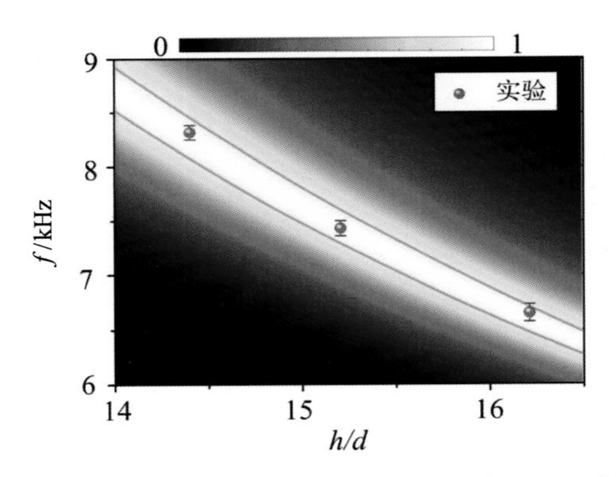

图 6-20　波导谐振体长度固定为 10 mm，随柱状谐振体高度 *h*/*d* 和频率 *f* 变化的理论捕获系数

（对于柱体高度 *h*/*d* 为 14.2、15 和 16 的三个试样，测试的 TMPC 用小红球标注）

图 6-21　简化的一维试样

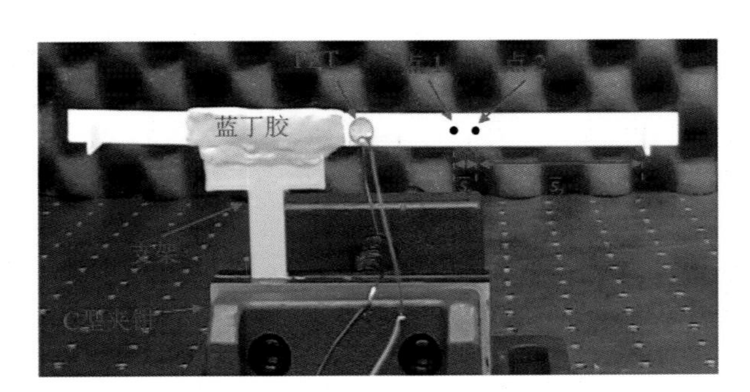

图 6-23　实验测试平台

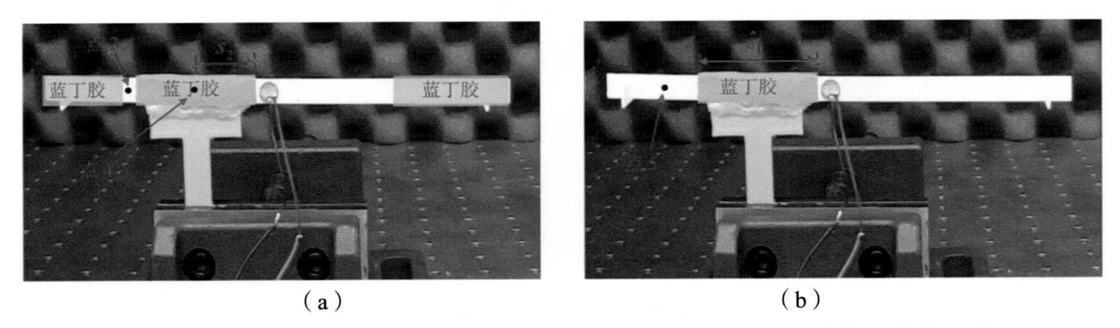

（a）　　　　　　（b）

图 6-24　在中间、左端和右端粘有蓝丁胶的试样 1 和仅中间粘蓝丁胶的试样 2

（a）试样 1；（b）试样 2

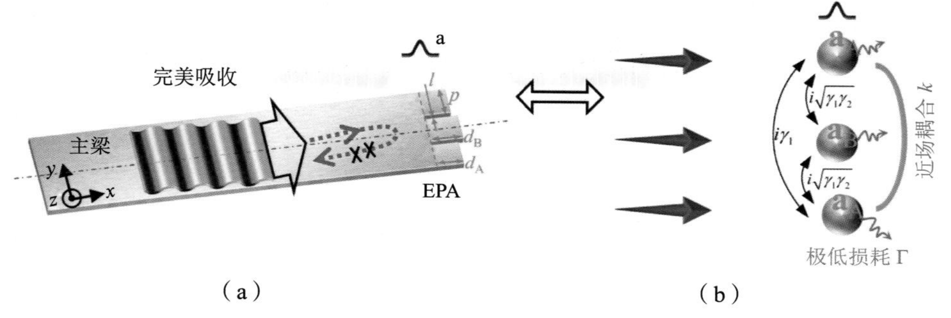

图 6-25　由主梁右侧边缘的三个平行子梁组成的弹性波完美耗散体（EPA）和时域耦合模式理论的示意图

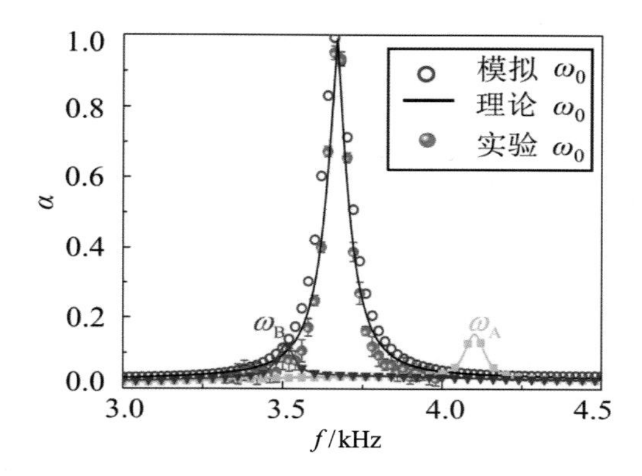

图 6-26　EPA 的吸收系数 α 以及 DMA 和 DMB 的实验和仿真吸收谱

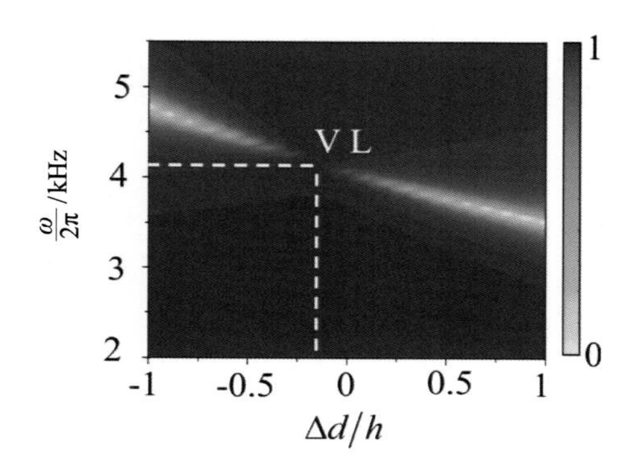

图 6-27　随子梁长度差 $\Delta d=d_B-d_A$ 和频率 $\omega/2\pi$ 变化，系统的无量纲反射系数 $|r|^2$

（从本征频率仿真中提取 $\gamma_A=0.25\omega_A$、$\gamma_B=0.23\omega_B$、$\Gamma/\omega_0=0.006\ 5$ 和 $k=24$ 来拟合仿真结果）

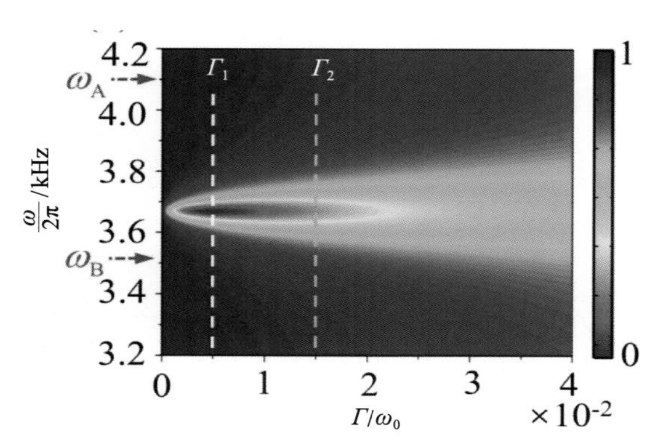

图 6-28　随损耗衰减率 Γ/ω_0 和频率 $\omega/2\pi$ 变化的吸收系数 $\alpha=1-|r|^2$

[紫色箭头标注子梁 A（$\omega_A/2\pi$=4.1 kHz）和子梁 B（$\omega_B/2\pi$=3.509 3 kHz）的共振频率]

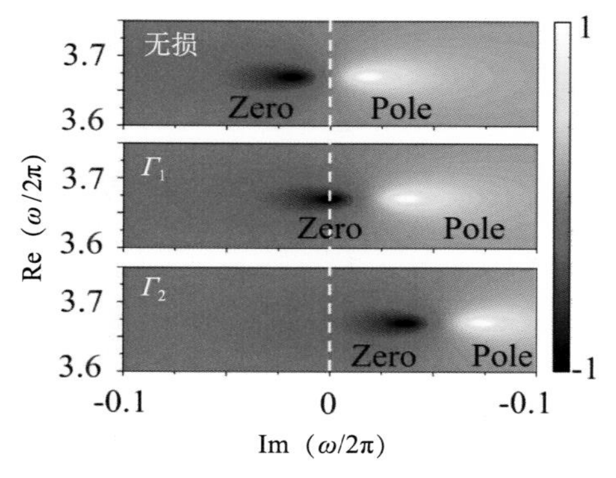

图 6-29　无损系统、损耗衰减率为 Γ_1 的系统和损耗衰减率为 Γ_2 的系统中 lg$|r|$ 在复频率平面上的分布

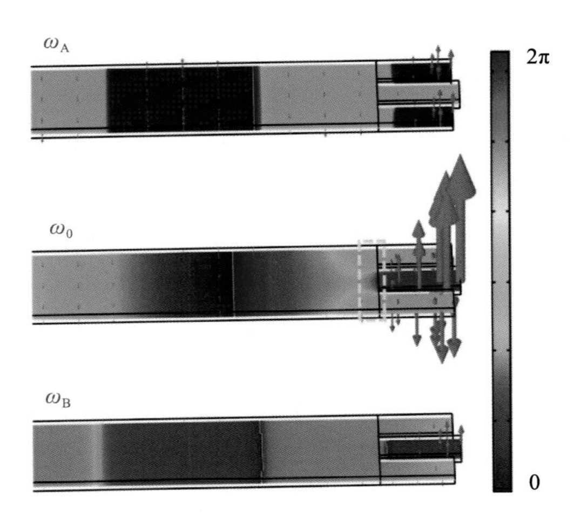

图 6-30　对于三个频率 ω_A、ω_B 和 ω_0，结构中性面的相位分布

（粉红色箭头的方向和大小分别表示质点位移的方向和振幅）

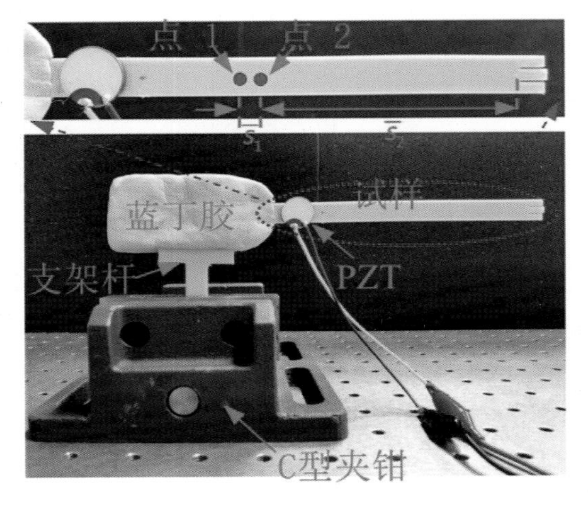

图 6-31　试样和测试装置

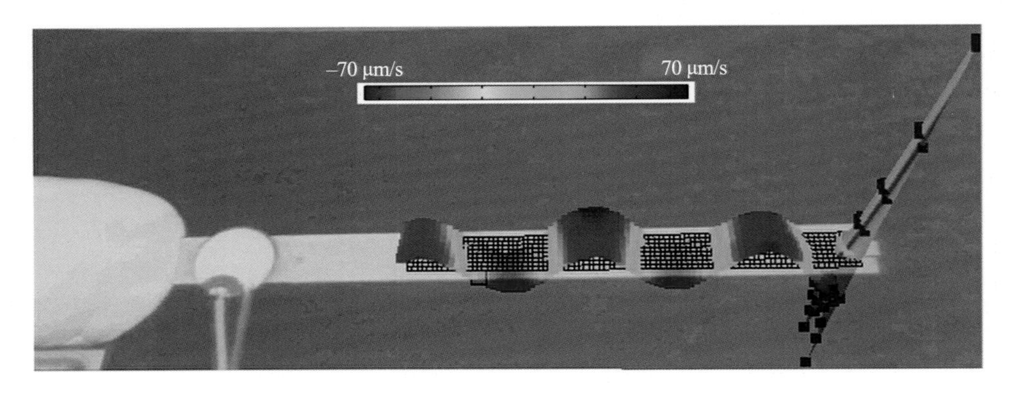

图 6-32　在中心频率 3.66 kHz，通过 PSV-500 记录实验视频的快照